国家出版基金资助项目
“十四五”时期国家重点出版物出版专项规划项目
湖北省公益学术著作出版专项资金资助项目
工业互联网前沿技术丛书

高金吉 鲁春丛 ◎ 丛书主编
中国工业互联网研究院 ◎ 组编

工业软件的计算技术及构造实践

蔡鸿明 于晗 沈冰清 胡畔 ◎ 著

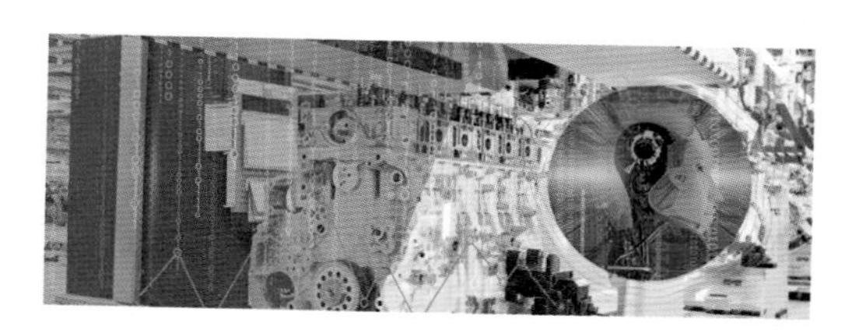

COMPUTING TECHNOLOGY AND CONSTRUCTION PRACTICE OF INDUSTRIAL SOFTWARE

華中科技大學出版社
http://press.hust.edu.cn
中国 · 武汉

内容简介

本书从制造企业的数字化转型出发，分析了工业互联网时代的工业软件特点以及面临的挑战，以软件的架构设计为基础，从计算、信息、算法等三个维度构建了工业互联网环境下的工业软件构造方法框架，并基于语法级、语义级、语用级等多层次的互操作机制，结合当前主流网络架构，阐述了计算、信息、算法、集成等方面的软件构造技术和前沿发展趋势。

本书适合于计算机类和信息管理类的研究生学习，也可作为工业软件领域业务咨询、软件开发、系统运维等相关技术人员的参考指导书。

图书在版编目(CIP)数据

工业软件的计算技术及构造实践 / 蔡鸿明等著. -- 武汉 ：华中科技大学出版社，2024. 8.
(工业互联网前沿技术丛书). -- ISBN 978-7-5772-1003-2

Ⅰ. TP311.52

中国国家版本馆 CIP 数据核字第 2024XB0962 号

工业软件的计算技术及构造实践
GONGYE RUANJIAN DE JISUAN JISHU JI GOUZAO SHIJIAN

蔡鸿明　于　晗　沈冰清　胡　畔　著

出 版 人：阮海洪
策划编辑：俞道凯　张少奇
责任编辑：杨赛君
封面设计：蓝畅设计
责任监印：朱　玢
出版发行：华中科技大学出版社(中国·武汉)　电话：(027)81321913
武汉市东湖新技术开发区华工科技园　邮编：430223
录　　排：武汉市洪山区佳年华文印部
印　　刷：武汉市洪林印务有限公司
开　　本：710mm×1000mm　1/16
印　　张：16.25
字　　数：284 千字
版　　次：2024 年 8 月第 1 版第 1 次印刷
定　　价：158.00 元

工业互联网前沿技术丛书

工业互联网前沿技术丛书

组编工作委员会

作者简介

蔡鸿明 上海交通大学教授，博士生导师。西北工业大学博士，上海交通大学计算机博士后出站。2008年获得德国克虏伯基金会“中国优秀青年学者奖学金”，2011年被上海交通大学遴选为博士生导师，2012年被中国科学技术协会授予“全国优秀科技工作者”荣誉称号。ACM/IEEE高级会员，中国图学学会常务理事，中国图学学会计算机图学专业委员会主任，中国计算机学会杰出会员，中国计算机学会协同计算及计算机应用专业委员会执行委员，中国自动化学会制造技术专业委员会委员，并担任多个国际期刊编辑。曾获得教育部科学技术进步奖和自然科学奖，以及上海市科技进步奖等省部级科技奖4项，发表论文200余篇，被SCI/EI收录超过150篇，其中ESI高被引论文4篇，授权发明专利30余项。

于 晗 上海交通大学软件学院助理研究员，硕士生导师。2022年获得上海交通大学计算机科学与技术博士学位。上海市图学学会工业软件专业委员会副主任。入选上海市青年科技英才扬帆计划。围绕工业软件自适应演化与互操作技术，在国内外顶级期刊上发表学术论文10余篇，参与工业和信息化部、国家自然科学基金委员会、上海市科学技术委员会、上海市经济和信息化委员会等多项国家级、省部级项目，授权发明专利5项，软件著作权2项。

作者简介

沈冰清　上海外国语大学国际金融贸易学院副教授。上海交通大学博士后出站，于2019年获得澳门大学博士学位，2008年获得新加坡南洋理工大学硕士学位，2006年获得上海大学学士学位。长期从事元宇宙、数字孪生、区块链等工业软件相关技术的研究与应用，发表论文30余篇，承担多项科研项目，现担任上海市图学学会数字孪生专业委员会副主任。

胡　畔　上海交通大学软件学院助理教授，博士生导师。分别于2012年和2015年获得上海交通大学学士和硕士学位，2020年获得英国牛津大学博士学位。入选上海市海外高层次人才计划青年项目，主持国家自然科学基金青年基金项目。主要从事知识表示领域的研究，在AIJ、MLJ、IJCAI、AAAI 等期刊和会议发表多篇高水平论文，并担任《自动化学报》、IS(*Information Systems*)、IJCAI、AAAI等期刊和会议的审稿人。

总序一

工业互联网是新一代信息通信技术与工业经济深度融合的全新工业生态、关键基础设施和新型应用模式。它以网络为基础、平台为中枢、数据为要素、安全为保障，通过对人、机、物全面连接，变革传统制造模式、生产组织方式和产业形态，构建起全要素、全产业链、全价值链全面连接的新型工业生产制造和服务体系，对提升产业链现代化水平、促进数字经济和实体经济深度融合、引领经济高质量发展具有重要作用。

“工业互联网前沿技术丛书”是中国工业互联网研究院与华中科技大学出版社共同发起，为服务“工业互联网创新发展”国家重大战略，贯彻落实深化“互联网+先进制造业”“第十四个五年规划和2035年远景目标”等国家政策，面向世界科技前沿、面向国家经济主战场和国防建设重大需求，精准策划汇集中国工业互联网先进技术的一套原创科技著作。

丛书立足国际视野，聚焦工业互联网国际学术前沿和技术难点，助力我国制造业发展和高端人才培养，展现了我国工业互联网前沿科技领域取得的自主创新研究成果，充分体现了权威性、原创性、先进性、国际性、实用性等特点。为此，向为丛书出版付出聪明才智和辛勤劳动的所有科技工作人员表示崇高的敬意！

中国正处在举世瞩目的经济高质量发展阶段，应用工业互联网前沿技术振兴我国制造业天地广阔，大有可为！丛书主要汇集高校和科研院所的科研成果及企业的工程应用成果。热切希望我国IT人员与企业工程技术人员密切合作，促进工业互联网平台落地生根。期望丛书绚丽的科技之花在祖国大地上结出丰硕的工程应用之果，为“制造强国、网络强国”建设作出新的、更大的贡献。

中国工程院院士

中国工业互联网研究院技术专家委员会主任

北京化工大学教授

2023 年 5 月

总序二

工业互联网作为新一代信息通信技术与工业经济深度融合的全新工业生态、关键基础设施和新型应用模式，是抢抓新一轮工业革命的重要路径，是加快数字经济和实体经济深度融合的驱动力量，是新型工业化的战略支撑。习近平总书记高度重视发展工业互联网，作出深入实施工业互联网创新发展战略，持续提升工业互联网创新能力等重大决策部署和发展要求。党的二十大报告强调，推进新型工业化，加快建设制造强国、网络强国，加快发展数字经济，促进数字经济和实体经济深度融合。这为加快推动工业互联网创新发展指明了前进方向、提供了根本遵循。

实施工业互联网创新发展战略以来，我国工业互联网从无到有、从小到大，走出了一条具有中国特色的工业互联网创新发展之路，取得了一系列标志性、阶段性成果。新型基础设施广泛覆盖。工业企业积极运用新型工业网络改造产线车间，工业互联网标识解析体系建设不断深化。国家工业互联网大数据中心体系加快构建，区域和行业分中心建设有序推进。综合型、特色型、专业型的多层次工业互联网平台体系基本形成。国家、省、企业三级协同的工业互联网安全技术监测服务体系初步建成。产业创新能力稳步提升。端边云计算、人工智能、区块链等新技术在制造业的应用不断深化。时间敏感网络芯片、工业 5G 芯片/模组/网关的研发和产业化进程加快，在大数据分析专业工具软件、工业机理模型、仿真引擎等方向突破了一批平台发展瓶颈。行业融合应用空前活跃。应用范围逐步拓展至钢铁、机械、能源等 45 个国民经济重点行业，催生出平台化设计、智能化制造、网络化协同、个性化定制、服务化延伸、数字化管理等典型应用模式，有力促进提质、降本、增效、绿色、安全发展。5G与工业互联网深度融合，远程设备操控、设备协同作业、机器视觉质检等典型场景加速普及。

征途回望千山远，前路放眼万木春。面向全面建设社会主义现代化国家新征程，工业互联网创新发展前景光明、空间广阔、任重道远。为进一步凝聚发展共识，展现我国工业互联网理论研究和实践探索成果，中国工业互联网研究院联合华中科技大学出版社启动“工业互联网前沿技术丛书”编撰工作。丛书聚焦工业互联网网络、标识、平台、数据、安全等重点领域，系统介绍网络通信、数据集成、边缘计算、控制系统、工业软件等关键核心技术和产品，服务工业互联网技术创新与融合应用。

丛书主要汇集了高校和科研院所的研究成果，以及企业一线的工程化应用案例和实践经验。囿于工业互联网相关技术应用仍在探索、更迭进程中，书中难免存在疏漏和不足之处，诚请广大专家和读者朋友批评指正。

是为序。

鲁春丛

中国工业互联网研究院院长

2023 年 5 月

序

发展国产化工业软件已经成为各界的共同认识。但是,如何突破"天险",走国产化工业软件之路,任重而道远。

先要充分认识工业软件是干什么的,工业软件的操作对象是什么,它们的共性是什么。在此基础上,提炼共性问题,解决关键问题,探索基础理论,构建开发工具,提供软件服务。

工业软件的主要工作是计算!蔡鸿明教授等在《工业软件的计算技术及构造实践》中指出:"从计算思维来说,软件构造的核心思想是分而治之,因此在体现工业核心要素的分解基础上各自架构实现,然后交互集成,是工业软件构造的主要技术路线。"他抓住了工业软件中"计算技术"这个关键。

认识本质、找到原因是关键。了解工业软件研发的特点和难点,抽象关键问题,给出解决问题的有效方法。

其实,工业软件的计算基础并不好。(1) **奇异问题**。数学上线、面是无界的,但工程上信息表述是不准确的。这就形成了如几何间的共点、共线、共面等奇异状态,使几何间的关系变得不确定。而数很难表达和处理这类奇异问题。(2) **计算工具**。计算机的计算依赖于二进制数制表示的浮点数,这本身就是一种有误差的表示与计算方式,"钝刀砍木",用不精确的数制却要得到精准的计算结果。在信息表述关系退化时,算法的性质往往被改变了,代码被扩展而去处理那些退化的情况了,算法的主代码反而被淹没了。

因此,要用新的理论、新的思维、新的方法、新的技术,从工业需求出发,凝聚科学问题，开展理论研究，突破关键技术，抓好共性基础，研究基础算法，突破核心算法，建立实用系统。

在工业软件的设计和开发过程中，要避免软件编制者不懂工程、工程技术人员不知软件原理和方法的现象。统一规划，分而治之。**理论与工程，各司其职**。面对理论和知识的多学科交叉及算法源的多样性，处理好多学科交叉问题。从大的方面分离理论部分和工程化部分。尽可能相对“独立”地运用理论、方法、技术等多学科的知识，充分发挥各类参与人员的特长。**精细规划，统一实施**。精细规划接口，做好总体层次设计，使坚实基础、攻克核心、构建系统、服务应用等各层次能够有相对独立的分工。做到“基础研究足够基础，应用研究足够应用”，这样工业软件的大厦才稳固。

《工业软件的计算技术及构造实践》内容广泛，分析深入，对于推动工业互联网学术交流体系建设、助力工业互联网高精尖人才培养、促进工业软件的发展是十分有益的。特推荐给各位耕耘在工业软件的组织、开发、应用中的各位读者。

何援军

上海交通大学教授、博士生导师

中国图学学会原副理事长

2024 年 2 月 23 日

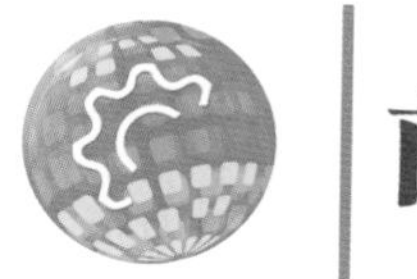

前言

随着以人、机、物互联为基础的工业互联网快速兴起，作为智能制造灵魂的工业软件覆盖了产品的设计、制造、运维以及平台支撑等多个方面，具有领域机理高度相关、模型关系耦合多样、处理过程动态多变等特点，使得工业软件的开发、应用和运维都非常困难。

从计算思维来说，软件构造的核心思想是分而治之，因此在体现工业核心要素的分解基础上各自架构实现，然后交互集成，是工业软件构造的主要技术路线。从工业软件面临的挑战出发，工业软件构造可以分为物理世界数字化、数字要素网联化、要素处理智能化、虚实交互融合化等关键环节。本书从数字化、网联化、智能化、集成化等方面展开工业软件构造的介绍，主要思想可以总结为以下几点：

(1) 以物联数据为驱动模型(数字化)。工业软件构造时首先要实现业务的数字化，需要构建覆盖人员、设备、物料、工艺、产品等多维度动态的信息表征模型。

(2) 以广义互联为计算架构(网联化)。在工业要素广泛互联的架构基础上，实现人员协联、机器互联、物料关联，实现多要素及其关系的映射及组织管理。

(3) 以工业机理为知识核心(智能化)。利用算法、规则、模型等方式的综合计算推理，实现工业软件在工业机理基础上的智能高效处理。

(4) 以多元协同为交互框架(集成化)。在集成多业务主体、多物联设备、多状态物料、可变粒度模型基础上开展集成，实现数字空间到物理空间的交互融合。

本书从制造企业的数字化转型出发，分析了智能互联时代的工业软件特点以及面临的挑战，面向工业软件研发，从计算、信息、算法三个维度构建了工业互联网环境下的工业软件构造方法框架，并利用不同层次互操作机制实现交互集成，同时重点阐述了计算、信息、算法、集成等方面的软件主流技术和前沿发展趋势。

本书面向工业互联网的主流云边端计算架构，结合工业软件的云服务平台、边缘计算系统以及智能应用软件等典型项目，基于开展的航天、船舶、航空等工业软件的协同设计、异地制造、供应链服务平台等构造实践，阐述工业互联网环境下工业软件的计算方法和构造实践，并讨论工业软件的开源生态及发展途径。

本书由蔡鸿明、于晗、沈冰清、胡畔合著，其中蔡鸿明撰写了第 1 章，第 2 章 2.1、2.2、2.3 节，以及第 3 章；沈冰清撰写了第 2 章 2.4 节以及第 9 章；胡畔撰写了第 4 章；于晗撰写了第 5、7 章；熊熙瑞参与撰写第 6 章，王钰霄参与撰写第 8 章 8.1、8.2 节，朱敏参与撰写第 8 章 8.3 节；姜丽红、曾宇欣、潘子奕为本书提供了许多支持和帮助。在此衷心感谢各位参与撰写的老师和同学。

蔡鸿明

2024 年 2 月 21 日

目录

第1章 工业软件概述

本章针对制造业的行业变化趋势，阐述企业数字化转型的实施路径，进而基于业务主体给出工业软件的分类方法及发展趋势，并从工业互联网环境下的工业软件特点出发，阐述工业软件构造基本思想，最后给出了工业软件的多维度计算框架，作为工业软件构造的出发点。

1.1 工业互联网环境下的工业软件

1.1.1 制造业的变化趋势

随着工业互联网的发展，与过去传统制造业相比较，现代制造业在外部驱动、自身组织、行为方式等方面都呈现出很大的不同，体现在价值目标、制造方式、组织模式、运作模式等方面，主要表现为价值目标由实物产品功用转换为个性特色服务，制造方式由大批量流水线制造转换为定制化规模制造，组织模式由全产业链竞争转换为产业生态合作，运作模式由市场需求牵引转换为企业主动创新。

1. 价值目标方面

价值目标从实物产品功用转换为个性特色服务。智能制造时代，世界经济类型从市场导向型转变为消费导向型，强调由传统产品的以物理功用为核心，转为向用户提供具有特色的丰富内涵产品。以往制造企业对市场个性化需求关注不足，随着互联网特别是移动互联网的普遍应用，制造企业能够直接接触到消费者群体，针对消费者的差异化需求开发个性化产品，并通过研发、设计、生产、营销、售后服务等生产性服务活动，在同质化产品上附加差异化特征，帮助企业摆脱产品同质化的劣势，实现差异竞争，创造更多价值。制造企业可以将消费者的个性化需求整合到产品中，这种生产方式能够减轻制造企业的库存压力，有效规避市场销售风险。

2. 制造方式方面

制造方式从大批量流水线制造转换为定制化规模制造。随着技术进步和消费者需求升级,工业制造从大规模生产时代进入了精益求精的定制化时代。传统制造业的大批量生产被削弱,定制化生产模式逐步被重视。基于工业互联网平台和相关系统,企业的人、机、料、法、环(即人员、机器、物料、方法、环境)等工业要素可以动态按需聚合,原有的大批量生产变成小批量生产,再变成定制化生产,使得企业可以在规模化的基础上支持柔性制造。

3. 组织模式方面

组织模式从全产业链竞争转换为产业生态合作。企业不再追求全产业链纵向的一体化以增强竞争力,而更关注产业生态,支持不同类型主体相互通过价值感知,主动参与到制造网络的协同活动中来,在动态协作中自发形成资源优化配置,呈现出具有竞争力的合作交互的动态稳定企业形态。产业链以工业互联网平台为纽带,将产业链的各个环节有机连接起来,让中小企业人员协作,让分布环境下的专业化人员协同,形成从基座、底座、平台、服务到应用等的多层次生态环境,支持相关产业人员的交互协助创新。

4. 运作模式方面

运作模式从市场需求牵引转换为企业主动创新。运作模式过去是由外部市场需求牵引,企业被动地响应外部市场需求及变化。随着工业互联网的兴起,企业可以在大量数据基础上开展分析预测,能够发现并创造顾客需求,拓宽价值增长空间,主动将顾客引入产品制造、应用服务过程,展开针对性服务,主动创新以引导市场。企业主动化主要体现在客户和伙伴两方面。首先,将客户引入制造和服务的全过程,强调客户参与设计、制造和销售,使得企业能够根据目标客户的个性化需求,提供产品及服务,实现了客户锁定,也提高了客户满意度。其次,企业间基于业务流程合作的生产性服务和服务性生产贯穿于产前、产中和产后各环节,通过联合设计、制造和服务,可以丰富产品内涵,形成产品间的水平差异性。

总体而言,以工业互联网和智能技术为代表的前沿信息技术已成为推动生产制造方式变革的武器,也是企业参与全球化竞争的关键。为适应智能制造的发展趋势,制造企业可从价值、制造、组织、运行等方面,推进产品定制化、生产柔性化、组织协同化、服务主动化的进程。同时,针对企业目标的产品定制化、企业内部的生产定制化、企业间的组织协同化以及企业多方交互的服务主动化,都在工业互联网上得以实现,这也加快了企业的数字化转型进程。

1.1.2 企业数字化转型的途径

企业的数字化转型推进的重点是基于工业互联网，实现各生产要素的连接和集成。其中，人、机、料、环都是生产要素；而人、机、料、法、环、测也是方法，体现各种方法的相关软件都是生产要素。随着数字化转型的深入，生产制造会进入真正意义上的智能时代。基于这些要素的数字化、网络化、智能化、融合化便是工业软件构造的技术基础。

基于工业互联网，制造企业的数字化转型可以由几个主要过程推进，主要体现为业务数据化、连接网络化、处理智能化、虚实融合化等阶段，分别涉及不同的信息技术，如图 1-1 所示。

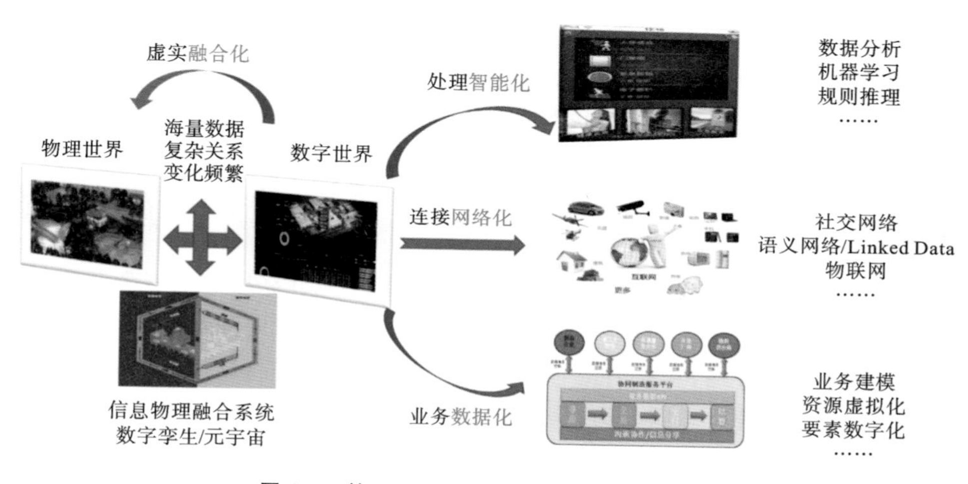

图 1-1 基于工业互联网的数字化转型技术

(1) 业务数据化：基于物联网、云计算、大数据等前沿技术，实现物料要素的信息表征，采集相关数据，通过业务模型建模，构造数字化模型，以实现制造服务的数字化，从而创造一个新的数字空间，实现业务的数据化。

(2) 连接网络化：基于工业互联网，实现计算资源、制造资源、信息资源、组织资源等方面的网络连接，进而实现交互关联。而在广义互联场景下，往往涉及人、机、物等要素的社交网络，物联网，语义网络，以及更为复杂的人、机、物互联网络。

(3) 处理智能化：在广义物联的基础上，通过引入机器学习、数据分析、规则推理等技术，实现制造流程全生命周期中各要素的重构，支持各处理环节的智能化，基于计算机仿真的预测推演，对制造过程的各种目标开展智能处理。

(4) 虚实融合化：将智能处理的结果，通过基于网络的人机交互设备，施加到物理世界的加工设备、物流设备、显示装置等，完成对虚拟模型驱动的物理现实设备的操控，通过虚实融合方式支持复杂工业处理流程，实现产品质量提升、生产成本降低、研发周期缩短、服务质量提高等目标。

从工业互联网出发，制造企业的数字化转型可以按照基于工业互联网的企业内网、企业外网、产业服务网等几个层次逐次展开。

第一层次的企业内转型，就是基于工业互联网的企业内网完成企业内部要素的整合和连接。构建工业互联网环境，研发数据中台和数据空间，采用数字主线重塑制造业务流程，开发机理模型和智能算法，实现工业智能应用，支持企业内的数字化转型。其动因可能是企业内部的管理需求，可能是降本提质增效的目标要求，或是企业内管理需求的 IT 化。

第二个层次的产业链转型，就是基于工业互联网的企业外网完成产业链要素的整合和连接。基于工业互联网交互协同机制，以价值链驱动产业链的设计协同、制造协同、供应链协同等多模式协同，支持多企业间的产业链协同。其动因可能是产业链竞争。通过产业链的上下游实现多主体动态协同，是产业链发展中的关键途径。

第三层次的产业服务转型，就是进一步连接工业互联网和消费者互联网，在行业领域垂直融合。基于产业服务构建融合工业互联网和消费者互联网的垂直领域产业服务网，实现消费者互联网和工业互联网的融合互动，即构造更大范围的产业服务生态圈，通过生态圈中的产品、人员、设备、物料等要素的自聚合、自组织、自进化，推动企业主动化服务创新，引导消费者健康需求的有序扩展，推动制造企业的全面能级提升和生态升级。

1.1.3 工业软件的分类及发展趋势

工业互联网平台指的是研发、制造、最终用户操控及运维的支撑技术平台，涉及网络、计算、存储等计算资源，以及计算资源的物联终端、加工设备、显控装置等制造资源。基于工业互联网，按照核心使用主体的不同，这里给出了基于不同业务主体的工业软件类别，如图 1-2 所示。

基于工业互联网技术支撑平台的工业软件可以分为以下几类。

(1) 研发设计类软件：设计人员使用的软件，如 CAD、CAE、PDM 等软件。

(2) 生产制造类软件：制造人员使用的软件，如 MES、PCS、ERP 等软件。

(3) 端运行类软件：工业产品最终使用人员使用的软件，主要以嵌入式软件

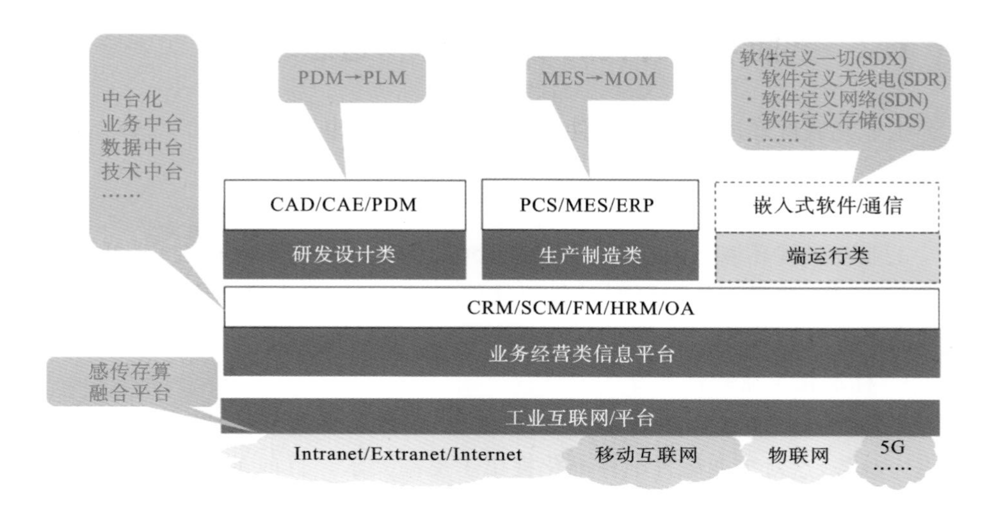

图 1-2　工业软件分类及发展趋势

为主，如车载系统、机载系统、舰载系统等。

（4）业务经营类信息平台：支持研发、制造、运维的信息平台，主要涉及人力、财务、物流等业务的信息平台。

工业互联网平台是承载各种软件的软硬件交互平台，目前随着感传存算一体化融合的发展，各类工业软件的技术发展也呈现加速融合趋势：

（1）研发设计类工业软件逐渐向制造、运维阶段扩展，例如产品数据管理(PDM)软件，逐渐发展为产品全生命周期管理(PLM)软件；

（2）生产制造类软件逐渐向整体运营扩展，例如制造执行系统(manufacturing execution system, MES)向体现生产经营的制造运营管理(manufacturing operation management, MOM)系统发展，除了生产执行外，企业整体的计划调度、物流库存、质量运营等方面都逐步被纳入系统范畴；

（3）端运行类软件呈现硬件软件化的发展趋势，软件定义网络(software defined network, SDN)、软件定义无线电(software defined radio, SDR)、软件定义存储(software defined storage, SDS)等快速发展，因此，软件定义一切(SDX)技术得到了工业界的高度关注；

（4）业务经营类信息平台从数据、业务、前端等层次出发逐渐平台化，多种层次的平台中台化都得到了较多关注，当前业务中台、数据中台、技术中台是受广泛关注的三类平台。

1.2 智能互联时代的工业软件构造思想

工业互联网环境下,工业软件构造也面临挑战和机遇。

1.2.1 互联网环境下的工业软件构造挑战

工业互联网环境下,从开发模式来看,工业软件逐步走向标准化、开放化、服务化、云化,体现为基于模型对象的软件组件化、开放化的云原生软件、面向开发生态的开源软件。

1. 标准化工业软件开发

联合打造工业软件产品研发、集成实施、运维服务等一体化的解决方案逐步成为趋势,这对工业软件的标准化提出了更高要求。目前工业软件互操作中的最大问题就是缺乏规范,在数据模型转换过程中往往有语义丢失和数值误差。在工业软件不断发展的过程中,工业软件标准化越来越显示出其重要性,例如CAD领域中的计算机图形接口(computer graphics interface,CGI)标准、计算机图形元文件(computer graphics metafile,CGM)标准、基本图形转换规范(initial graphics exchange specification,IGES)和产品模型数据交换标准(standard for the exchange of product model data,STEP)等。随着技术的进步和功能的需要,新标准还在不断推出。

2. 开放化工业软件开发

目前来说,工业软件的开发环境已从封闭、专用的平台走向开放、开源的平台。部分厂商通过开发平台,聚集并对接了大量产业链伙伴,利用行业资源针对特定工业需求进行仿真软件的二次开发,实现了工业仿真功能的扩展。例如,在CAD领域中,IntelliCAD技术联盟(The IntelliCAD Technology Consortium,ITC)提供了一个类似AutoCAD的CAD开源平台,在全球吸引了很多软件开发商;美国Autodesk公司推出工业制造仿真平台Fusion 360,集成了来自多个合作伙伴的服务和应用,包括BriteHub公司的服务、CADENAS公司的parts4cad应用等,通过不断扩充优化工业模型与行业资源库,使其仿真软件应用范围从单一产品仿真扩展到工艺与生产线装配仿真等领域。目前开放化工业软件开发的最大问题就是工业领域开放的资源还不够丰富,无论是计算资源还是软件资源。

3. 服务化工业软件开发

工业软件的传统架构为基于单机或局域网进行本地软件部署,软件采用紧耦合单体化架构,软件功能颗粒度较大,同时功能强大且综合性高。近年来,随着工业互联网的迅猛发展,工业互联网平台上也出现了一些诸如工业APP之类的新型工业软件。工业软件新型架构从ISA95五层体系逐渐变为扁平化体系,且往往基于Web或云端部署,采用耦合的分布式微服务架构,软件功能颗粒度较小,同时功能简明或单一。服务化有利于提高软件系统的易维护性,促进软件向云迁移。例如在云CAD软件中,服务注册中心、应用服务器、调度服务器、建模服务器等可以用微服务实现组件化和服务化。目前服务化工业软件开发的最大问题就是专业领域知识和现代软件架构的结合较弱,同时具备工业专业知识和计算机知识的人才无论在产业界还是学术界都极为缺乏,大大制约了服务化工业软件的研发。

4. 云化工业软件开发

国外工业软件正迅速向平台化、可配置和订阅模式转型,呈现向云端迁移的趋势,其部署模式从企业内部转向私有云、公有云以及混合云。基于云平台,多主体可以进行合作开发,加大工业软件开发的广度和深度。一方面,供应商开发基于云的工业软件,改变原有的软件配置方式;另一方面,用户通过访问工业云,可以选择直接运行云化工业软件,从而降低对硬件和相关配置环境的维护成本。目前云化工业软件开发的最大问题主要是OT(运营技术)/IT(信息技术)的融合较为困难,无论在数据、计算还是模型方面,支持OT和IT融合都较为困难,大大制约了工业软件的云化进程。

从当前工业软件市场而言,无论是传统单体架构的工业软件还是工业互联架构的工业软件,都是现阶段工业产品研发和生产不可或缺的数字化生产要素。从目前工业软件的基本格局来看,工业软件还是以传统架构为主。未来工业软件会逐渐进入两种架构长期并存的时期。至于是否所有的工业软件全部都能融入工业互联网环境,要看具体的应用场景和用户的需求,以及算法、算力、软件架构等相关技术的演进程度。

工业互联网环境下,具有通用意义的以数据为核心的典型工业软件架构一般可以分为五层:物联层、网络层、数据层、服务层和应用层。

如图1-3所示,这是一个以工业流程驱动的典型软件系统,其中物联层涉及加工设备、工装、产品等物理实体;网络层将各类物联设备进行连接;数据层在云平台基础上,实现结构化、非结构化、半结构化数据的汇聚、治理、存储、查询、展示;服务层则结合工业机理及知识规则等构造智能算法,进行数据的加工处理;应用层直接面向具体设计、制造、运维业务,形成功能,开展应用。

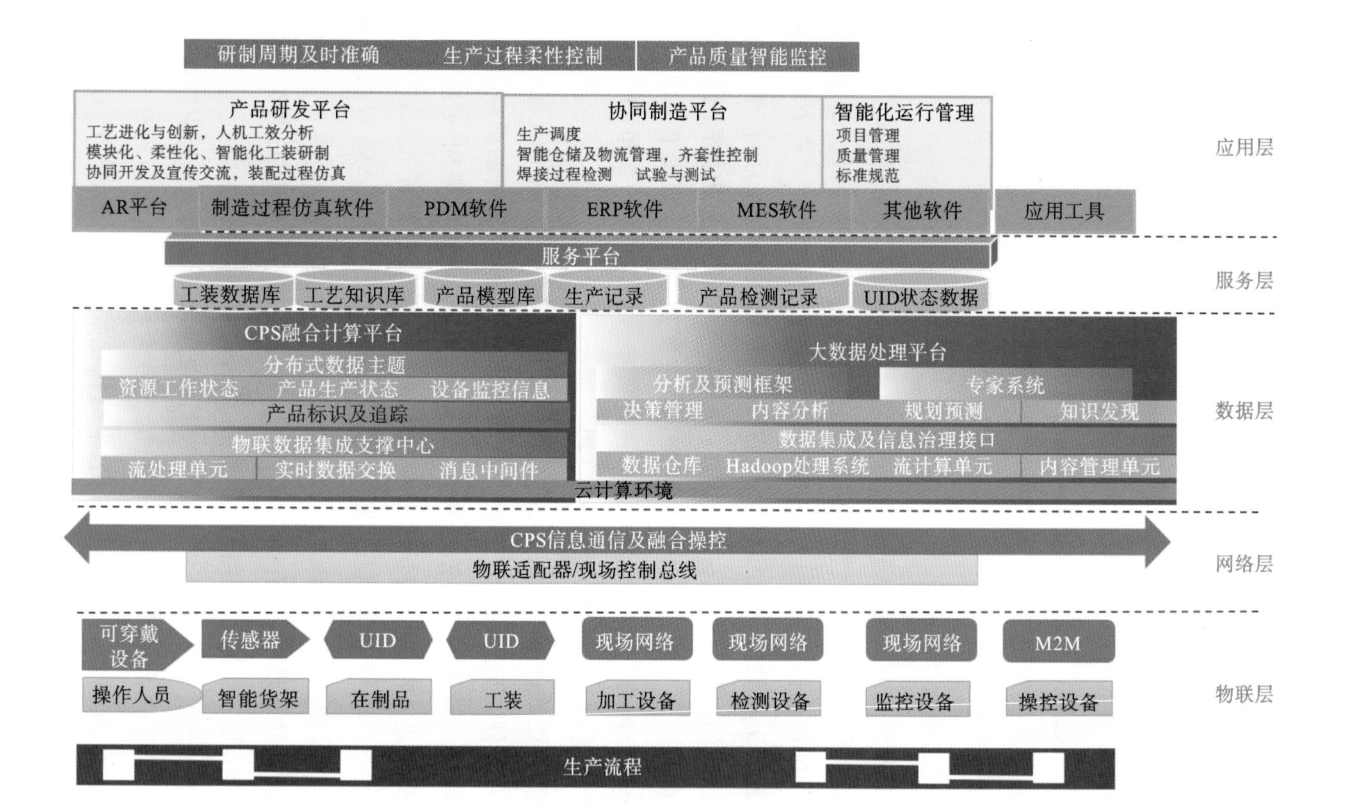

图 1-3　典型工业软件架构案例

当然，不同类型的系统指标不一样，在不同层面的要素可能会有所区别，但完备的工业软件系统往往都包括这五个层次，体现了工业数据的物联感知、网联传输、数据存储、数据服务、制造应用等基本流程。

1.2.2 工业软件构造思想

总体而言，面对工业软件的标准化、开放化、服务化、云化发展趋势[1]，在以人、机、物互联为基础的工业互联网环境下，工业软件构造途径可以分为物理世界数字化、数字要素网联化、数字要素智能化、虚实交互融合化等关键环节，因此，从数字化、网联化、智能化、融合化等方面来说，工业软件构造主要面临以下挑战：

（1）数字化困难　数字化用于实现从物理世界到数字世界的建模、表述、处理，而工业软件涉及多层次的产品结构、多视角的用途表述、复杂的要素关联、物联信息的数据异构，数字化较困难。

（2）网联化困难　物理信息的多要素融合、交互中，往往涉及异构交换协议多样、关联复杂多变、信息物理交互延时等问题。

（3）智能处理困难　工业软件往往涉及复杂的物理数学模拟及实现，体现知识处理的工业机理不容易提炼，在海量异构的多模态数据基础上，实现智能化处理并非易事。

（4）集成交互困难　工业软件受设备、人员、环境、工艺等物理要素约束，涉及信息、算法、计算等多维度处理任务，涉及物理、数字以及社交空间，多要素交互集成困难。

从当前工业软件面临的挑战出发，互联时代的工业软件构造思想可以总结为以下几点：

（1）以物联数据为驱动模型（数字化）　工业软件涉及的人、机、物都来源于物理世界，因此工业软件构造时首先要实现工业业务的数字化，需要从与人、机、物相关的物联数据出发，构建高层复杂动态信息表征模型，作为工业软件构造的起点。

（2）以广义互联为计算架构（网联化）　工业软件涉及人、机、物的广泛互联，只有在工业要素广泛互联的架构基础上，实现人员协联、机器互联、物料关联，才能更有效地实现人、机、物的交互连接，支持高效即时处理。

（3）以工业机理为知识核心（智能化）　工业软件涉及人、机、物多方的复杂处理，若要实现加工制造的物理化学过程，需要在工业机理基础上，通过算法、规则、模型等方式的综合计算推理,实现工业智能处理。

(4) 以多元协同为交互框架(集成化)　工业软件涉及人、机、物多方的复杂交互,若要实现状态感知、信息传输、知识处理、即时操控,需要在多业务主体、多物联设备、多状态物料、可变粒度信息的集成融合上,实现虚实交互融合,体现数字空间和物理世界的交互回馈。

1.3　数据智能驱动的工业软件计算框架

从计算思维来说,软件构造的核心思想是分而治之,在分解的基础上各自处理,然后交互集成。因此,根据应用场景的需求,不断地开展软件架构的分合迭变,是软件构造的核心思路和主要技术路线。

如图 1-4 所示,本书从计算维度、信息维度、算法维度和交互维度四个维度构建工业软件的计算框架[2],并通过不同层次的互操作交互集成机制,开展软件的交互融合实现,同时以端、边、云为核心开展典型工业软件的研发实践,为开源生态提供推广基础和软件载体。

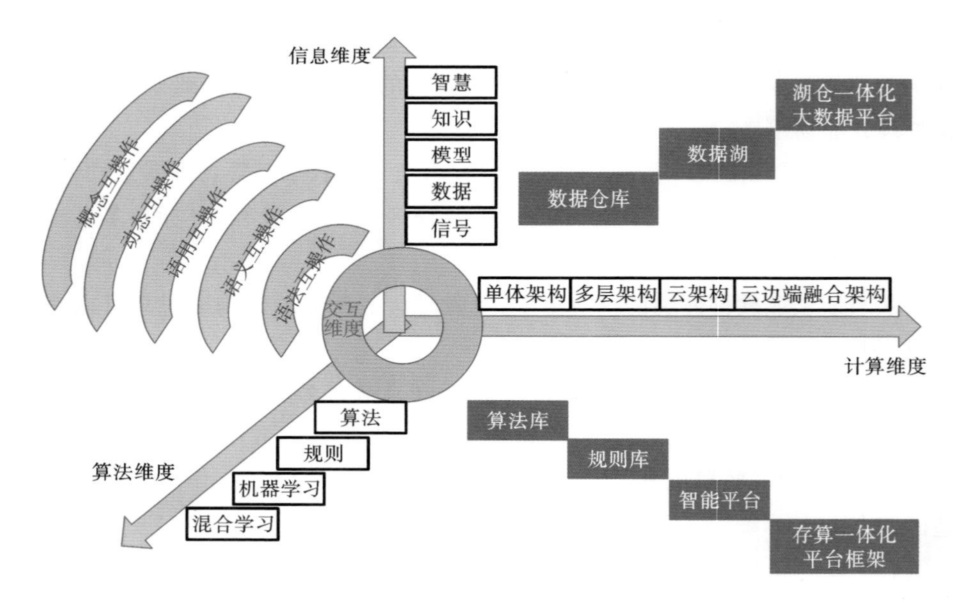

图 1-4　工业软件的计算框架

(1) 计算维度:随着业务数据处理规模的增长,软件从单体架构向多层架构、云架构逐渐变化发展。近年来,体现自治和协同的云边端融合架构开始成为分布式复杂工业系统的主要架构形式。

（2）信息维度：按照从信号、数据、模型、知识到智慧逐层整合的方式，构造以产品为核心的多粒度信息模型，支持复杂产品的复杂加工及动态管理过程。

（3）算法维度：从数据统计算法、知识推理规则到近年来发展迅速的机器学习算法，工业软件的处理算法更多向数据与知识双驱的混合学习方法方向发展。

（4）交互维度：面向复杂应用要求，产品模型、智能算法、计算资源需要集成才能实现完整工业软件的处理。从交互集成的方式出发，工业软件也逐渐从语法级别、语义级别发展到语用级别，更进一步的动态互操作、概念互操作也在发展。

工业软件研发通常从业务需求出发，先展开信息建模以及算法设计，然后选择部署级开发载体，最后实现综合集成和部署应用。然而，本书主要是从技术层面实现软件构造，因此从工业软件构造出发，从软件架构、信息架构、算法架构、集成交互方面，逐步讨论和分析工业软件的构造技术和趋势。

1.3.1 结合云边端架构的计算维度

从计算维度来说，工业软件构造时需要根据不同工业应用的功能和性能需求，合理分配算力、存储、网络等计算资源，搭建软件应用运维的承载计算平台。

从软件架构发展趋势来说，随着计算能力的提升，工业软件逐步从单体架构，包含C/S(client/server，客户机/服务器)、B/S(browser/server，浏览器/服务器)等模式的多层架构，包含设施层、平台层、服务层、流程层的云架构，发展到当前流行的云计算、边缘计算、终端APP等云边端融合架构。

而随着软件定义一切(SDX)技术的发展，软件架构一方面功能越来越复杂，另一方面各层次的界限越来越模糊，硬件的软件化越来越普遍。无服务器计算等融合系统的部署方式在发展，工业软件架构呈现融合的发展趋势。

1.3.2 面向全生命周期的信息维度

从信息维度来说，工业软件构造时需要根据不同工业应用的需求，构造覆盖多种信息处理的包含采集、治理、存储、处理、查询等环节的信息架构，提供软件应用运维的数据基础。

从信息架构来说，随着计算能力的提升，工业软件的信息结构日趋复杂，既包括毛坯、零件、部件、产品等多层次产品结构，也需要产品在设计、生产、应用等过程中流转的物流信息，还包括计划、任务、活动、状态等管理信息。多种信息流需要在集成框架的基础上，综合实现全生命周期的动态融合，实现事务和分析相结合的信息处理机制，以支持工业产品价值的提升，构造出适合工业生产的信息架构。

面向产品的全生命周期，出现了可变粒度处理的批流融合方式，例如湖仓一体化架构是当前工业软件的信息架构发展的重点趋势。

1.3.3 混合智能推理的算法维度

从算法维度来说，工业软件运行时需要对不同产品加工制造过程进行处理，构造包括理论算法、业务规则、机器学习模型等多种形式的处理模型，实现产品研发、制造、运维、经营等环节相关处理方法的算法架构，形成软件应用的处理方法基础。

从智能处理算法来说，工业软件蕴含了长期沉淀的研发、制造、运维知识经验，一些是显性化的，更多是隐含在已有的模型、程序以及文档中。目前来说，面向知识处理的工业机理是当前工业软件算法的难点，如何融合相关的理论算法、业务规则、学习模型，实现混合智能推理，是处理多模态、可变粒度、时序相关、关联复杂的工业数据的关键。

目前来说，面向产品的复杂处理过程，将数据驱动的数据分析算法、机器学习相关模型以及规则推理方法相结合，实现混合智能推理，是当前工业软件的算法处理的重点发展趋势。

1.3.4 基于多层互操作的交互维度

从交互维度来说，基于算力、算法、算例等相关内容，工业软件运行时需要根据应用需求，实现语法、语义、语用等多层次交互融合，构造出完备的工业软件，以支持产品的研发、制造和应用。

从集成方式的发展趋势来说，工业软件涉及设备、人员、环境、工艺等物理要素的交互，需要集成信息、算法、计算等多维度资源，按照多种层次逐步集成。目前来说，包含物理世界、数字世界、社交世界的三元融合是重要的发展方向。

本章小结

- 从制造业的变化趋势出发，基于工业互联网要素分析，阐述企业数字化转型的实施路径。
- 在工业软件分类的基础上，阐述工业互联网环境下工业软件的特点和面临的挑战。

- 从数据智能驱动出发,阐述了工业软件计算框架。

本章参考文献

[1] 蔡鸿明,沈备军,任锐.互联网时代的软件工程[M].上海:上海交通大学出版社,2021.

[2] CAI H M, JIANG L H, CHAO K-M. Current and future of software services in smart manufacturing[J]. Service Oriented Computing and Applications, 2020,14(2):75-77.

第2章 工业软件的计算架构

本章从工业软件的计算架构出发，阐述了工业软件计算架构演化过程，并给出了用微服务架构来设计与部署工业软件系统的过程，最后结合工业元宇宙阐述了未来工业软件架构的发展趋势。

2.1 工业软件的计算架构演化

软件架构是构建软件系统所需要的一组结构，包括软件组件、组件关系以及相关的属性。随着工业软件的集成化、平台化、智能化发展，工业软件计算架构也从单体架构、网络多层架构、云架构，逐步走向云边端协同的融合架构阶段，如图 2-1 所示。

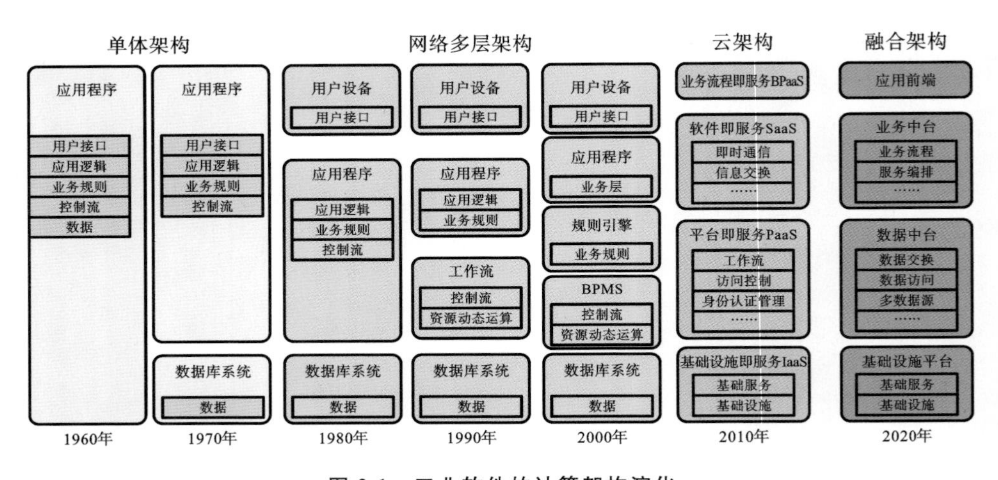

图 2-1 工业软件的计算架构演化

1. 单体架构

单体架构指的是所有的数据、控制逻辑、业务规则、应用逻辑和用户接口或者用户界面都在同一个应用程序中，在同一个计算环境中运行。

后来，随着数据库和文件系统的发展，数据和功能在一定程度上实现了分离，系统往往分为数据库和应用程序，但都在单机环境中运行。

目前很多小而专业化的工业软件仍采用单体架构。一方面，这类软件专业性强，应用范围较窄，用户量不大；另一方面，采用单体架构时开发部署以及管理更新都较为方便。这类软件规模不大但数量大，也是目前工业应用中采用较多的类别。但随着工业互联网的发展，从复杂应用需求出发与从软件迁移及协同角度考虑，这类软件也逐渐开始组件化。

2. 网络多层架构

随着网络的发展，基于标准 Web 调用接口的服务系统开始出现，系统往往分为 C/S 或 B/S 的客户端前端、应用服务端、数据端三层架构。

随着工作流引擎（BPMS，业务流程管理系统）、规则引擎以及消息中间件等的发展，业务逻辑进一步分解为动态的工作流、静态的业务规则和消息交换路由，系统变成了多层架构的系统。客户端前端主要体现为网页、移动端、界面等用户前端；应用服务端主要体现为服务、规则、流程等应用逻辑；数据端体现为数据库、文件等多种数据源。但各层之间仍有着较多逻辑依赖和调用关系。

基于网络多层架构的工业软件在当前应用较多，无论是在企业内网、企业外网，还是在广域网。一些部门或者纵向业务系统都采用这类软件，如车间在制品管理、工时管理等系统，或者企业内的物流管理、库存管理、质量跟踪等单业务域系统。这些 Web 软件往往都具有自己的数据库、业务服务，支持部门或者单业务域的中型规模应用。但有的时候也会造成信息孤岛，中台化的兴起主要就是这类系统横向集成需求高涨的结果。

3. 云架构

随着基础设施开始纳入整体软件，虚拟化概念逐步引入，数据、平台、前端等层次概念逐渐模糊，软件与硬件的功能分配也不再明显，按基础设施层、平台层、服务层、业务流程层等进行分层划分逐渐得到较多人的认同，云架构开始成为主流方式，体现为层间的高度灵活性和层内的复杂耦合性。

严格来说，云架构不算软件架构，各种架构都可以部署在云平台之上，目前越来越多的系统部署在云平台之上。因此，多层架构是 Web 系统当前的主要架构方式，由于应用和行业领域的不同，其涉及的构件以及结合方式有所差异，层次的交互也不尽相同。

基于云架构的工业软件面向大型企业的综合应用，近年来，基于云的供应链平台、基于云的供应商管理平台、基于云的客户意见反馈平台等都在增多，主要目标是面向某一领域或者业务的数据及业务集中管理需要，构造云原生系统，实现基于云的集中式大型应用。

4. 云边端协同的融合架构

随着云边端协同的融合架构开始兴起，通过在业务层、数据层整合而构造的数据中台、业务中台等得到较多重视。在万物广义互联基础上，面向工业领域业务流程任务的动态执行，各种制造要素需要建立广义互联融合，体现各自分布式特点的多种应用组件如何实现协同交互与优化融合便成为下一代工业软件的核心出发点。

随着横跨多业务域的工业软件越来越普遍，计算架构和数据架构、算法模型构建开始紧密结合，因此，基于云边端协同的融合架构成为当前复杂工业软件的主要架构，而且随着云平台以及智能组件的发展，其表现出越来越重要的作用。

下面从多个维度来比较这几种架构的区别和适用范围，如表 2-1 所示。

表 2-1　工业软件的主要计算架构比较

比较项目	单体架构	网络多层架构	云架构	融合架构
主要组件	自包容程序、支撑库(DLL 等)	表现层、控制层、模型层、数据层	流程层、服务层、平台层、基础设施层	执行终端、边缘单元节点、云平台
特点	单实例、自包容、本地调用及执行	多用户并发、支持网络调用	计算资源弹性、多租户应用、高并发	复杂任务、资源优化配置、节点自治协同
适用范围	本地专业工业软件	大规模网络应用	多主体、大规模、复杂网络应用	物联相关实时应用

可以看到，计算架构是工业软件实现的框架。因为当前各类企业数字化程度差异巨大，所以各类异构工业软件出现并且数量巨大。与此同时，随着制造业务越来越复杂，涉及的要素也越来越多，对企业软件协同的要求也越来越多，大量异构软件的集成交互要求也越发突出，因此面向各种专业工业软件交互融合的低代码平台是当前工业软件研发的重要方向。

2.2 面向复杂软件交互的云边端架构

云边端架构包括三部分的架构和协作，分别是云平台、边缘计算单元、现场执行终端，涉及整体架构以及工业任务的计算资源分配和单元构造等内容。

2.2.1 云边端架构

云边端架构将整个数据处理过程分为云计算层、边缘计算层、现场执行终端层。其中，云计算层包含中心化的高性能服务器，边缘计算层则指由互联网中广泛存在的小型网络节点（如网关、基站等）所组成的本地分布式计算网络，现场执行终端层对应具体执行及操控的设备。基于云边端架构的工业制造示意图如图 2-2 所示。

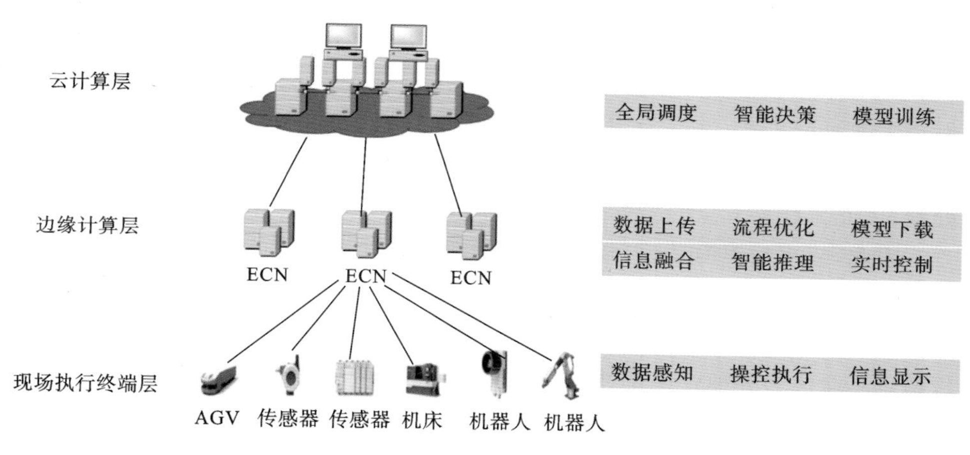

图 2-2 基于云边端架构的工业制造示意图

云边端架构中，现场执行终端、边缘计算和云计算这三类节点的主要功能如下。

（1）现场执行终端节点作为叶子节点，包含了智能制造中广泛存在的现场设备终端，常常作为上级节点的数据源。它们通过传感器捕获各式各样的制造信息，上传至后台软件进行数据处理，并根据结果作出相应反馈。如果数据来自独立的传感器设备，且对处理结果的时效性要求高，可以直接在本地执行计算并反馈，然后将结果传回上级边缘计算节点。

（2）边缘计算节点（edge computing node，ECN）作为中间层节点，利用现场执行终端的感知能力，初步整合零散的传感器数据，进行简单的处理和计算。边缘计算单元贴近现场数据源，作为数据的前端处理节点，可以利用现场上下文数据进行特定的处理，并根据需要迅速向智能设备反馈，减少处理延迟现象。因为边缘计算层贴近现场设备的数据源，所以其传输及处理相较于云计算节点来说要及时得多。

（3）云计算节点作为后台数据的集中处理环境，由中心化的高性能服务器组成，通常具有强大的大数据处理能力。云服务器从边缘计算节点持续收集并汇总数据，形成智能制造大数据，并在此基础上应用高性能大数据分析方法，从整体层面高效、准确地完成数据处理、分析和反馈操作。

从本质上来说，边缘计算提供了贴近数据源的分布式小型本地计算网络。基于内部局域网，它可以接收物联网设备数据，同时获取相关的上下文信息，并对原始数据进行简单的处理或者直接快速向物联设备反馈。边缘计算作为云计算向网络边缘的扩展，其感知上下文和贴近数据源的特点使对延迟敏感的物联网服务请求能得到及时处理和反馈。

而云计算提供了中心化的高性能计算服务，它有能力统筹所有的智能设备所产生的海量数据，并在海量数据的基础上进行全面高性能的计算分析。同时，由于边缘计算节点在本地利用上下文信息对原始传感器数据进行了一定预处理，因此云计算节点的大数据处理效率和准确度大大提升。

因此，云边端架构是综合解决智能制造信息处理问题的有效途径。从软件架构的角度分析，云边端架构提供了一种高性能、低时延的智能解决方案。在云计算层中，服务器的硬件资源几乎可以被任意扩展，即便面对海量数据，硬件资源也不会成为处理效率的瓶颈。而边缘计算则将计算能力扩展到了更贴近数据源的小型网络节点，这些节点广泛分布在互联网的各个角落，与数据源通信时具有极低的传输时延，但计算能力相对较弱。

2.2.2 云边端架构下工业任务的计算资源分配

工业制造中的数据具有以下特征：① 数据规模大。在每个时刻，制造系统中都有多个智能设备捕捉和上传数据，大量设备在运行及交互中产生动态变化的海量数据，很多时候甚至形成高速的数据流，因此对应的数据规模是非常大的。② 数据源分散。工业设备按照制造工艺通常有明确的位置和功能划分，数据时空耦合性强，处于不同位置的设备产生各种不同类型的数据，导致这类分布式异构数据的处理并不容易。③ 实时性要求高。制造设备的状态时刻在发生变化，所生成的数据也在不断更新，为了使这些制造数据更有价值，不但需要设计高效的处理方法来实现快速响应及处理，也要充分利用零散数据的上下文信息来帮助认知和操作，以挖掘更多传感器间的关联信息，还需要尽可能减少数据在传输和等待处理等环节上的时间消耗，以保证结果的时效性。

因此，在工业互联网环境下，要有效解决智能制造系统中的各种复杂问题，主要考虑以下几点：

(1) 快速响应对时延敏感的服务请求。在智能制造系统中，存在大量需要及时反馈的物联网设备，它们没有计算能力，但需要根据当前的环境特征立刻作出合适的反应。通过网络将这种服务请求交由远端服务器来处理，必然会产生难以接受的传输时延。这种时延已经成为影响智能制造发展的关键问题。

(2) 可访问数据源上下文信息。物联网设备产生的数据的一大特征是分散和凌乱，它们之间通常没有明显的关联性，这给语义分析和数据处理带来了极大的挑战。因此，如何有效使用数据源上下文信息，便成为数据处理的一大难点。

(3) 高效处理海量异构数据的能力。面向复杂精细的生产制造要求，智能制造系统拥有数量庞大、种类多样的智能设备，它们所产生的海量数据是智能制造的核心要素。因此，需要构建有效的计算架构和复杂算法，以高效、准确地处理这些海量异构数据。

从工业制造的需求出发，基于云边端架构的分析，我们从计算资源、存储资源、网络资源、数据特点、实时性、算法选择等方面对基于云边端架构的软件特点进行分析，作为后续工业任务分配的出发点，如表 2-2 所示。

表 2-2　基于云边端架构的软件特点

层次	项目					
	计算资源	存储资源	网络资源	数据特点	实时性	算法选择
云计算层	充足	充足	集中	全局、复杂	差	全局算法，机器学习训练
边缘计算层	有限	有限	充足	局部、快速	强	局部算法，适合做推理
现场执行终端层	弱	弱	可以	点、简单	强	计算量小的数据采集或者显示操作

因此，一般来说工业任务在云、边、端的分配特点可描述如下。

(1) 云端：计算和存储资源充足，网络时延高。数据具有全局性，但因为网络传递有延迟，到达执行终端时延大，分配任务以及选择处理算法时，可以分配颗粒度大的全局任务。在智能数据处理方面，云计算擅长全局性、非实时、长周期的大数据处理与分析，能够在长周期维护、业务决策支撑等领域发挥优势。

（2）边缘端：计算和存储资源有限，网络时延低。数据具有局部性，网络传递时间短，到达执行终端实时性强，分配任务以及选择处理算法时，可以分配颗粒度小的任务。在智能数据处理方面，边缘计算适用于局部性、实时、短周期数据的处理与分析，能更好地支撑本地业务的实时智能化决策与执行。

（3）执行终端：计算和存储资源弱，实时性强，尽量只做小计算量或者无计算量的操控操作。在数据处理方面，执行终端往往作为数据源采集和信息显示终端。

在实际应用中，边缘计算既靠近执行单元，也是云端所需数据的采集单元和初步处理单元，可以更好地支撑云端应用；而云计算通过大数据分析优化，输出的业务规则或模型可以下发到边缘侧，让边缘计算基于新的业务规则或模型运行。

因此，面向智能制造数据特征，我们提出了一个基于云边端架构的智能制造大数据处理架构，以支持云平台海量异构数据高并行的处理要求，如图 2-3 所示。该大数据处理架构分为智能设备层、边缘单元层和云服务层。

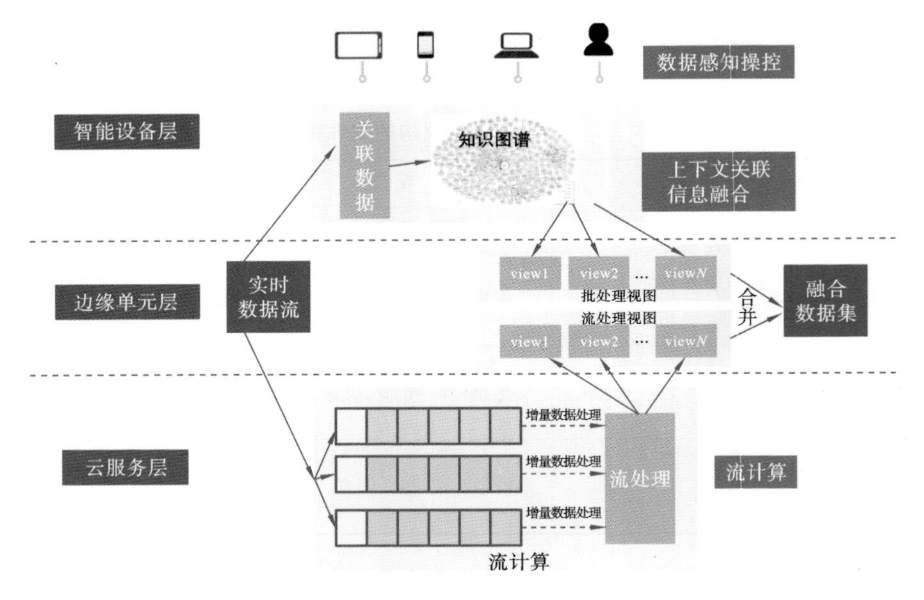

图 2-3　基于云边端架构的智能制造大数据处理架构

从数据内容来看，智能设备层、边缘单元层和云服务层也可以分别描述为：接收数据流输入和处理结果输出的智能设备层、异构数据整合和信息融合的边缘单元层，以及综合分析处理大数据的云服务层。

因此，基于边缘计算贴近数据源的特点，该架构能够迅速响应物联网设备的服务请求，并为大数据处理算法提供高质量的数据支持。同时，利用云计算高性能硬件资源，智能制造大数据在云端的中心化服务器被汇总和高效处理。基于云服务器、边缘单元和执行终端的协同配合，智能制造在低时延服务响应、高效数据处理两方面都能得到很大发展，在理论研究及应用前景方面均具有重要价值。

2.3 基于微服务架构的工业软件构造

2.3.1 微服务架构

随着各类企业的业务协同的需要和信息互通互联内容与范围的增加，各种应用集成需求开始增多。从面向服务的架构（service oriented architecture，SOA）到软件即服务（software as a service，SaaS），技术的标准化、重用性、松耦合以及互操作成为互联网软件发展的重要助力。然而 SOA 没有定义组件的粒度，在实际研发中容易过度耦合，成为量级较重的功能系统，虽然可以通过标准化服务接口实现重用，但在面对快速变化且不确定用户的需求时则显得力不从心。

在云端实现开发并运维的软件越来越普遍，而 SOA 等传统服务技术很难支持。于是微服务架构[1]开始被人关注，其思想是在开发时便考虑到运维需要，在运维时实现软件灵活变更。微服务架构是一种通过多个小型服务组合来构建单个应用的架构风格[2]，这些服务围绕业务能力而非特定的技术标准来构建，各个服务可以采用不同的编程语言、不同的数据存储技术，运行在不同的进程之中。

对于微服务的理解，一般有两种看法：一种认为微服务是“最微小的服务”，热衷于将系统拆分为最小的原子服务，甚至按照某一信息实体的增、删、改、查等原子操作进行拆分，例如生产订单的查询操作服务，这是原子服务调用级别的服务；另一种则认为微服务更多关注业务的需要，以单一业务能力为核心，将相关的界面、操作、数据、部署环境都归到一起，实现高内聚的业务服务，而不关注实现服务的粒度。有时候这样的业务服务粒度也不微小，结构也较为复杂，甚至还包含界面、处理逻辑和数据存储等层次，但业务确实单一，例如实现指纹识别功能的微服务。

工业微服务设计实现主要有如下一些核心思想：

（1）产品化思维　开发人员需要关心整个边缘节点的全部方面，即需求、设计、开发、运维、运营、反馈，而不能简单地将其当作一个功能点来开发；

（2）强终端弱管道　通过微服务本身去实现对应的功能，管道只负责通信即可；

（3）容错性设计　承认服务会出错，并且积极解决出错可能导致的问题（解决方式有检查、隔离、熔断、降级），从而实现局部出错但整体容错；

（4）数据去中心化　每个服务都有全局数据对应的一部分视图，只关注和自己业务相关的视图，并且各自存储而不是存储在同一个地方。

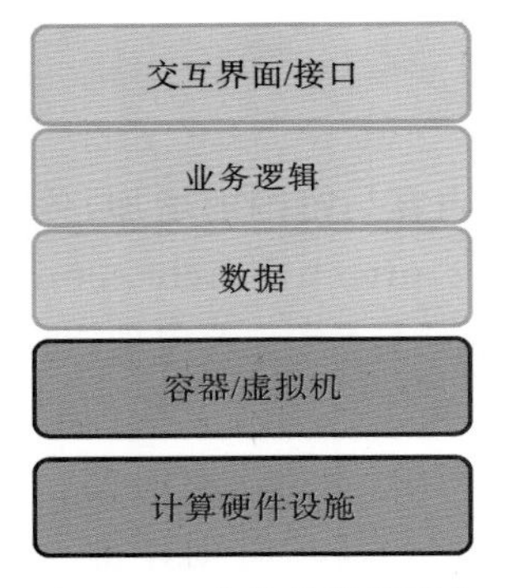

图 2-4　工业软件的微服务基本框架

工业软件一般基于工业互联网购置，因此其微服务架构往往与纯粹的应用服务不太一样，一般情况下工业软件的微服务基本框架如图 2-4 所示。

微服务架构的基本思想是：围绕业务领域组件来创建应用，让应用可以独立开发、管理和加速。因此，微服务架构的优点可以描述为弹性、易扩展、简化部署、技术异构型、与业务组织结构相匹配、可组合、可替代性好。结合容器 Docker 等技术，微服务架构能实现开发、测试、生产环境的统一，保证了执行环境的一致性，大大缩短了开发、测试、部署的时间，也使得迁移更为方便。

微服务具有以下四个方面的优点：

（1）每个微服务组件都是简单灵活的，能够独立部署，不需要一个庞大的应用服务器来支撑；

（2）可以由一个小团队完全负责，更专注和专业，也就更高效、可靠；

（3）微服务之间是松耦合的，微服务内部是高内聚的，每个微服务很容易按需扩展；

（4）微服务架构与语言工具无关，可以自由选择合适的语言和工具，高效地完成业务目标。

同时，微服务带来的问题也不少：

（1）依赖服务变更很难跟踪，可能出现其他团队的服务接口文档过期、依赖服务不稳定等问题；

（2）部分模块重复构建，跨团队、跨系统、跨语言会造成很多重复建设问题；

（3）微服务放大了分布式架构的系列问题，如分布式事务的处理；

（4）运维复杂度陡增，部署软件组件数量多、监控进程多，导致整体运维复杂度提升。

值得注意的是，在工业APP和云化软件的开发实践中，不少架构师发现微服务强调的功能独立、低耦合，有可能把经典架构下的简单问题复杂化，提高了系统设计与开发的难度。

（1）并不是所有的传统架构软件功能都能直接转化为微服务。例如，在CAD的云化过程中，诸如投影、装配等算法可以用微服务，但是最基本的造型操作还不能采用微服务。

（2）工业任务是比较复杂的，如计划排程、生产执行、质量检验、仓储管理、物流执行、设备维护等这些服务没办法单独部署和运行，许多模块之间存在双向的集成和协同，这与微服务的尽量解耦、单向依赖特征是有冲突的。

因此，在一个云架构软件中，哪些功能用微服务，哪些暂不使用，怎样才能在用和不用之间匹配出最高的系统效率，是需要斟酌和平衡的问题。

2.3.2 工业微服务的设计过程

工业软件微服务架构的基本思想是围绕业务领域组件来创建应用，实现高内聚低耦合的业务组件。其核心是实现业务功能的划分，并与相关的部署环境结合。

工业软件微服务设计过程如图2-5所示。一般来说，工业软件的微服务设计可以分为五个环节：

（1）流程的任务分解　结合生产工艺流程，将整体分解为多个业务场景。在工业场景中，这些业务场景往往基于加工设备开展，因此，需要基于生产设备按照工艺特点实现任务分解。

（2）定义系统操作　在加工设备对应功能的基础上，实现微服务的概念设计，将应用程序的需求提炼为各种关键请求并采用系统操作的概念进行描述。

（3）定义业务服务　围绕业务概念而非技术概念对服务进行分解和设计，实现微服务的设计，形成相关的业务逻辑、数据、界面等完整业务服务。

（4）定义服务接口（API）　将系统操作中定义的任务具体化，将系统操作分配给服务，构造交互接口。

（5）确定部署环境　根据实际环境及业务需要，结合四类不同层面的部署

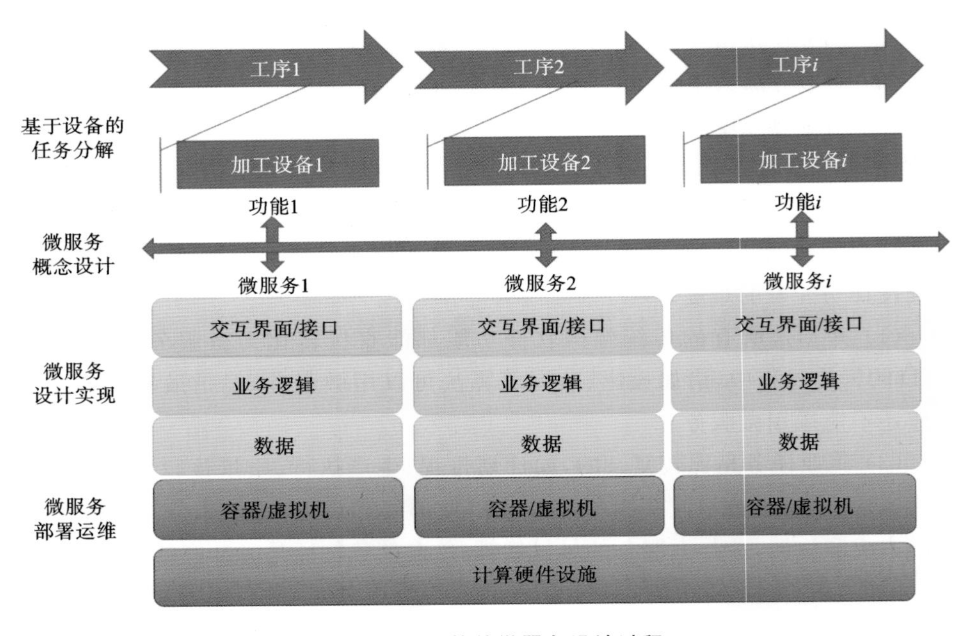

图 2-5　工业软件微服务设计过程

方式,设计构造服务的部署发布方式,为后续微服务的执行和运维确定具体实现形式。

1. 流程的任务分解

结合生产工艺,制定业务处理流程,将流程分解为多个任务,面向任务的执行划分出多个功能场景。考虑到工业软件往往和制造设备关联使用,很多时候任务划分作为后续软件设计的场景划分基础,是在工艺的基础上基于设备进行的。

2. 定义系统操作

微服务架构设计的第一步是定义系统操作,它基于应用程序的需求,包括用户确定及其相关的用户场景。一般情况下往往分为两个步骤:第一步,创建由关键类组成的抽象领域模型,这些关键类提供用于描述系统操作的词汇表;第二步,确定系统操作,并根据领域模型描述每个系统操作的行为。

在工业软件中因系统操作往往和物理设备的具体操控有关,很多时候会基于加工设备开展系统操作的定义。一般来说,我们会在应用场景中为应用程序描绘一个抽象的领域模型。尽管这个领域模型非常简单,但是领域模型定义的用于描述系统操作的一些词汇可以在初始阶段提供具有一致性的支持。与领域专家沟通后，我们可以分析用户故事和场景中频繁出现的名词，将其实例化后构造对应信息实体。

定义了抽象的领域模型之后需要确定系统操作，识别系统操作的切入点在于分析用户故事和用户场景中的动词。

一般可以把系统操作按照读写模式划分为创建、更新或删除数据的系统处理型操作，以及查询和读取数据的系统读取型操作。

在完成了系统操作识别后，需要将系统操作按照以下五方面整理出系统操作规范：

（1）系统操作的输入参数；

（2）系统操作的返回值；

（3）系统操作对应的领域模型类；

（4）系统操作对应的前置条件；

（5）系统操作对应的后置条件。

3. 定义业务服务

微服务架构设计应该遵循单一职责原则，即设计小的、内聚的、仅含有单一职责的服务，这可以缩小服务的大小并提升其稳定性。通常围绕业务概念对服务进行功能分解和设计。

定义系统操作的下一步就是应用业务服务的识别，其核心是服务的拆分，有多种策略可以选择，一般有两种：一种是根据业务能力进行服务拆分；另一种是根据子域进行服务拆分。

（1）根据业务能力的服务拆分。

业务能力是一个来自业务架构建模的术语，指一些能够为公司产生价值的商业活动。特定业务的业务能力取决于这个业务的类型。例如，保险公司的业务能力通常包括承担保险、理赔管理、账务等。一个公司有哪些业务能力是通过对公司的目标、结构和商业流程的分析得来的。业务能力通常集中于特定的业务对象。例如，理赔业务对象是理赔管理功能的重点。业务能力通常可以分解为子能力，从而形成能力层次结构。例如，理赔管理能力具有多个子能力，包括理赔信息管理、理赔审核和理赔付款管理。一旦确定了业务能力，就可以将每个能力或相关能力组定义为服务。决定将哪个级别的业务能力层次结构映射到服务是一个非常主观的判断。围绕业务能力进行服务拆分的一个好处是业务能力是稳定的，所以最终的架构也将相对稳定。架构的各个组件可能会随着业务的具体实现方式的变化而变化，但是架构仍保持不变。

(2) 根据子域的服务拆分。

根据子域进行服务拆分是领域驱动设计的方法，是开发复杂业务逻辑的一种方法，是对面向对象设计的改进。领域驱动设计通过定义多个领域模型来确定业务边界和应用边界，以保证业务模型和代码模型的一致性。每个领域模型都有其明确的范围，要为每一个子域定义单独的领域模型。子域是领域的一部分，领域是描述应用程序问题域的一个术语。分析业务并识别业务的不同专业领域，分析产生的子域定义结果跟业务能力基本一致。领域驱动设计可以非常好地指导微服务架构设计：一方面，子域和限界上下文的概念可以很好地与微服务架构中的服务进行匹配；另一方面，微服务架构中的自治化团队负责开发的概念，也跟每个领域模型都由一个独立团队负责开发的概念吻合。

不同的拆分策略从不同的切入点来解决问题，但是每一种拆分策略都有着统一的拆分指导原则，即每一种拆分策略的结果都是一个包含若干个服务的、以业务而非技术概念为核心的架构。

4. 定义服务接口(API)

定义服务接口是指将定义的系统操作分配给服务。

服务接口一般包括两类：由外部客户端调用的对应于系统操作的服务接口和由其他服务调用的用于支持服务间协作的服务接口。

定义服务接口即划分出对应于系统操作的服务接口以及支持服务间协作的服务接口。服务接口的定义，一方面需要确定哪个服务是请求的初始入口点，从而划分出对应于系统操作的服务接口；另一方面需要考虑哪些系统操作需要跨越哪些服务，从而划分出支持服务间协作的服务接口。

5. 确定部署环境

目前主要采用容器镜像或者虚拟机镜像的方式将微服务应用部署到生产环境。下文将会详细讨论各种部署方式的特点，以便根据软件特点选用，这里暂不展开介绍。

2.3.3 软件系统的部署

将微服务应用部署到生产环境时有以下四种主要的部署模式：

(1) 使用特定编程语言的发布包格式的部署模式；

(2) 将服务部署为虚拟机的部署模式；

(3) 将服务部署为容器的部署模式；

(4) 无服务器计算(Serverless)部署模式。

1. 发布包格式部署

部署服务的第一种模式是使用特定编程语言的软件包部署服务。使用此方式时,生产环境中部署的内容以及服务运行时管理的内容,都是特定编程语言发布包中的服务。对于不同的编程语言,发布包的格式不同,例如 Java 语言场景下,发布包的格式是 JAR 文件或 WAR 文件;Node.js 场景下,发布包的格式是源代码和模块的目录;Golang 场景下,发布包的格式是特定操作系统下某个路径的可执行文件。

将服务用特定编程语言的发布包格式进行部署有以下好处:

(1) 部署快速,只需要将服务复制到主机并启动即可;

(2) 资源利用高效,多个服务实例共享机器及其操作系统。

尽管有上述好处,但是该部署模式有如下几个显著的缺点:

(1) 缺乏对技术栈的封装;

(2) 无法约束服务实例消耗的资源;

(3) 同一台主机上运行多个服务实例时缺少隔离;

(4) 无法自动判定放置服务实例的位置。

发布包格式的部署已经发展很多年了,较为成熟。对比单机的.exe、.dll 格式的发布方式,发布包格式和 Web 服务器等结合在一起,更加适应网络应用的需要。

2. 虚拟机模式部署

部署服务的第二种模式是将服务部署为虚拟机。此模式将服务打包成虚拟机镜像,然后部署到生产环境中,每个服务实例都是一个虚拟机。

将服务部署为虚拟机有以下好处:

(1) 虚拟机镜像封装了技术栈;

(2) 服务实例之间互相隔离;

(3) 可以使用成熟的云计算基础设施。

尽管有上述好处,但是该部署模式有如下几个显著的缺点:

(1) 资源利用效率较低;

(2) 部署速度相对较慢;

(3) 系统管理需要额外的开销。

3. 容器模式部署

部署服务的第三种模式是将服务部署为容器,此模式将服务打包成容器镜像，然后基于 Kubernetes 等容器编排框架将服务部署到生产环境中，每个服务实例都是一个容器。

将服务部署为容器有以下好处：

(1) 容器镜像封装了技术栈；

(2) 容器服务实例间是隔离的；

(3) 可限制容器服务实例的资源使用量；

(4) 容器镜像可以快速地构建且体积较小；

(5) 容器服务实例可以快速地启动。

尽管有上述好处，但是该部署模式有如下缺点：

(1) 开发者需要承担容器镜像的管理工作；

(2) 开发者需要承担容器运行所需要的底层容器编排框架的管理工作。

4. 无服务器计算模式部署

虽然上述三种部署模式不同，但是它们具有一些共同的特征：用户必须预先准备一些计算资源，例如物理机、虚拟机或容器，即使它们处于闲置状态，用户也总是需要为某些虚拟机或容器付费；用户必须负责系统管理，无论运行什么类型的计算资源，用户必须承担为操作系统、软件以及容器编排框架升级或打补丁的工作。

无服务器计算(serverless computing，简称 Serverless)，又被称为函数即服务(function as a service，FaaS)，它是云计算的一种模型。

Serverless 使得用户不再需要预先准备计算资源，也不再需要管理系统。Serverless 将底层基础架构分离出来，实现了底层资源的透明化，基本上虚拟化了运行时机制和运营管理，使得用户可以运行给定的任务而不必担心服务器、虚拟机或底层计算资源的配置。

Serverless 以平台即服务(platform as a service，PaaS)为基础提供了一个事件驱动型架构。终端客户不需要部署、配置或管理服务器服务，仅仅需要上传符合指定接口定义的代码给 Serverless 平台，如 AWS Lambda。Serverless 平台在有事件发生时，如 HTTP 请求、定时执行、Web 服务请求等，自动运行充足的微服务实例来处理对应的事件。根据所花费的时间和消耗的内存，用户仅仅需要为处理事件所消耗的资源付费，而无须为任何服务器或者管理付费。

从基础架构角度看，Serverless 有不同的抽象层，如物理机、虚拟机和容器，开发人员可以和这些抽象层进行互动，而不用担心服务器的基础架构或者管理。当触发代码的预定义事件发生时，Serverless 平台执行任务。

使用 Serverless 部署模式有以下好处：

（1）敏捷　由于开发人员在使用服务器时不部署、管理或扩展服务器，因此开发人员可以放弃基础设施管理，用户不需要再负责底层的系统管理，从而专注于开发应用程序，这极大地减少了操作开销。

（2）弹性　Serverless 平台本身会运行处理事件及负载所需要的合适数量的实例，用户无须预测所需容量。Serverless 应用程序升级和添加计算资源不再依赖于运维团队，其可以快速、无缝地自动扩展，以适应流量峰值；反之，当并发用户数量减少时，这些应用程序也会自动缩小规模。

（3）基于使用情况定价　与典型的基础设施即服务（infrastructure as a service，IaaS）云平台按分钟或小时收费不同，Serverless 或者说 FaaS 平台仅仅收取处理每个事件所消耗的资源的费用。

（4）安全　Serverless 架构提供了安全保障。由于不再管理服务器，平台受 DDoS 攻击的威胁性要小得多，而且无服务器的自动扩展功能有助于降低此类攻击的风险。

（5）应用性强　无服务器与微服务架构高度兼容，这也带来了应用性强的好处。

由于 Serverless 平台会动态运行用户的代码，因此它需要花费时间来配置应用程序实例和启动应用程序；其本质上是基于有限事件与请求的编程模型，因此不适用于部署长时间运行的批处理服务。

Serverless 部署模式往往有如下缺点：

（1）启动延迟；

（2）厂商锁定，对服务器缺乏控制；

（3）性能优化局限于代码内部；

（4）执行时间限制（如 AWS Lambda 的执行时间限制为 15 min）；

（5）成本不可预测；

（6）开发环境和生产环境不一样；

（7）测试和调试更为复杂。

这四种部署模式各有特点，从工业软件应用出发，这里给出了四种部署方式的比较，如表 2-3 所示。

具体应用中，软件部署模式需要根据实际生产环境的实时性、灵活性，以及开发运维的方便性和技术特点进行判断和选择。结合四种部署模式，设计构造服务的部署发布方式，为后续多个微服务的执行确定交互方式。

表 2-3 四种软件部署模式的比较

比较项目	部署模式			
	特定编程语言发布包格式	虚拟机	容器	无服务器计算
基础	具体编程语言打包	基于硬件虚拟化	基于操作系统虚拟化	事件驱动型架构
特点	预先准备计算资源，需要部署、配置或管理服务器服务，系统管理工作最多	预先准备计算资源，需要部署、配置或管理服务器服务，系统管理工作较多	预先准备计算资源，需要部署、配置或管理服务器服务，系统管理工作尚可	终端客户不需要部署、配置或管理服务器服务，只需上传符合指定接口定义的代码
不足	依赖具体编程语言，硬件资源占用多	硬件资源占用较多	部署复杂	和平台耦合，长周期服务不适用
适用范围	独立工业应用软件	云平台应用	车间级边缘应用软件	工业应用暂时较少

2.4 从数字孪生到元宇宙的计算架构

元宇宙是与现实世界共存的虚拟世界，是人工合成的、持久的和身临其境的环境，由计算机网络连接多个用户，以近实时的方式进行交互。虚拟世界已发展成高度沉浸式的三维图形环境。在形式和内容的演变中，元宇宙随着通信技术、去中心化技术、云计算技术、虚拟现实技术、可穿戴设备和人工智能技术等的发展形成了一些重要的特征，包括交互性、沉浸感、存在性、持久性、体现性、共享时间和空间性等[2]。虚拟世界的发展吸引了数百万人，推动了许多领域的创新，正越来越多地影响现实世界的经济和社会[3]。

针对工业应用，图 2-6 展示了工业元宇宙的六层架构，包括设施层、计算层、内容层、互动层、体验层和应用层。

由图 2-6 可以发现，工业元宇宙的六层架构域源与 Jon Radoff 所提出的元宇宙七层模型是相对应的。作为底层基座，实现工业元宇宙的基础是物理域、虚拟域的构建以及基于两域的虚实共生计算机制，这也是数字孪生的关键技术。本节将介绍这些技术，并探讨面向工业元宇宙的发展中的关键问题和挑战。

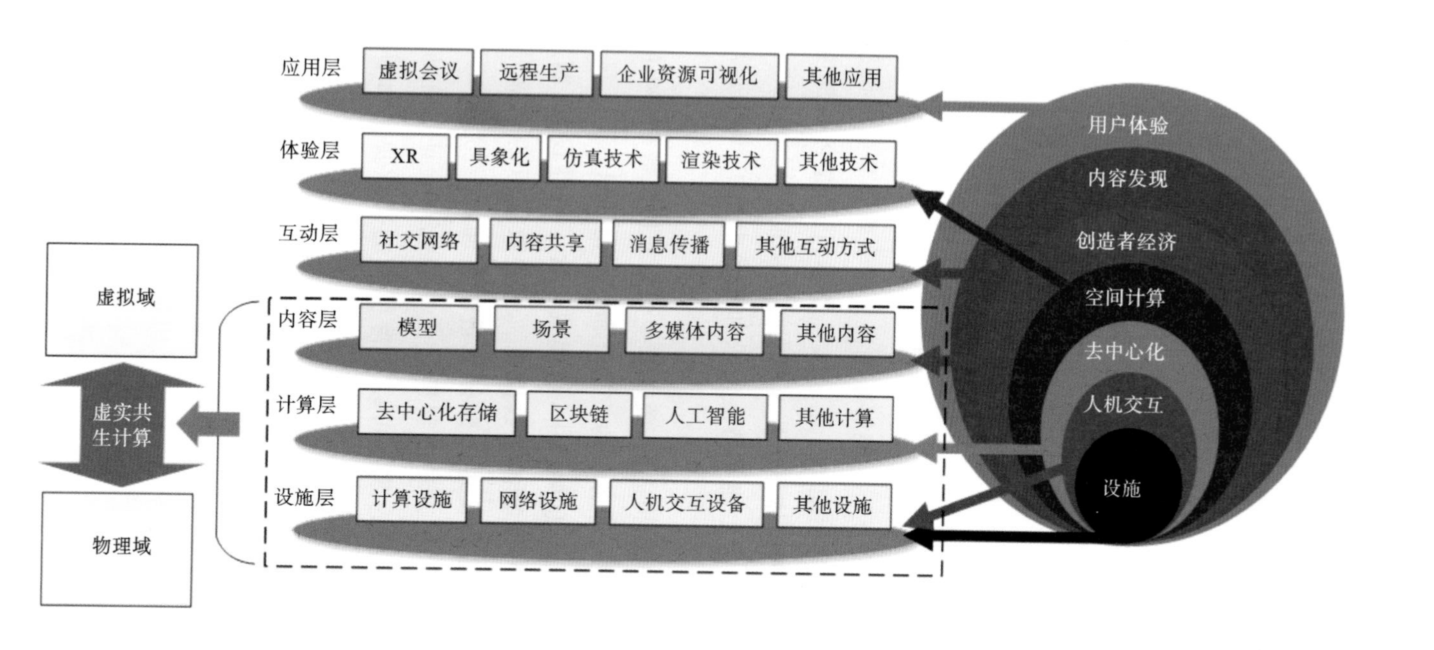

图 2-6 工业元宇宙六层架构与 Jon Radoff 所提的元宇宙七层模型

2.4.1 物理世界虚拟化

数字孪生赋予人类通过物理世界构建虚拟世界的能力。数字孪生是具有数据连接的特定物理实体或过程的数字化表达，提供物理实体或过程的整个生命周期的集成视图[4]。数字孪生技术将物理实体的信息通过模型化的方式建立虚拟实体，增强物理系统-信息系统、人-信息系统以及信息系统之间在更细粒度上的相互协作和互操作，扩大和丰富信息-物理集成技术的决策范围和功能，形成虚拟世界。数字孪生具有以下六个特征[5]：

（1）唯一性　各数字孪生都有一个唯一的标识符。

（2）表达性　数字孪生通过模型来描述其物理实体。

（3）交互性　数字孪生能够近乎实时地与人、环境、物理实体和/或其他数字孪生通过人机交互设备、传感器、控制器、网络设备等进行交互。

（4）进化性　上述交互行为能够影响甚至改变数字孪生的模型和状态。

（5）智能性　数字孪生配备一个嵌入了本体、机器学习和深度学习技术的控制模块，以代表其物理实体作出快速而明智的决策。

（6）安全性　数字孪生能在特定需求和场景中保护其物理实体数据的安全、身份的隐私。

如图 2-7 所示，在内部构造上，数字孪生信息架构以数字孪生的构建和应用为目标描述了从物理域至业务域的信息流和虚拟化过程。

在数字孪生的五层信息架构中，物理域包含了机器设备、制造流程、生产环境、物料资源、操作人员等各类数据源。这些数据源的多源异构数据通过不同的网络设备和传输协议进入数据域进行存储，并经过加工处理、关联集成后形成知识和模型。知识和模型经过关联、融合、验证后在虚拟域形成虚拟实体。同时，来自外部的数据可以支持模型的持续更新和演化。在虚拟域，基于各类模型可以构建虚拟场景并执行在线/离线仿真，进一步支持生产场景的实时诊断和动态控制。另外，虚拟域需要对外提供各类服务接口以帮助业务程序的开发。这些服务接口涵盖功能函数、数据结构、语义表达、用户界面与部署工具、安全访问规则和服务注册等功能。最终，开发人员和业务人员可以通过业务域中的各类系统和应用来访问和管理数字孪生，实现业务目标。

数字孪生五层信息架构与戚庆林和陶飞等人[6]提出的五维模型是一致的，均以虚拟化为导向实现信息的集成、功能模块的细化和业务端的延伸。

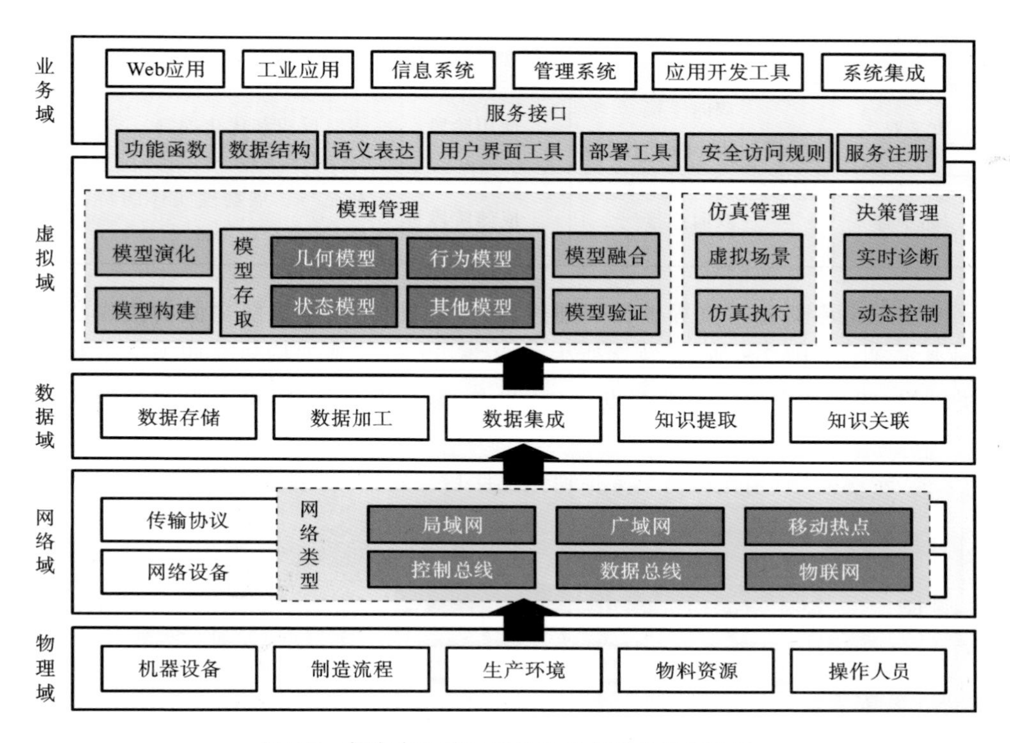

图 2-7 数字孪生的五层信息架构及虚拟化过程

2.4.2 虚拟世界物理化

虚拟世界通过数字孪生赋予人类改变物理世界的能力。虚拟世界的物理化是指虚拟世界对物理世界的直接影响或间接指导。根据物理世界中不同的业务需求和不同的物理化方式，数字孪生又可以进一步细分为数字模型、数字阴影、数字双生和超个体(superorganism)[7]。表 2-4 归纳了这四类数字孪生及其在连接方式、物理化阶段和功能上的差异。

表 2-4 数字孪生类型

类型	连接方式	物理化阶段	功能
数字模型	无连接	设计阶段	辅助设计物理实体，例如 CAD 模型
数字阴影	单向连接(状态同步)	构建阶段	系统诊断和行为预测

续表

类型	连接方式	物理化阶段	功能
数字双生	双向连接 (状态同步+反向控制)	使用阶段	实时反应和优化控制
超个体	双向连接	成熟阶段	补充与扩展物理实体的特征和功能,例如互操作性

虚拟世界对物理世界的作用通过软件、硬件、网络等系统之间的集成和协同来实现。如图 2-8 所示,数字孪生的云-雾-边-端部署架构包含四类节点和三类网络:四类节点包括终端节点、边缘节点、雾节点和云节点;三类网络包括内

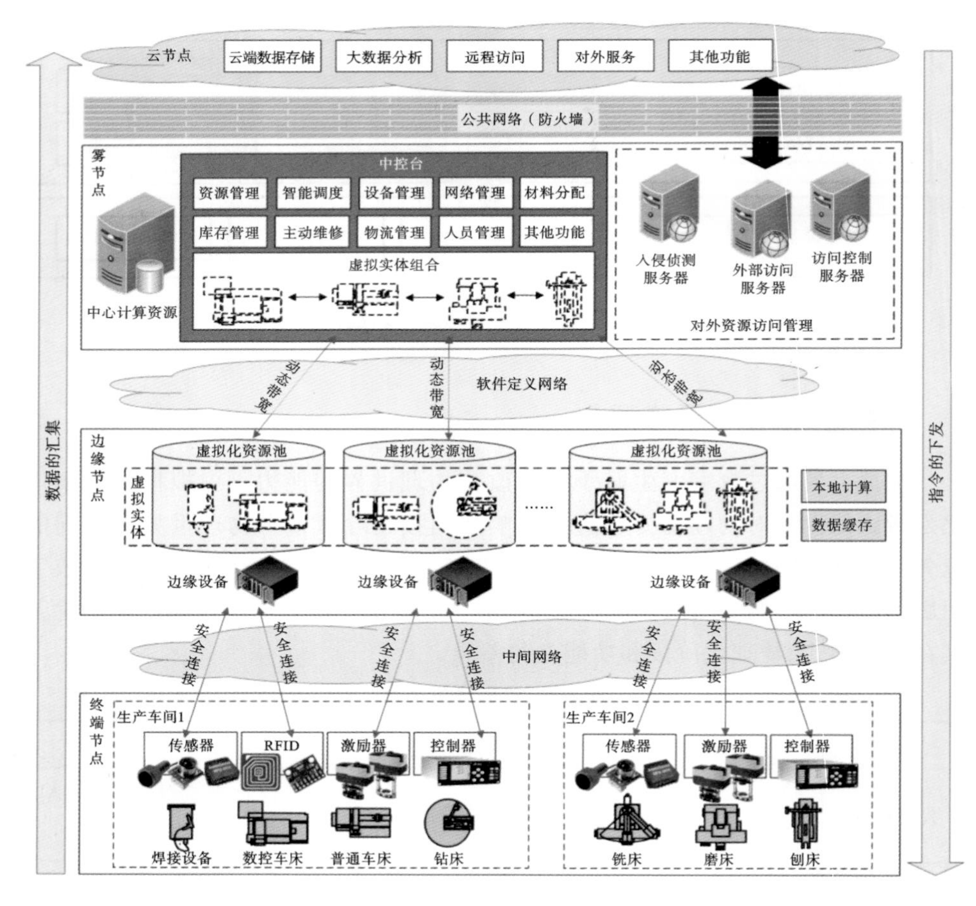

图 2-8 数字孪生的云-雾-边-端部署架构及物理化过程

部中间网络、软件定义网络和公共网络。以工业生产为例,其中终端节点运行在多个物理资源上。终端节点通过传感器和 RFID 等物联网设备和技术采集物理实体的信息并发送至边缘节点。边缘节点由带有计算能力的网络设备构成,如智能网关、边缘服务器、工作站等,提供本地计算和数据缓存等功能。雾节点运行在靠近边缘端的中心节点上,如厂内服务器、企业私有云等,构建中控台。中控台通过组合不同的虚拟实体实现数据采集与监控(即 SCADA)系统,集中管理网络、设备、过程、人员、材料等各类资源,实现业务统筹和任务下发。下发的任务经边缘节点通过本地计算转换成控制指令,并由激励器和控制器实现对设备的控制。最后,公有云节点通过公共网络提供云端数据存储、大数据分析、远程访问、对外服务等功能。

这个部署架构可以实现快速响应、安全隔离、通信优化等[8,9]。首先,通过边缘节点使用虚拟化技术动态管理边缘节点的计算资源,并将虚拟化资源分配给不同的虚拟实体以隐藏边缘设备之间的异构性,构建跨多个物理域的虚拟空间,并通过安全连接跨越一个或多个中间网络以集成不同的物理域中的物理资源。其次,雾节点采用入侵侦测服务器、外部访问服务器、访问控制服务器等系统实现安全的对外资源访问功能。另外,雾节点通过软件定义网络实现对各边缘节点访问带宽的动态优化,以满足不同的通信服务质量需求。最后,公有云节点通过防火墙实现对内部数据的安全访问。

2.4.3 虚实共生计算

虚实共生计算着眼于利用数字孪生技术解决工业制造中的实际问题,是各类方案的总结与归纳。

如图 2-9 所示,虚实共生计算范式由物理空间、虚拟空间、两者之间的同步机制和共生计算机制组成。其中,物理空间由物理系统构成,包含一个或多个物理实体及描述实体和系统的各类数据。虚拟空间由系统的各类模型构成,通过模型数据和来自物理空间的数据描述一个或多个虚拟实体。同步机制包括从物理空间至虚拟空间的事件、状态和行为,以及从虚拟空间至物理空间的指令、任务和规划。共生计算机制的内容则涵盖从场景建模到决策优化的全过程。

虚实共生计算范式主要包括业务场景模型的构建,物理实体行为的实时捕捉与同步,以及虚拟实体行为的模拟、推演和预测三个核心过程。

1. 业务场景模型的构建

根据 RAMI 4.0(reference architecture model industrie 4.0)标准构建多维

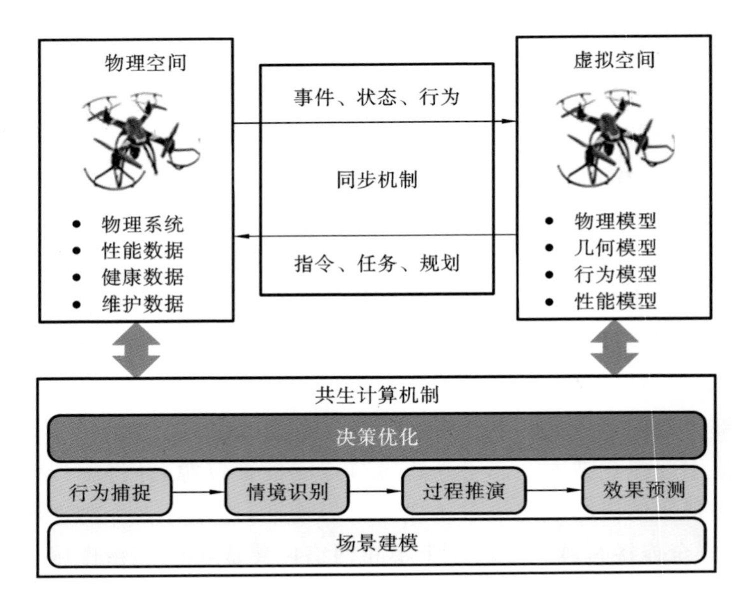

图 2-9　虚实共生计算范式

度虚拟实体模型并实现数据的连接，进一步通过时空模型之间的互补性提高模型精确度，并通过虚拟传感器弥补状态数据的不足。基于本体语义模型设计具有语义一致性的数字孪生元数据、元模型、模板和服务架构，实现产品设计、生产过程跟踪、远程生产控制等功能接口，并通过数字孪生行为模型的构建实现基于物理法则及有限状态机的模型状态更新方法，实现数字孪生的服务化和虚拟化。

2. 物理实体行为的实时捕捉与同步

为了保持物理实体状态与虚拟实体状态的一致性，捕捉物理实体的行为，并实时同步更新虚拟实体。在虚拟环境中，融合来自各数字孪生的物理实体状态，满足实体内和实体间行为逻辑上的一致性。对于缺失的状态同步，采用对象行为识别、归纳、推理以及多个对象间交互推演的方法补全缺失过程，还原出可理解和可解释的完整情境及其前因后果。

3. 虚拟实体行为的模拟、推演和预测

为了实现决策支持，可以根据实时捕获的物理实体行为，制定虚拟对象的仿真行为和触发机制，并采用模块化方式实现多个仿真模型的组合与协同执行。针对问题对应的多个备选方案，构建多个不同的场景，并建立并行与分布式仿真执行机制，通过模拟虚拟实体的行为推演未来的情境发展和变化，预测可能的结果，实现对备选方案的有效评估。

表 2-5 通过示例阐述了数字孪生在各制造场景中的应用模式，包括工厂设计、产品设计、设备配置、设备控制、生产规划、生产调度、生产控制、资源管理、产品运维和物流管理。这些场景面向不同的物理实体、虚拟实体，具有不同的共生计算方法。

表 2-5 基于虚实共生计算的示例

应用场景		物理空间	虚拟空间	虚实共生计算方法
设计	工厂设计	厂房与产线布局	3D 虚拟厂房与产线布局	仿真测试、验证与设计优化
	产品设计	产品的结构、功能、行为	3D 虚拟产品的结构、功能、行为模型	基于概念设计、过程控制、数据分析、仿真等虚拟验证
生产	设备配置	设备的运行模型与指令参数	设备的仿真模型、语义模型、优化模型	基于实时仿真的优化算法
	设备控制	设备状态	虚拟设备的状态	状态分析与控制策略
	生产规划	物理车间	虚拟车间	虚实数据对比、异常侦测、生产要素预测
	生产调度	生产过程	Petri 网络	基于深度强化学习的动态调度方法
	生产控制	各类生产设备	3D 模型、本体模型、孪生数据	事件侦测、远程指令下发
	资源管理	生产资源、生产任务	虚拟生产资源、生产任务，孪生数据	基于深度神经网络的资源推荐方法
产品运维		装备、企业信息系统、第三方服务	装备、使用环境、维护资源的孪生模型	仿真、虚拟装配
物流管理		包含生产设施与分配设施的物流系统	活动、设施、模型一体化虚拟系统	虚拟仿真

2.4.4 面向元宇宙的发展

数字孪生给元宇宙提供了资源和内容。元宇宙也将数字孪生的发展从关注单个个体拓展到数字孪生群体以及数字孪生与虚拟孪生之间的交互[10]。数字孪生之间存在三类组合关系：层级关系、关联关系和同侪关系[11]。层级关系描述的是整体与部分的关系。关联关系描述的是逻辑上的先后关系，例如天然气管道相关数据与天然气生产和消费设备相关联。同侪关系描述的是无直接逻辑关系的共同作用，例如一组风力涡轮发动机形成的总效果是每台设备产生的效果的总和。考虑到上述三类组合关系，面向元宇宙的发展中的一个重要问题是数字孪生之间的交互问题，包括数字模型访问机制的建立、数字孪生组合机制的建立和虚拟实体交互机制的建立。

1. 数字模型访问机制的建立

考虑到数字孪生之间的层级关系，构建数字孪生组合需要集成多个分布和异构的数字模型，描述物理实体的多维异构信息资源，设计灵活、可变、可扩展的对象模型；考虑到模型中数据的敏感性和隐私性，还需要构建安全的数据共享机制，为数字孪生组合中的模型访问和模型适配提供基础。

2. 数字孪生组合机制的建立

考虑到数字孪生之间的关联关系，构建数字孪生组合需要基于模型之间以及模型与业务需求之间特征的关联性建立模型适配机制，消除数字孪生服务之间在接口、模型、标准上的差异，从而构建一个统一的、协调的、可交互的虚拟场景，为虚拟世界的运行提供场景模型和安全访问管理。

3. 虚拟实体交互机制的建立

考虑到数字孪生之间的同侪关系，构建数字孪生组合需要建立虚拟实体之间交互的感知和响应机制，以及实现虚拟实体基于模型的互操作，并在交互中保持前后行为和状态的一致性。同时，基于虚拟对象的动态性，虚拟实体的存储和交互机制需要具有高扩展性。

另外，从数字孪生到元宇宙的发展将面临诸多新的挑战，这些挑战也将促进技术的创新和融合。表2-6列举了数字孪生发展中的五项重要挑战及相关技术趋势[10]。

表 2-6　数字孪生发展的挑战及相关技术趋势

挑战	说明	相关技术趋势	说明
精确描述	数字孪生应能够精确捕获物理实体属性，准确模拟物理实体行为，以描述简单或复杂的模型及关系	基于多方法的建模技术	基于几何、仿真和数据分析等多种方法对数字孪生和虚拟孪生进行建模

续表

挑战	说明	相关技术趋势	说明
多元交互	数字孪生之间或数字孪生与虚拟孪生之间应该能够协同工作	基于语义的数字孪生构造技术	通过语义网、协作概念、链式数据等实现异构数据集成和模型互操作，塑造全局性的工业生态系统
自主意识	数字孪生体应能实时意识到物理实体状态和功能的变化，并在需要时进行自我修改	基于 AI 的数字孪生管理技术	融合机器学习、大数据、自主机器人等方法，使数字孪生体能实时感知、深入学习、模拟情况以及优化决策
环境感知	数字孪生应能及时感知环境变化，并根据条件进行响应	基于工业物联网的感知技术	数字孪生通过传感器集成分布广泛且处于不同行业中的物理对象的大量数据并提供反馈
用户体验	数字孪生应能为用户提供与其他数字孪生或虚拟孪生的沉浸式交互	基于虚拟现实的人机交互技术	通过基于虚拟/增强/混合现实的数字孪生技术为用户提供在视觉、听觉、触摸等各个方面的沉浸式交互能力

这些面向元宇宙的技术发展将给构建平行世界打下扎实的基础。

本章小结

- 从工业软件的技术架构演化出发，阐述了当前主要的多层架构以及微服务架构的主要实现方式。
- 从人、机、物三元融合出发，阐述了工业元宇宙的技术架构和实施路径。

本章参考文献

[1] SHEN B Q, TAN W T, GUO J Z, et al. A study on design requirement development and satisfaction for future virtual world systems[J]. Future Internet, 2020, 12(7): 112.1-112.28.

[2] 克里斯·理查森. 微服务架构设计模式[M]. 喻勇，译. 北京：机械工业出版

社,2019.

[3] SHEN B Q,TAN W T,GUO J Z,et al. How to promote user purchase in metaverse? A systematic literature review on consumer behavior research and virtual commerce application design[J]. Applied Sciences,2021,11(23):11087.1-11087.29.

[4] TAO F,ZHANG H,LIU A,et al. Digital twin in industry:state-of-the-art[J]. IEEE Transactions on Industrial Informatics, 2018, 15 (4): 2405-2415.

[5] EL SADDIK A. Digital twins:the convergence of multimedia technologies[J]. IEEE Multimedia, 2018,25(2):87-92.

[6] QI Q L,TAO F,HU T L,et al. Enabling technologies and tools for digital twin[J]. Journal of Manufacturing Systems,2021,58(B):3-21.

[7] SARACCO R. Digital twins:bridging physical space and cyberspace[J]. Computer,2019, 52(12):58-64.

[8] QI Q L,TAO F. A smart manufacturing service system based on edge computing, fog computing, and cloud computing[J]. IEEE Access,2019, 7:86769-86777.

[9] GEHRMANN C,GUNNARSSON M. A digital twin based industrial automation and control system security architecture[J]. IEEE Transactions on Industrial Informatics,2020,16(1):669-680.

[10] GUO J Z. Digital twins are shaping future virtual worlds[J]. Service Oriented Computing and Applications,2021,15:93-95.

[11] MALAKUTI S,VAN SCHALKWYK P,et al. Digital twins for industrial applications:definition, business values, design aspects, standards and use cases[EB/OL]. [2024-02-01]. https://www.iiconsortium.org/pdf/IIC_Digital_Twins_Industrial_Apps_White_Paper_2020-02-18.pdf.

第3章 工业软件的信息框架

本章提出了覆盖产品制造的生命周期、产品结构、信息表示等方面的工业软件信息框架，并分别从产品、过程、管理三个维度给出了工业信息模型的发展及趋势。

3.1 产品制造的信息框架

产品制造的信息框架是企业生产管理的重要依据，产品制造包括设计、加工、装配、使用、维修等阶段，不同阶段都会产生相应信息，由不同设备或人员进行收集，涉及不同类型数据源，多个部门共享产品与生产信息，达到协同生产的目的。

智能制造应用场景中，不同智能设备数据源间数据存在格式异构性，以及同名不同义、同义不同名等语义异构性问题，使得生产管理数据融合困难。异构数据融合成为制造数据管理的一个巨大挑战。

因此，针对制造业领域的产品信息管理需求，为解决信息源分散不集中、信息语义差异大、信息转换语义丢失等问题，我们提出了产品制造的多维信息框架[1]，覆盖产品模型、制造过程、信息管理等，在保证完备性、一致性和自包含性基础上实现工业数据的集成和共享。图3-1为产品制造的多维信息框架，下面将分别从生命周期、产品结构和信息表示等维度对基于模型支持产品的信息表示、资源映射等方式加以解释。

1. 生命周期维度

产品生命周期描述制造的各个阶段，这里按照设计阶段、加工阶段、装配阶段、使用阶段、维修阶段和处理阶段等划分。每个阶段包括相应的产品阶段子模型，这六个子模型统一构成了产品生命周期信息模型。子模型间存在着映射和转换关系，可以设计出相应的操作映射规则，以保证产品信息在生命周期各阶段传递与转换时的一致性和可追踪性。

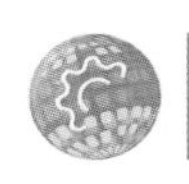

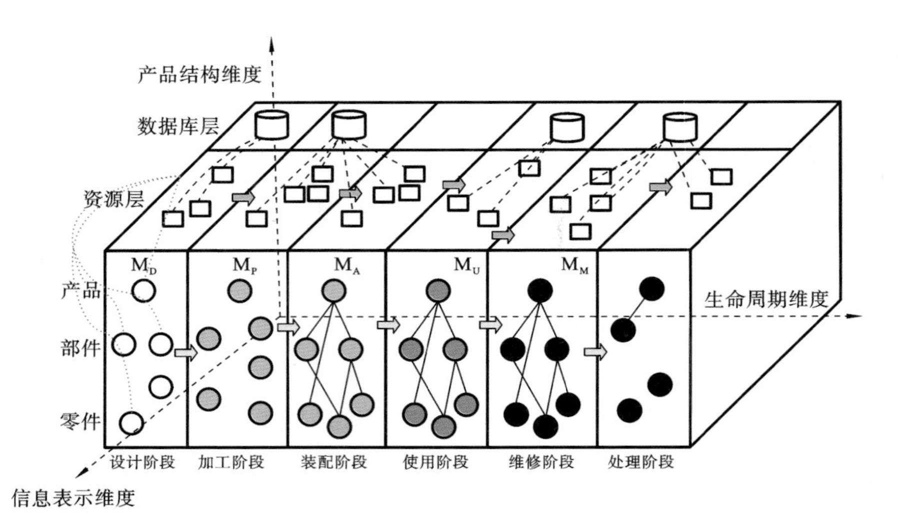

图 3-1　产品制造的多维信息框架

2. 产品结构维度

产品结构维度可以通过构建多种深度的产品结构树来进行表述。例如，在船舶制造中可以按照船体、大组立、小组立、部件、零件、钢材等层次构建相应的产品结构节点。为简化起见，我们这里只把产品分为三层，即产品、部件和零件，在模型中以节点表示。相邻层次间存在着父子关系，表示产品生命周期中的装配关系，即产品由哪些部件、零件组成，部件由哪些零件组成，在模型中以节点间关系表示。每个节点在生命周期中都有唯一的标识，与该节点相关的生命周期信息存储在节点的属性里。

结合产品制造生命周期维度，由于在产品设计、加工阶段未经过装配操作，零件、部件之间还未存在父子关系，因此子模型中存在一些散落的节点；而在装配阶段，产品的结构已经形成，此时的子模型呈现树状结构；在使用和维修阶段，产品生命周期信息的增加不再与产品的结构有关，因此这两个阶段的子模型结构与装配阶段形成的树结构相同，只是节点上承载的信息量及信息属性不同；在处理阶段，由于拆分操作，模型中包含分支与一些散落的点。

3. 信息表示维度

信息表示维度阐述了模型内容，基于产品生命周期各阶段以及多层次产品结构，根据模型的功能结构行为构建模型。考虑到在工业互联网环境下，工业数据可能分布于多个数据源，为了实现灵活的模型表述、多数据源的集成以及普适的信息访问方式，在信息框架支持下，往往将相关数据配置映射为信息资源，提供持久化机制进行存储，也提供服务接口让其他系统访问和调用。

简而言之，产品制造的多维信息框架是一个以产品生命周期阶段为骨架，结合产品结构，将多源分布式数据节点映射为信息资源，同时通过模型操作和各阶段子模型间的映射关系保证生命周期信息连续性和一致性的构架。在当前情况下，多个信息资源聚集后也形成数据空间，划分为描述部分、寻址部分以及内容部分，以实现充分描述与可信可用之间的平衡。

3.2 产品维度的信息模型框架

从智能制造的产品维度来说，信息模型主要包括几何模型和依赖几何模型的产品定义等信息。其中，几何模型的表示、构造、转换和处理都是智能制造的核心处理内容，也是其难点所在。非几何模型的处理依赖于几何模型的处理，多数情况下不能独立处理。

以几何模型为核心，结合应用情况，这里把产品信息模型的发展和承载方式[2]分为五个阶段，具体如图 3-2 所示。

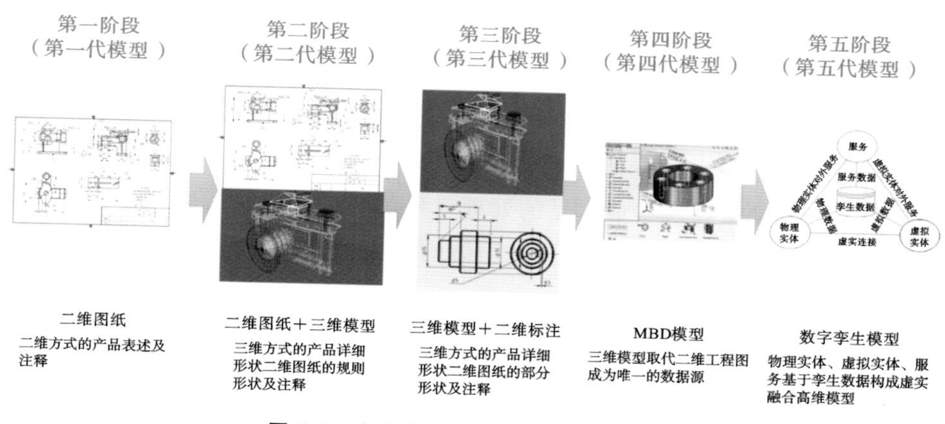

图 3-2 产品信息模型发展的五个阶段

第一阶段以二维图纸为主。以二维工程图以及相关的二维方式的产品形状和注释为基础，通过三视图实现产品的平面投影，在此基础上开展产品的射影几何变换等几何处理操作。

第二阶段是二维工程图和三维模型的结合。结合三维方式的详细形状和二维图纸的规则进行综合表示，根据实际研发需要处理，但事实上在加工制造中还是以二维模型为主。

第三阶段以三维模型为主。在三维模型表示的产品形状基础上，附加二维图纸的模型表示和注释，实现产品的表示。

第四阶段以 MBD(model based definition，基于模型的定义)模型为核心，包含三维模型及三维模型承载的加工处理方式，成为加工制造的核心或者说唯一数据源。

第五阶段即进一步演化到数字孪生混合模型。在 MBD 模型基础上进一步发展，产生面向数字物理融合的混合模型，包含数字三维模型和物理产品加工方式，以及中间的过程模型，成为物理现实混合加工制造全过程的承载或者交互模型。

从信息角度而言，只有当产品的几何模型以及非几何信息的定义、管理和显示都得到统一表示，模型共享才能为产品制造过程提供支撑。

因此，从产品维度出发，我们这里从几何模型、非几何信息模型、MBD 模型以及前沿的全光函数信息模型方面，阐述产品维度的工业软件信息模型的构造和发展。

3.2.1 几何模型

几何模型用于表达产品外形和结构，是加工制造成型的核心，这里以几何模型为核心，阐述工业软件中涉及的产品主要模型。

1. 面片模型

面片数据是工业软件最常见的处理对象，是由一组顶点、边和面构成的集合形成的多边形网格，用于定义三维物体的表面模型。其面通常由三角形、四边形或其他简单的凸多边形组成。

三维面片模型在计算机中主要以 B-rep(boundary representation，边界表示)结构为基础。面片数据一般借助建模软件创建，或者利用算法从点云和体数据等其他数据转换而来。面片数据在图学中有大量成熟处理算法，例如布尔运算、光滑、简化、碰撞检测等，而且非常便于渲染计算，特别是三角形面片数据，在标准图形硬件渲染流水线中有很全面的支持和优化。因此，几何造型软件普遍支持面片数据，它也是大多数软件支持的基本输入数据和输出数据类型。相关软件支持面片数据的格式有很多，比较常用的有 Autodesk 的 FBX 格式、Autodesk 3ds Max 的 3DS 格式、Wavefront 的 OBJ 格式，还有 DAE 格式、面向 3D 打印和数控的 STL 格式等。

随着 3D 打印的兴起，面片模型越来越重要。三维模型 STL 格式是一种三角形面片型的数据存储格式，也是3D打印机支持的最常见的3D模型格式。STL文件格式简单，易于理解，易于生成与分割，目前已成为CAD/CAM系统接口文件格式的工业标准。而OBJ格式主要支持多边形模型，在数据交换方面比较便捷，目前大多数三维CAD软件都支持OBJ格式，大多数3D打印机也支持使用该格式进行打印。

而对于2D层片数据，常用的是SLC存储格式。SLC文件对3D模型的表达采用的是2.5D模型，最终形成的三维模型是沿着Z轴方向由一系列内外轮廓包围形成的小实体叠加而成的。该文件格式的优点是无须切片处理即可被3D打印系统所接受，但也存在精度不高、文件庞大、生成费时的缺点。

2. 线框模型

线框(wireframe)模型描述三维对象的轮廓，用顶点和邻边来表示三维对象。线框模型是计算机图形学和CAD/CAM领域中早期用来表示三维对象的模型，到现在仍广为运用。现流行的CAD软件、GIS软件都支持三维对象的线框透视图建立。

三维线框模型主要以体现构造过程的构造实体几何(constructive solid geometry，CSG)结构为基础。其优点是结构简单、易于理解、数据量少、建模速度快；缺点是线框模型没有面和体的特征，表面轮廓线将随着视线方向的变化而变化，因不是连续的几何信息而不能明确地定义给定点与对象之间的关系(如点在形体内或外等)。同时，从原理上讲，此种模型不能消除隐藏线，不能做任意剖切，不能进行两个面的求交。尽管如此，其因为速度快、计算简单的优点，仍然在多种场景中有着重要的应用。

在二维情况下，矢量图可以视作线框模型的一种特例化或者说具体化。

矢量图是由被称作矢量的数学对象定义的点、直线和曲线构成的二维图形。其中的矢量会根据图形的几何特征对图形进行描述。每个矢量有各自的颜色、形状、轮廓、大小、位置等属性。对矢量图进行缩放，不会丢失图形细节或影响图形清晰度，因为矢量图是与分辨率无关的，即无论如何调整矢量图的大小，矢量图都将保持清晰的边缘。矢量图常见的文件格式有CDR、EPS、AI、SVG等。其中，SVG是基于可扩展标记语言(标准通用标记语言的子集)，用于描述二维矢量图的一种图形格式。它由万维网联盟(World Wide Web Consortium，W3C)制定，是一个开放标准。SVG格式严格遵从XML语法，并用文本格式的描述性语言来描述图像内容，是一种和图像分辨率无关的矢量图格式。

3. 点云模型

在一个三维坐标系中，物体表面的所有采样点的空间坐标数据的集合，就称为点云数据。点云数据通常由 3D 扫描设备产生,包括激光雷达(LiDAR)、立体摄像机(stereo camera)、飞行时间相机(time-of-flight camera)等。这些设备自动地采集并获取物体表面的点的信息,并使用某种数据文件输出点云数据。

点云数据通常以 X、Y、Z 三维坐标的形式表示,并辅以其他信息,例如 RGB 颜色信息、灰度信息、反射强度等,这通常与收集数据的设备有关。例如,用激光设备得到的点云数据,通常会包括 X、Y、Z 三维坐标信息和激光的反射强度信息;用摄像机获得的点云数据,通常会包括 X、Y、Z 三维坐标信息以及 RGB 颜色信息或灰度信息。

作为 3D 扫描的结果,点云数据代表着物体表面的空间信息,可以有多方面的用途。

首先,点云数据可以用于物体的 3D 模型重建。点云数据虽然不能直接应用于 3D 应用,但可以通过表面重建的方式将点云数据转化为三角形或多边形的 Mesh 网状模型或 NURBS 曲面模型,并对应地生成 CAD 模型,这类技术通常用于城市建模、室内环境建模、物体建模以及三维制图等领域。

其次,点云数据可以用于物体识别。结合摄像机拍摄的点云数据,以及已知的 CAD 模型数据,通过点云配准算法,可以准确地识别目标所对应的模型类型,达到物体识别的效果。这一技术可以应用于人工智能、物体定位与追踪、无人驾驶以及虚拟装配等领域。

最后,点云数据可以应用于空间定位。例如,即时定位与地图构建(SLAM)技术通过摄像机相邻帧所拍摄的点云数据之间的空间对应关系,可以快速建立出周围空间的 3D 特征信息,并根据这些特征信息,实现空间自我定位。这一技术普遍应用于机器人、人工智能以及增强现实领域。

在各种几何模型基础上,可以构造相关的造型操作,图 3-3 给出了几何模型的主要造型操作[3]。

3.2.2 非几何信息模型

非几何信息模型主要包括制造相关信息以及过程与管理相关信息。考虑到另有章节介绍管理维度和过程维度的信息模型,这里的非几何信息主要是指与制造相关的产品尺寸、几何公差、表面粗糙度、制造信息等。集成后的三维实体模型可以完整表达产品定义的各类信息,是解决制造信息模型共享问题的重要途径,也是实现设计制造集成的重要途径。

非几何信息模型在处理方面,往往使用三维标注在三维实体模型上进行产品信息的定义、管理和显示。目前大部分 CAD 软件,如 NX、CATIA 等软件都

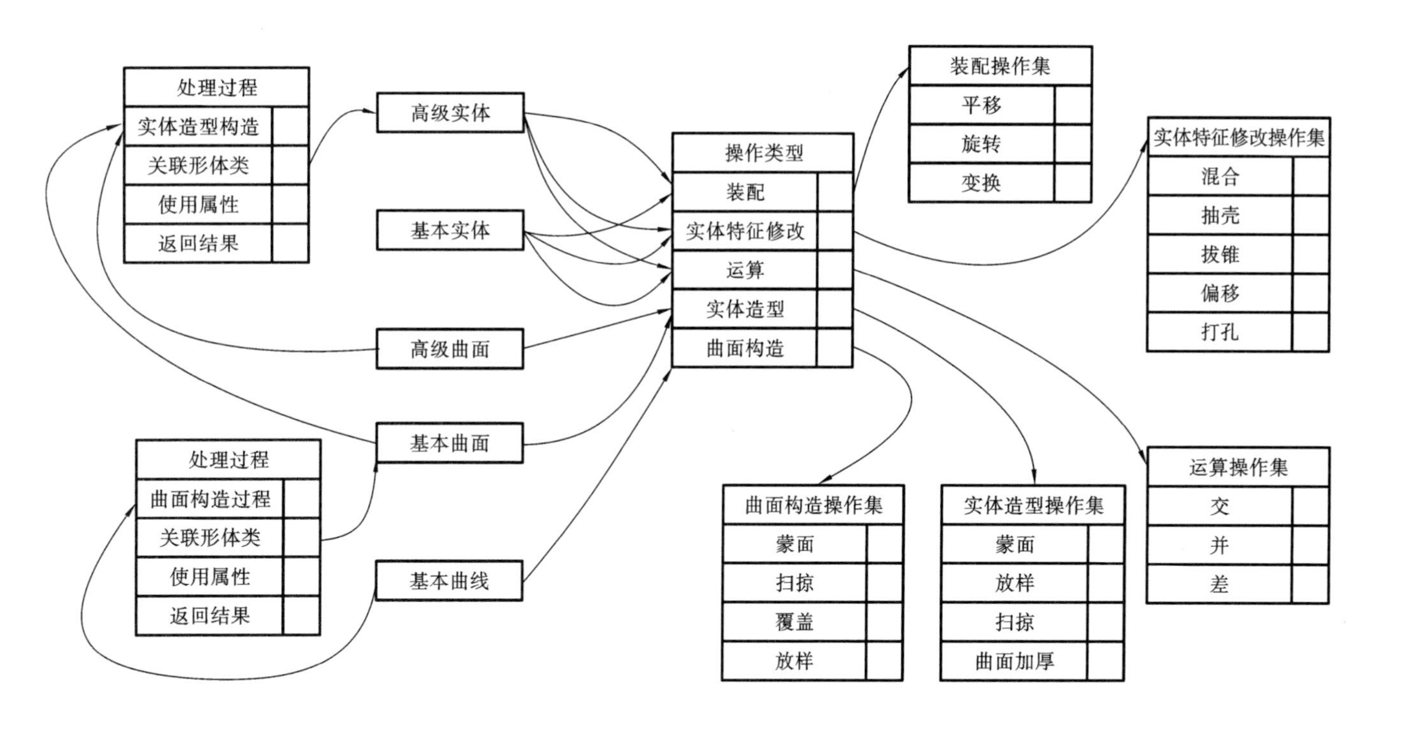

图 3-3 几何模型的主要造型操作

先后发布了功能各异的三维标注功能模块，这些模块在一定程度上实现了对产品尺寸、粗糙度、产品公差等几何及非几何信息的有效标注。

3.2.3 MBD模型

MBD的核心思想是：全三维基于特征的表述方法，基于文档的过程驱动，融入知识工程、过程模拟和产品标准规范等。它用一个集成的三维实体模型完整地表达产品定义信息，也就是将制造信息和设计信息（三维尺寸标注及各种制造信息和产品结构信息）共同定义到产品的三维数字化模型中，保证设计数据的唯一性。

MBD不是简单的三维标注＋三维模型，它不仅描述设计几何信息，还定义了三维产品制造信息和非几何的管理信息（如产品结构、物料清单（bill of material，BOM）等），使用户仅通过一个数字化模型即可获取全部信息，使设计与制造之间的信息交换可不完全依赖多个信息系统的集成并保持长久连接，减轻了对其他信息系统的过度依赖。它能够通过一系列规范的方法更好地表达设计思想，同时打破了设计制造的壁垒，其设计、制造特征能够方便地被计算机和工程人员解读，而不像传统的定义方法只能被工程人员解读，从而有效解决设计制造一体化的问题。

MBD模型是产品研发过程中设计与制造相关信息的载体，模型信息的完整性直接影响产品的开发周期和开发成本，同时也会对产品的质量和发布时间造成直接影响。所以，在设计阶段针对模型的检查必不可少，及时发现和解决模型问题，可以有效地降低模型潜在问题对后续产品设计和制造流程可能造成的不良影响。

3.2.4 全光函数信息模型

随着数字孪生、元宇宙等技术的发展，图形图像模型正在快速融合，特别是图像视频信息逐渐从RGB发展到七维全光函数，在此基础上构造出全息图像和全息视频，以支持全方位的物理现实交互和融合。

全光函数对人类视觉的模拟，就是将图像信息看作在空间中的某个位置（3D），沿着某个方向（2D），在某个具体的时间（1D），在具有某个波长（1D）条件下实现场景视觉信息捕获。

全景图像一般是指拥有360°水平角度和180°竖直角度的二维图像。因此，全景图像可以最大限度地保留场景的视野完整性。目前全景图像有多种来源：可以使用普通相机，通过旋转、平移，采集有重叠区域的图像，之后进行拼接；也可以使用带有鱼眼、广角镜头的相机进行类似的操作之后获得全景图像;还可以使用多个结构化或非结构化的相机组获取图像。全景图像需要解决的问题主要是图像融合。

一种融合拼接全景图像的途径如下:首先,利用正六面体六镜头摄像机采集的视频或图像数据,采用白平衡算法解决图像色差一致性问题;然后,将六幅图像映射到球面并配准;最后,应用融合算法拼接成全景视频图像。在全景图像编码输入的时候,需要将球面图转换为平面图,可以采用圆柱体、六面体、八面体、新型瓦片分割等映射转换方式,其中六面体映射是一种比较合理的映射转换方式。

在全景视频序列的编码中,运动图像邻近帧的纹理内容存在时域相关性。目前的技术通常基于帧间预测编码,去除时域冗余。具体来说,在帧间预测编码中,先将图像分成若干块或宏块,然后在邻近重构图像中搜索出率失真最小的块或宏块并记录其位置,计算得出两者之间的空间位置的相对偏移量,以此进行运动补偿。近年来多款VR(虚拟现实)全景相机被推出,可以拍摄出具有三维信息的全景视频。

基于全光函数信息模型,现前沿研究工作围绕全景图像和全景视频数据,涉及全景视频的运动视差、全景图像中构建三维场景和人体、全景视频的内容摘要、全景场景数据补全推测、全景数据的压缩,以及从人眼视角考虑的场景显著性预测和观察点预测等。随着工业制造领域的数字孪生技术的发展,VR(虚拟现实)/AR(增强现实)/MR(混合现实)等强化技术深化人机融合的工业制造过程,全光函数信息模型也将通过软件的实现,在工业软件中发挥更大的作用,具有广阔的应用前景。

3.3 过程维度的信息模型框架

在产品的设计、制造、运维等全生命周期过程中,过程维度体现的是产品模型在产品设计、制造、运维过程中的变化和转换。

3.3.1 产品信息资源模型

从工业制造过程管理角度看,产品生命周期由多个阶段构成,不同阶段的生产活动、资源、人员存在协同关系。例如,制造阶段会依据设计阶段数据进行物料配置;同时,制造阶段会追溯设计阶段数据。过程维度的信息模型主要解决制造过程中的时空协同问题,通过业务场景描述生产过程,利用场景构建与协同实现生产过程协同。

信息资源是物理资源与企业业务流程在虚拟空间的映射，分为基本信息资源和组合信息资源。如图3-4所示，在产品信息资源模型中信息节点由ID与属性集构成。ID是产品在生命周期全局范围内的唯一标识。属性分为产品属性、操作属性与人员属性。产品属性描述产品自身特征信息，如名称、材料、尺寸等；操作属性记录制造活动相关信息，如日期、操作类型、状态；人员属性包括操作人员、所属部门等。

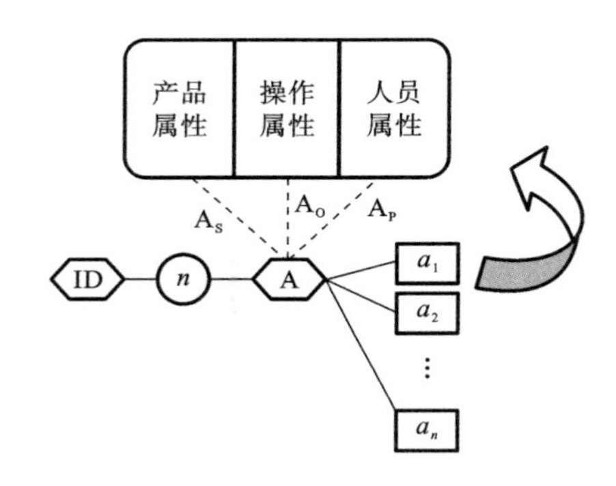

图 3-4　产品信息资源模型的定义框架

为实现复杂的信息结构，独立信息资源可以通过关联构造组合资源。组合资源也是一种具有递归性质的资源，即资源集中包含的属性为资源对象属性。该资源对象属性既可以是基本资源，表示节点的映射；也可以是组合资源，表示分支的映射。

由于组合资源囊括了其组合的基本资源信息，因此利用基本资源的数据库配置信息可以连接多个数据源，而组合资源本身并不需要再配置此信息。不同的基本资源可能是由分布式的数据源映射而来，可被集成在同一个组合资源中，利用组合资源可以实现制造过程中产品多源信息在资源层面的快速、柔性配置与集成。

3.3.2　产品信息模型转换及映射

根据面向制造领域的产品生命周期中可能发生的活动，在原子操作的基础上，定义了面向业务的操作，即复合操作，包括创建、拆分、组合、转移和追踪等活动。在产品信息框架的支持下，完成上述活动便完成了产品生命周期各阶段的信息集成和组织，在此基础上，可以调用各种操作，完成产品信息管理及追踪处理。

信息资源操作[4]包括创建操作 N、拆分操作 D、组合操作 C、转移操作 T、追踪操作 F。

1. 创建操作 N

在产品生命周期中，新零件、部件、产品的产生会引发模型中的节点创建操作；装配阶段，零件组成部件或零部件组成产品的过程会引发节点关系的创建；随着生命周期的推移，节点上承载的产品生命周期信息量和信息种类在不断增加，会引发属性的创建操作。由此可见，创建操作 N 涉及的基本操作可能包括节点创建操作 $\mathrm{cn}(n_i)$、节点关系创建操作 $\mathrm{cr}(n_i, n_j, r)$以及增加属性操作 $\mathrm{ca}(n_i, a_i)$。

2. 拆分操作 D

在生命周期末期处理阶段，产品或者部件可能被拆分，以再利用其子部件或零件。这个过程需要解除零部件与其母体的关系，同时在对应节点中添加其来源信息，并将零部件对应的节点添加于新的母体上。拆分时，首先需要调用 $\mathrm{delr}(n_i, n_j)$删除父子关系；为了保证生命周期信息的可追踪性，拆分操作会引发增加属性操作 $\mathrm{ca}(n_i, a_i)$，将被拆分对象的 ID 作为一个新增属性添加在拆分后得到的部件或零件上，以追踪到拆分前的母体；最后调用 $\mathrm{cr}(n_i, n_j, r)$操作，将拆分得到的零部件添加至新的节点之上。

3. 组合操作 C

在装配阶段，产品或部件的产生会引发组合操作。组合节点如果不存在，则首先使用基本操作 $\mathrm{cn}(n_i)$创建新的节点，然后根据装配的层级关系和数量关系，使用 $\mathrm{cr}(n_i, n_j, q)$建立节点间父子关系。同时，由装配产生的信息会以增加新属性操作 $\mathrm{ca}(n_i, a_i)$方式添加在相应的对象上。

4. 转移操作 T

在产品制造过程中，转移包括两种类型：一是物料信息转移，加工时，物料会以一对多的形式被使用于不同的零部件，此时转移调用 $\mathrm{cr}(n_i, n_j, r)$操作；二是操作导致的转移，某些操作对产品上的标签具有破坏性，为了保证操作及产品信息的可追踪性，需要将标签转移，同时记录转移的相关信息，即调用 $\mathrm{ca}(n_i, a_i)$操作，在相应的资源对象上创建信息属性。

5. 追踪操作 F

在整个生命周期信息模型中，每个节点都有其唯一的标识 ID，追踪信息时首先要获取承载该信息的节点 ID，然后根据父子关系获取它的子节点信息。若该节点是拆分或转移操作后的结果，搜索相应的属性可以得到它的历史信息来源。

基于上述定义的五种操作，可以实现可变粒度的信息资源操作。如图 3-5 所示，产品信息模型在全生命周期的具体转换过程如下：

（1）在面向产品生命周期的信息模型的支持下，配置资源元模型，收集加工制造、装配、使用维修和处理过程的产品生命周期信息；

（2）根据装配信息，构建产品结构树，与设计阶段 BOM（物料清单）做比较，查看产品制造过程中的质量问题及与设计不一致问题；

（3）在资源层上配置查询信息的资源视图，支持从多角度追踪产品生命周期信息，例如，追踪生产过程中发生转移的对象信息，追踪生产过程中的不合格对象信息，等等。

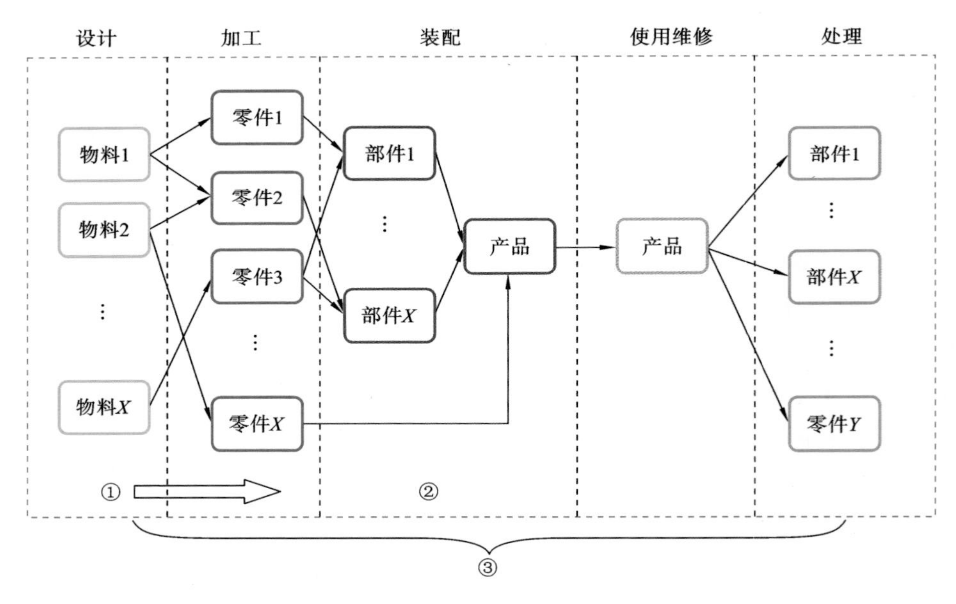

图 3-5　产品信息模型在全生命周期的转换过程

要追踪查看某零件的信息，只需输入零件的唯一标识，通过对资源的 GET 操作，获取零件的生命周期信息；同时，还可以通过点击产品结构树上的零件节点，获取该零件的生命周期信息。如图 3-6 所示，这便是一个在组合资源中获取产品组成资源的示例。

如图 3-7 所示，这里展示产品实际加工装配过程构型产生的产品结构树，导入设计 BOM，通过比对可得出产品制造过程中的质量问题和与设计不一致问题。

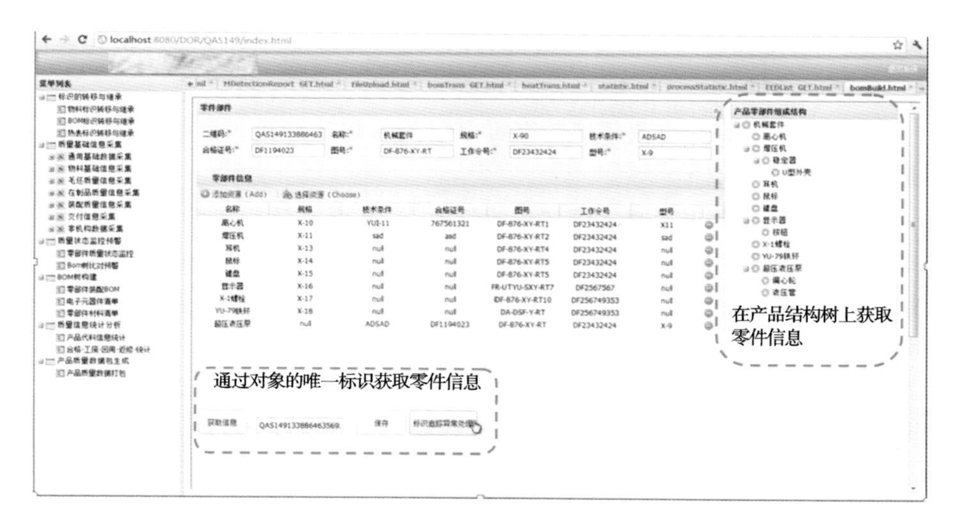

图 3-6　零件信息追踪查看示例

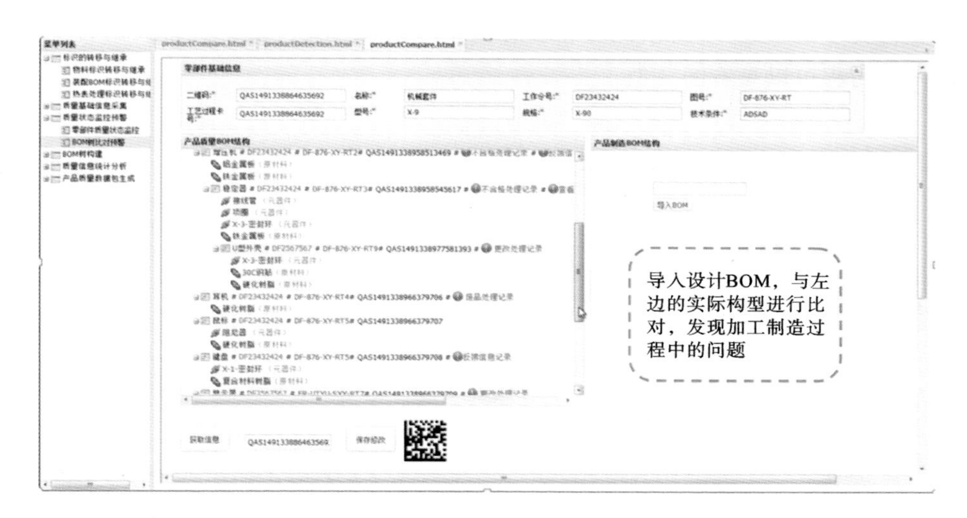

图 3-7　基于 BOM 比对的产品质量分析应用

在 BOM 比对基础上，可以根据需求，在资源层面形成多种视图，从多角度追踪产品生命周期信息，利用统计算法，实现几种有用信息的统计追踪。

3.4　管理维度的信息模型框架

制造过程中各式各样纷繁复杂的人、机、物信息，存在着复杂的关联关系，实现数据的分类和管理是信息高效处理的基础，其解决方案主要包括元数据、本体、知识图谱等。

从来源加以区分，工业环境数据可以划分为物联感知数据、操控过程数据和业务管理数据三类。

（1）物联感知数据通常以结构化的数值、文本或非结构化的音频和视频等形式存在，但没有附加的物理环境信息，比如传感器属于什么部件、停留在什么位置等，具有极高的结构和数值离散性，同时具有弱语义性的特点，即从中挖掘和识别语义比较困难。

（2）操控过程数据往往记录了各个事件发生的时间、位置、结果等大量具有逻辑知识的信息，然而其海量性导致语义深藏，难以挖掘和应用。

（3）业务管理数据综合了多源信息，涉及复杂的组织关系以及多种用途，往往具有极强的异构性和非结构化的特征。

面对这些多模态的异构数据，很多研究者考虑用语义网络来统一进行数据信息含义建模，以实现跨系统可理解的统一语义和互操作能力[5]。数据管理技术发展历程可以参看图 3-8。

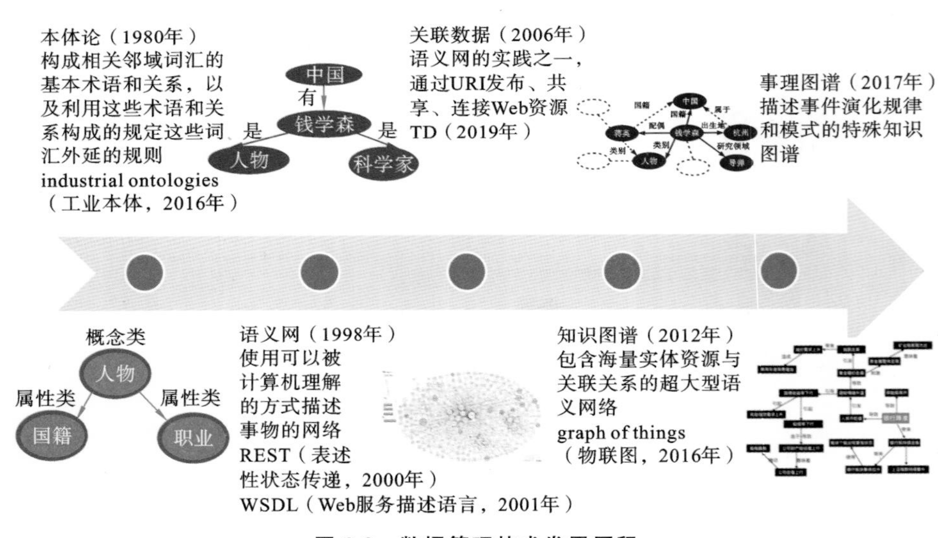

图 3-8 数据管理技术发展历程

本体论一直是数据管理方面的重点概念和方法。面向物体和感知数据，万维网联盟在 2012 年提出了影响力较为广泛和使用较多的面向传感网络的标准信息本体语义传感网络（semantic sensor network，SSN），对传感器网络中的数据语义进行了规范，适合工业物联网应用。2018年，该组织又对SSN进行扩充，增加了与感知数据的测量值、采样、执行器等相关的信息本体，形成了SOSA(sensor, observation, sample, and actuator)本体。为了更加适应工业环境中设备的多样化和支持事件的处理，W3C又在2019年提出了TD(the thing description)本体描述的物联信息模型，进一步提升了物联信息模型的语义标准化程度。在更高层次的企业信息系统中，面向业务的本体模型，领域本体等也不断涌现。

语义网络是本体论实例化的必然展现。语义网络是一种以网络格式表达人类知识构造的形式，最开始作为人类联想记忆的一个公理模型被提出，随后用于描述物体概念与状态及其间的关系。工业领域中语义网络基本没有单独存在和发展，而是与本体的构造及应用直接联系，建立概念本体并实现对物料、零件、过程等工业要素的关联。形成基于语义网络的应用便是工业数据管理的主要方法。

关联数据(linked data)[5]是随着网络信息管理而发展的。关联数据是在网上表示和链接结构化数据的技术，可构造计算机能理解和处理的语义数据网络，支持更智能的应用。工业领域采用资源描述框架(resource description framework, RDF)、统一资源标识符(uniform resource identifier, URI)等关联数据模型，实现具有高扩展性的数据管理，以适应网络环境下的工业信息资源的语义描述和灵活集成要求。

知识图谱近几年来发展很快。随着信息规模的发展和信息资源的开放，知识图谱成为一种新的语义互操作解决思路。知识图谱这个概念在2012年由谷歌公司正式提出，它将大量的人类知识用一个多关系图来表示，单个的事实可以用“实体-关系-实体”的三元组来描述，而大量的事实关联在一起，就可以形成一个以节点表示实体，以有向边表示关系，包含多种关系、多种节点的图。知识图谱中的实体指的是物理世界中存在的事物或者概念，关系包括实体与实体之间、实体与概念之间的层级结构或者属性联系等。由于工业环境具有多层次异构的特点，层次化的语义建模技术对于信息管理具有重要意义，知识图谱可以对工业数据环境中的知识进行提取、融合与加工等的数据语义管理。

近年来，以事件为核心的事理图谱也开始得到关注。由于大量工业环境对实时性的要求，事件驱动的软件架构得到了广泛应用，特别是微服务概念和架构发展导致的分布式事务构造需求，使得采用以事件为中心的方式进行工业数据建模也成为一种重要方式。事件本身一般包括事件类型、使动方、被动方、媒介等属性，事件间一般存在着时间关联、空间关联、依赖关系及因果关系等。随着事理图谱等模型的提出，事件语义进一步被扩展，加入了转移概率、因果强度等量化信息，从而使得事件语义能够在工业环境中得到更广泛和智能的应用。

3.4.1 制造本体的构建及演化

本体为工业数据的语义化及操作奠定了较好的基础，但现有本体构建大多依赖于领域专家的人为分析与手动实现。人工创建本体的主要问题有：本体构建过程效率低下；最终产生的本体往往与实际数据脱节，难以保证时效性；语义准确性保障困难。另外，制造数据的动态演变也常常使得本体模型与实际数据语义不对应，导致了制造过程中信息管理的困难。

现有的本体构建方法可分为领域专家构建和数据驱动本体构建两种。领域专家构建方法主要包括人工参与编辑的半自动本体构建方法、基于特定领域内文本的本体构建方法、基于众包描述的本体生成方法等。数据驱动本体构建方法主要有关系数据库的本体映射方法、结构数据关联方法、基于数据库的本体推理方法等。目前的整体趋势是从领域专家构建方法向数据驱动本体构建方法转移。

这些方法达到了异构数据处理和集成管理的目的，但忽略了本体的时效性，因此本体的演化对于制造数据的管理非常重要。

本体演化包括结构驱动和数据驱动两种：结构驱动本体演化用于进行本体的结构优化；数据驱动本体演化用于保障数据关系的有效性。整体来说，当前本体演化专注于概念结构本身，忽略了概念对应的数据实体的变更过程。

因此，面向制造数据的本体构建及演化，这里构建了数据驱动方式下的本体生成方法框架[6]，包括数据实体提取、局部本体构建、多源本体融合和数据驱动本体演化四个步骤。

数据驱动方式下的本体构建及演化如图 3-9 所示，主要过程包括：① 从异构的数据源映射数据实例，即将异构数据的表述统一化，使用数据实例结构表述数据内容及数据关联关系，为后续的本体生成提供基础；② 对映射实例进行概念匹配，即通过分析映射形成的数据实例的特征，利用相似度匹配得出表达相同含义的数据，进而进行数据的关联与补充，形成多维度的业务概念关联；③ 调整优化多源数据本体，即基于外部业务需求或用户的介入，从业务出发对本体结构进行修改完善；④ 服务本体演化，即根据服务产生数据实例的变更，通过数据实例变更推导概念变更，以迭代地进行本体优化调整，从而实现服务本体与场景本体的演化。

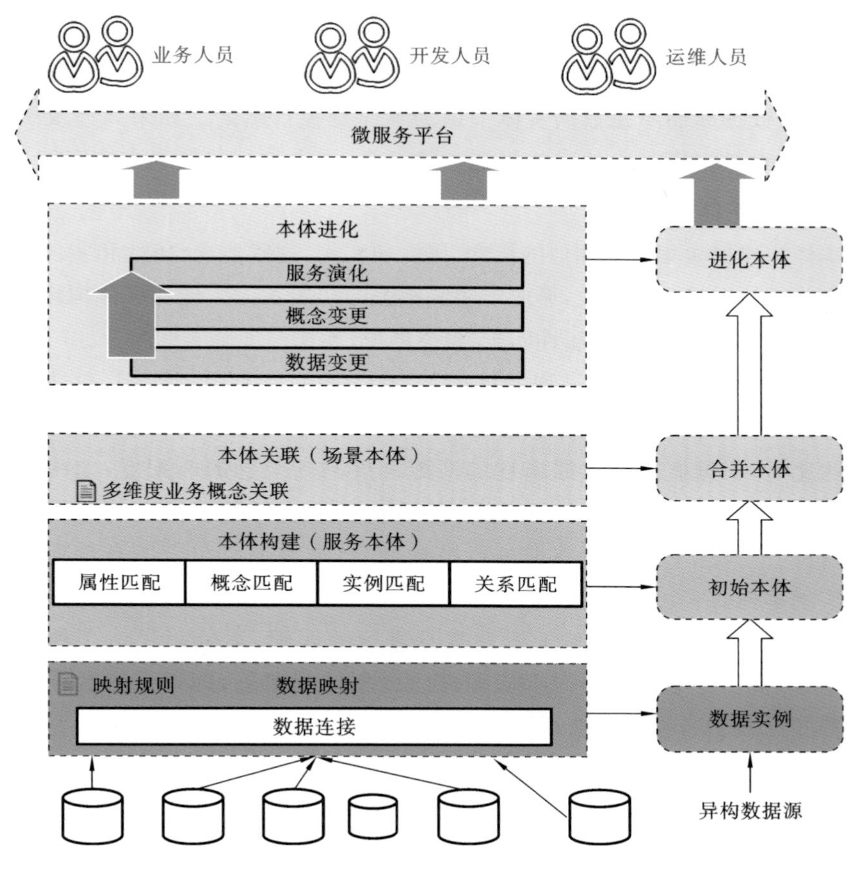

图3-9　数据驱动方式下的本体构建及演化

以数据驱动方式建立本体，为产品在整个生产过程中所产生的数据提供一个完整的视图。所提数据驱动方式下的本体生成方法根据制造数据中实例间的关联变化进行本体的适应性调整，从而使得本体中的概念结构与实际数据环境契合，以有效支持复杂异构环境下的业务表述。

1. 数据实体抽取

数据实体是通过数据映射从不同的异构数据源中获取的，是本体构建的基础。映射模块实现两个主要目标：第一个目标是构建映射规则。为了方便语义处理，可以建立不同的映射规则，从不同的数据源中提取多粒度的数据实体。根据表结构和外键关系，可以提取存储在关系数据库中的异构数据并映射到数据实体。构造映射规则，可以将数据自动映射到数据实体中。

第二个目标是保证映射规则的持久性。企业应用中数据结构比数据本身更稳定，因此，映射规则主要建立在数据结构上，这样更加稳定和持久。然后根据映射规则生成用于本体构建的统一数据实体。在不考虑异构数据源的情况下，从关系数据库而不是数据实体中识别本体是很自然的。如果只涉及一个数据源，则关系数据模型中的表映射到本体概念，表中的行映射到本体实例。

2. 局部本体构建

本体构建模块集成了相似的概念、属性和实例，这些概念、属性和实例由数据实体或关系数据库映射而成，形成与领域相关的初始本体。局部本体构建过程主要包括四个步骤：数据类型属性匹配、概念匹配、实例匹配和实例融合。

局部本体构建的整个过程具体如下：首先遍历所有数据实例，对数据实例进行两两比对，计算数据属性取值之间的匹配程度；再遍历数据概念，对概念进行两两比对，根据概念间数据属性的匹配程度判断概念的匹配度，如两概念匹配，进一步确认两者的属性匹配关系；然后依据概念匹配结果进行数据实例的匹配，将同一概念下的多源数据进行数据融合，最终形成包含所有数据源的完整的实例本体。

上述匹配方式是完全基于实例本身进行的匹配，不依赖任何其他外部知识。同时，整个匹配过程同样不依赖概念或属性的名称，即对应的数据源中数据表和数据列的名称不会被利用，因此其对于异构的数据具有较强的适应性。

3. 多源本体融合

在整合不同来源的制造数据时，这些数据可能具有不同结构和表征。如果在模型层开展集成融合，则需要将数据实体模型转换到另一个数据实体模型，以确保系统的一致性。为了更有针对性地融合概念，这里主要以流程开展多个本体融合，将相关流程涉及的数据本体进行融合，从而构造全局管理视图，具体操作主要包括流程模型解析、实体抽取、本体对齐、本体链接。

第一步是解析流程模型及实体抽取。流程模型不仅是需求工程阶段的过程描述模型，在开发和运行阶段也用作执行模型。一般我们认为由业务流程关联的概念是具有相关性的，因此针对各个数据库之间的概念存在交集的问题，可以互相扩展补充解决。实体抽取，即流程中的数据对象抽取，是指在过程规范中获取数据对象及其关联，并将其重新组织为实体模型。

实体抽取方法是先识别流程中每个步骤涉及的数据对象、数据属性，然后将这些对象对应到本体模型中，通过文本相似度以及结构相似度进行对齐。

我们先按照每个任务中的输入输出以及逻辑判定中的实体名称，抽取出流程中的任务需求。然后将这些名称与已构建的本体中的概念进行匹配，使流程中的数据与语义模型中的业务概念一致。最后,处理流程中没有完整写明来源属性的语义问题。同样,根据任务节点的逻辑表达中出现的业务文本进行处理,对于不是业务实体概念的名词,我们将其作为属性与现有概念结构进行匹配。根据本体中已有的概念描述,将流程逻辑定义中离散出现的属性名称进行匹配,使流程中出现的逻辑与业务实体相关联。根据流程模型中的直接定义的关联关系,我们可以对这些概念间的关系进行扩充,最终将多个本体模型中的概念联系起来,形成一个业务范围内的完整数据概念集合。

第二步是本体对齐及本体链接,具体是根据业务流程需求进行实体约束的检查,构造本体融合的环境。首先针对流程中的业务依赖关系进行数据概念的依赖关系抽取,然后利用链式的传递推导方法将隐式的概念关系补全,以实现融合后本体的约束扩充。在完成本体对齐后,链接各不同来源的本体便能实现本体的合并。

4. 数据驱动本体演化

本体作为全局的数据管理视图,需要跟随数据环境的改变而变更,以保证本体的时效性,这就是本体演化的缘由。由于系统应用的环境数据会不断发生变更,因此实例本体需要根据数据的变更进行演化,从而反映数据的最新状态。本体演化的基础是细分概念的重新构建,以及概念关系的重新连接。

一般来说,本体演化的驱动主要来自环境的几种变化:业务流程的变更、新实例的加入、运行服务的替换等。其本质是数据增加及数据变化,具体实现是数据驱动的本体约束调整过程,通过调整实例与概念约束解决冲突。

本体演化的核心是构建本体约束和演化规则,以抑制和消除冲突。在本体演化过程中,本体约束可能反映实际生产过程中数据的变化。调整限制后,将检查本体实例以确定是否发生了新的冲突。虽然这些被检查的实例可能已经满足了当时的限制,但是调整后的限制不应该应用于这些实例以触发本体演化。因此,在本体演化的过程中,需要对每个实例进行标记以确保不重复检查。

首先,由本体推理器创建一个实例。然后,推理器检查每个实例是否满足所有相关的限制。在特定情况下,如果满足所有限制,则视为合理;否则,必须考虑未满足的限制,以确定应执行哪个演化规则。最后,在执行演化规则之后,将推理下一个实例。

在确定了限制和演化规则之后,本体演化过程就开始了。此时,实例的检查顺序也不是任意的。它们应该根据修改的顺序进行检查,以确保本体演化的方向与时间轴的方向相同。新的调整顺序使得本体演化适应企业中的数据环境。

在本体构造方面，基于文本和结构相似度的匹配方法难以处理名称或者结构上比较相似的概念，而这里应用数据实例的数值取值进行进一步区分，因此所提数据驱动方法能够获得更高的准确率。本章参考文献[7]所采用的基于标签的方法依赖于对人为标注的标签进行聚类分析，因此其效率有限，构建过程需要人工干预，并且准确度在很大程度上依赖于人工标注标签的质量。而本章参考文献[8]所采用的基于结构的方法利用已存在的高质量本体进行数据分析，这大大限制了该类方法的适用范围。由于在数据驱动方法中本体是由已有服务的数据映射并生成的，这些数据在已有系统中长期积累，能够体现业务执行的真实情况，因此相较于采用人工标签做参考和采用标准本体做参考的方法，数据驱动方法产生的本体更贴合业务本身，也使得服务的表述与业务需求更一致。

在本体演化的动力方面，本体演化的来源可能包含概念和实例的演化。本章参考文献[7]采用的基于标签的方法需要通过调整人工标签才可实现本体的演化。本章参考文献[8]采用的基于结构的方法则专注于本体本身的结构调整，其演化过程无法体现出实际数据的变化，易脱离实际应用场景。而前述数据驱动方法的本体演化是由已有制造数据变更驱动的，业务的变更体现为实际数据实例的变更，通过数据的抽取和构建，这些变更可用于推导概念的演化。利用演化规则的定义，将数据实例的变更转化为概念的约束调整。这样的以数据变更驱动的本体构建过程，可以更好地保障本体的时效性。

本体构建与演化现有方法比较见表 3-1。

表 3-1 本体构建与演化现有方法比较

特点	数据驱动的方法	基于标签的方法[7]	基于结构的方法[8]
数据源	数据实例	文本标签	已有本体
数据处理算法	数据实例匹配	标签聚类	数据结构匹配
生成本体	应用本体	领域本体	领域本体
演化来源	数据实例变更	资源关系变更	概念结构变更
应用范围	工业应用	搜索引擎	信息共享

3.4.2 知识图谱

工业知识图谱是以关联数据为基础，通过与时空信息相关的目标、事件、角色、环境等内容的定义，实现多源信息整合的知识表示模型，其中的元素均拥有唯一的统一资源标识符(URI),适合海量信息的扁平化灵活管理。在资源统一标识的基础上,从异构数据源中得到的数据能够融合与对齐,共享相应的业务资源承载的信息属性及信息量。同时,基于关联数据的表示,知识图谱可连接外部的开放数据,也可在本体表示下得到统一的语义描述,为工业环境下的数据提供多层次、可解耦的语义信息表征基础。

知识图谱,作为一种人机可理解的信息表示和存储介质,成为工业互联网环境下信息管理的重要解决方案。然而,知识图谱现有的构建过程复杂,需要大量的专家手动地构建,耗时耗力;而且当物理系统发生变化时,需要投入极高的成本进行知识的更新和演化。因此,一种面向工业互联网环境的数据驱动的知识图谱构建与演化方法对于工业物联环境下数据的统一语用处理具有重要意义。

为了实现数据驱动的知识图谱构建与演化,首要任务就是实现异构数据间的互操作。然而,大型的工业物联环境涉及众多不同维度的数据,这些数据以结构化、半结构化和非结构化的形式离散存在,不同来源的数据具有不同的格式与存储结构。同时,为了实现互操作,知识的统一描述不仅要考虑顶层元模型的通用化定义,还要考虑其与数据的互操作能力。近年来,学术界在工业互联网的本体构建方面已取得了大量的成果,形成了一些通用开源的信息模型,能够实现对异构数据的统一集成表示。然而,这些模型为静态本体模型,要求从数据源头上保持语法统一,难以直接应用在设备、数据均异构的开放工业互联网环境中。异构数据存在于分布式工业互联网环境中,带来了第一个挑战,即知识图谱的知识源表述困难。

数据驱动的知识图谱构建与演化依赖于自动化的数据知识抽取管道。然而,离散的物联数据往往仅描述某个维度或视角的实体或事件特征,缺乏全局的语义性;同时,不同的数据、实体间存在复杂的相互影响、相互制约的关系,这些关系在应用中至关重要,但却难以通过自动化的手段发现。近年来,学者分别对结构化时序数据、文本数据、日志数据进行了相关的知识抽取研究,然而,大多数研究以特定应用为出发点,方法通用性不强。因此,如何面向工业互联数据大规模地自动挖掘语义知识,形成应用性强的有效知识,是数据驱动的知识图谱构建与演化的关键,也是第二个挑战。

数据驱动的知识图谱的内核是知识的自动演化。工业互联网环境中物理世界是动态变化的,作为在信息空间描述工业互联网的知识图谱也应该与物理世界同步变化,才能在语用处理中提供准确的语义支持。然而,由于物理世界变化迅速,知识图谱的更新难以及时跟上,数据的动态性带来了知识图谱的演

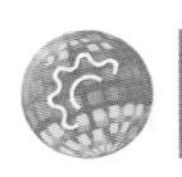

化困难，也是第三个挑战。同时，物理空间结构复杂，系统间相互关联、相互影响，变化会有传递性，需要实时分析才能定位变化的范围。

多层次知识图谱框架如图 3-10 所示。

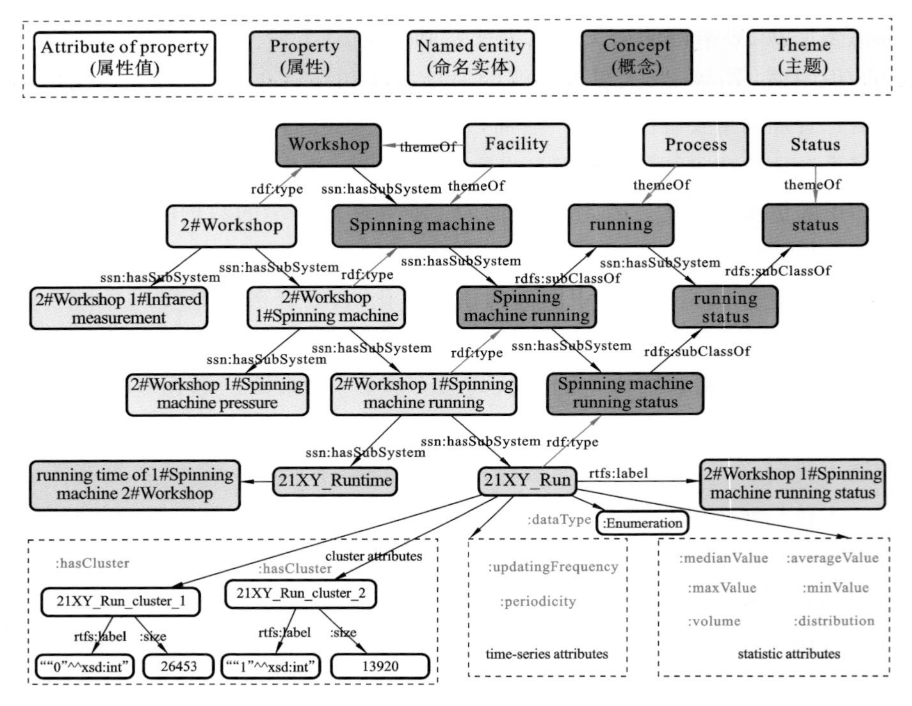

图 3-10　多层次知识图谱框架

工业知识图谱可被定义为一个有向图，其中的节点是实体与事件，边是具有概率和语义的有向关联。实体要素是工业知识图谱的核心。为统一表示多层次的实体要素，工业知识图谱中定义了五个层次的模型：属性值、属性、命名实体、概念和主题。属性值(attribute of property)是描述数据项属性值的元素，对应键值对数据项的值，其中键是其描述的属性，因为属性值在工业互联网环境中是随时间变化的，时间戳是将属性的众多取值区分开的关键。属性(property)是描述实体某一特征的元数据模型，它拥有一个由不同时间节点取值组成的集合。命名实体(named entity)是一个命名的物理或虚拟实体，拥有多个属性。概念(concept)是一个未命名的物理或虚拟实体，是命名实体和属性的类别，通过 rdf:type 关系与命名实体相关联。主题(theme)是命名实体和概念的顶层概念。为了面向工业的不同视角管理数据，我们基于现场制造管理中“人-机-物-法-环”概念总结了五个顶层主题：人员、资产、过程、状态、环境。其中，资产包括机器与物料，过程包括方法和流程，状态则代表现场的运行状态。实体之间存在着通用的实体上下位关系和通过数据驱动获得的数值相关关系等。

针对以上三个挑战，一种面向工业互联网数据环境的工业知识图谱[9]及其构造与演化方法被提出，它将实体、概念、事件及其时空关联进行统一表示，为工业互联网数据语义的统一管理提供元模型，再进行基于在线数值分析和短文本语义分析的知识抽取、结构化数据与数据流的知识抽取，具体覆盖了基于表单结构的知识抽取、基于非结构化表单数据的知识抽取、基于多维事件抽象的知识抽取。

1. 结构化数据知识抽取

结构化工业互联网数据具有离散性特征，结构化数据知识抽取方法如图 3-11 所示。首先，将原始数据转化为实体知识。然后，利用结构化数据的特征信息隐藏在取值中的特点，通过在线自组织聚类分析，根据实时数据获得结构化数据中蕴含的实体要素及其关键特征。最后，通过语义分割和实体对齐，形成概念层知识，从而实现结构化数据的多层次知识化。

1. 基于在线聚类的实时属性值知识抽取

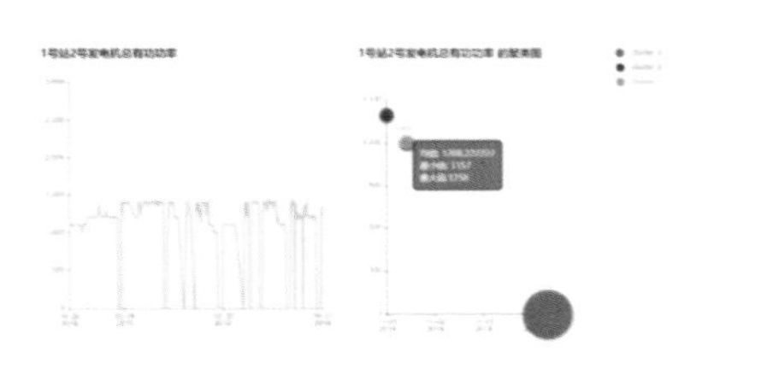

2. 基于短文本增广的实体知识识别

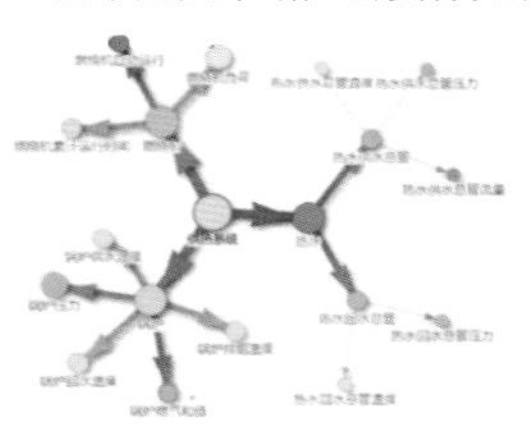

3. 基于数值分析的实体关联发现

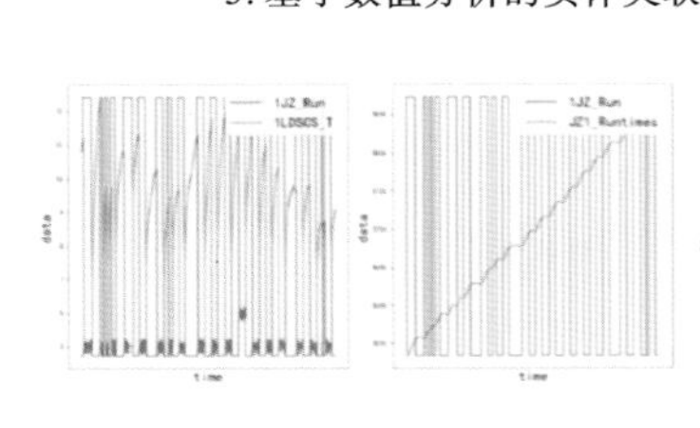

4. 基于向上投影的概念知识补全

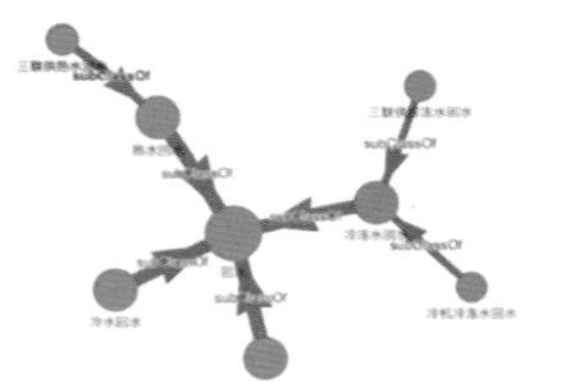

图 3-11 基于特征与关联挖掘的结构化数据知识抽取方法

2. 非结构化数据知识抽取

表格是工业环境中最常用的数据载体之一，例如生产部门需要通过查看加工工单来了解加工进度，设计部门为不同的产品提供不同种类的设计。非结构化数据知识抽取方法如图 3-12 所示。

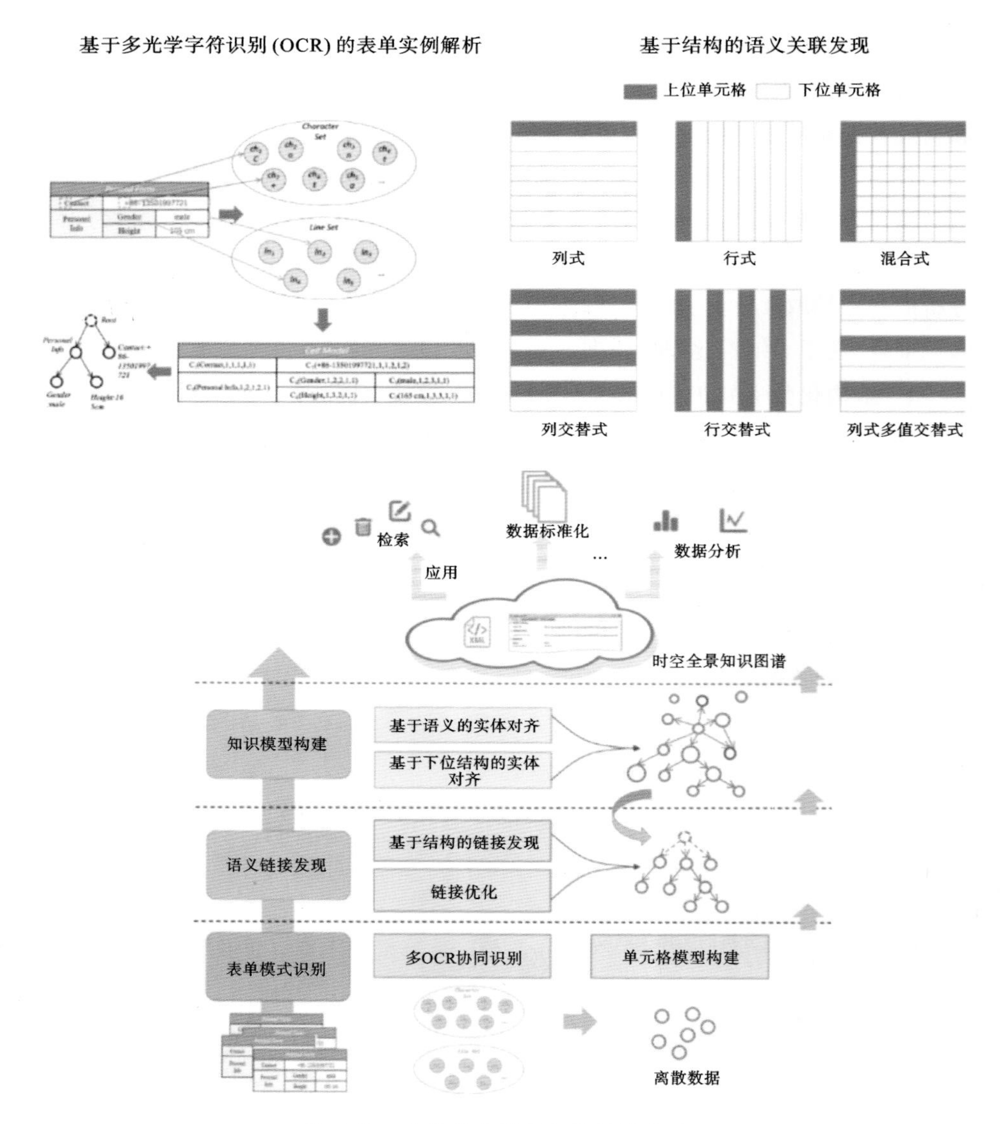

图 3-12　非结构化数据知识抽取方法

3. 日志数据驱动的事件知识抽取

事件知识抽取是指以原始的设备日志数据或者系统中的业务数据为基础，识别相关实体，生成具有真实、具体和完整业务含义的事件节点。一个事件节点的语义是明确的，它代表着业务流程中一次明确的动作或者状态的改变。首先，事件抽象需要分析原始的日志数据格式。一般地，每一条日志数据记录的信息往往包含时间、设备名称、指令或状态等，有些成熟系统中的日志数据还会包括执行人、地点等信息。若直接将一条日志的信息对应为相应的实体，则会出现知识图谱中知识节点众多但关系稀疏的情况，不利于知识的有效利用。

基于以上分析，我们构建了基于事件的知识抽取过程，作为后续活动推理的基础。半结构化日志事件知识抽取方法如图 3-13 所示。

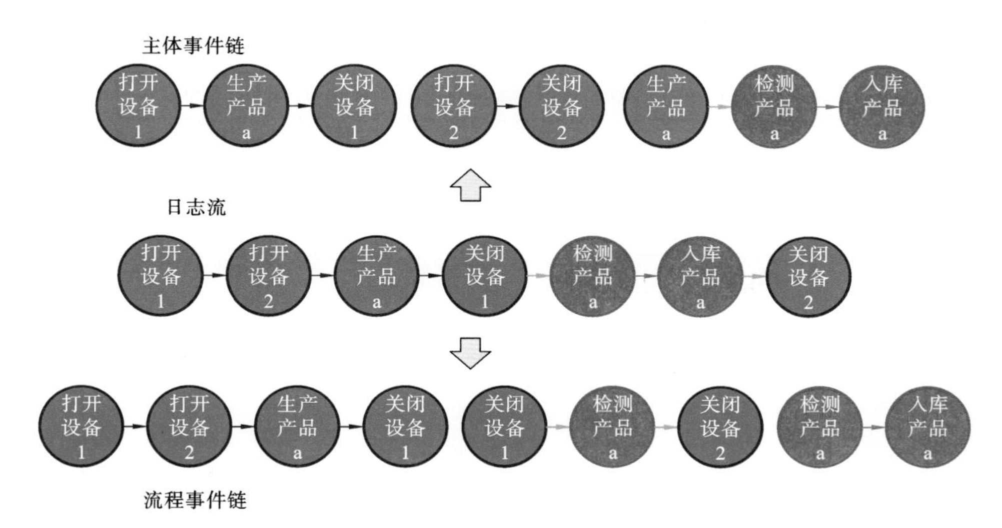

(a) 基于时空语义的流程关联发现

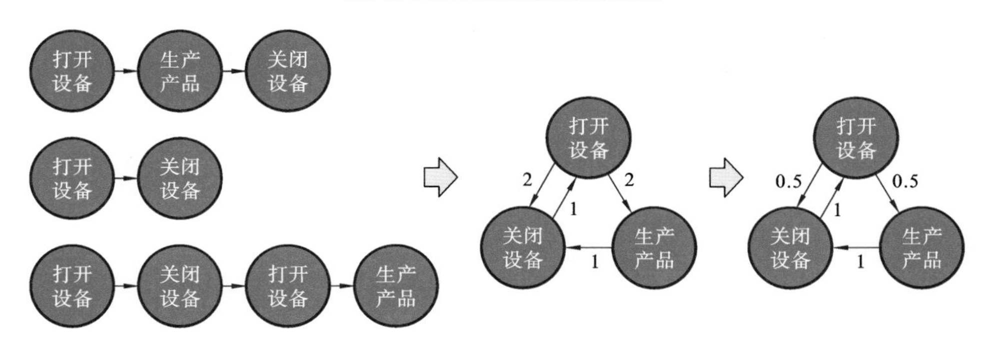

(b) 基于流程合并的事件网络生成

图 3-13　半结构化日志事件知识抽取方法

工业知识图谱中的事件是一个具体或抽象的具有某个动作的事件，在工业知识图谱中它可以被表示为七元组(除 uri 外)，形式化表示为 event: = (uri, vb, s, do, io, t, loc, dsc)，其中 vb 表示事件的动作，也是七元组中唯一的必要元素；s 是事件的主语，也是动作的发起者；do 是事件的直接宾语，也是动作的受用者；io 是事件的间接宾语，也是动作的受影响者；t 是事件发生的时间；loc 是事件发生的地点；dsc 是该事件的描述，可以是一段文本，也可以是数据库中该事件的记录和访问地址。事件与实体之间通过 has 关系关联，事件与事件之间通过 hasNext 关系关联，并通过概率计算记录事件间的转移概率，为定量分析提供知识基础。这里给出了一个工业知识图谱中的事件示例，如图 3-14 所示。

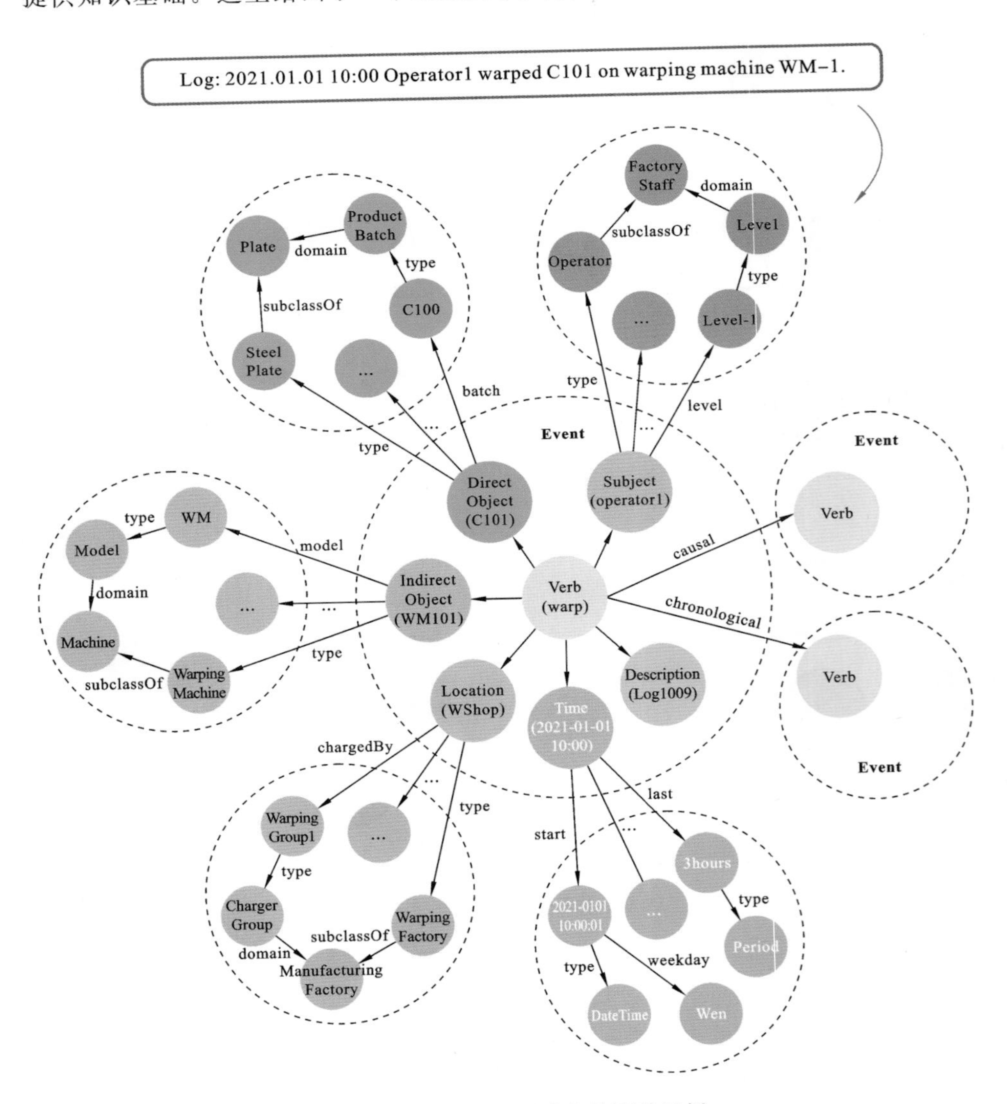

图 3-14　工业知识图谱中的事件示例

工业知识图谱将实体、概念、事件及其时空关联进行统一表示，为工业软件数据语义的统一管理提供元模型基础。通过对知识进行层次划分，基于机器学习构造每个层次间自动转化的方法，即可实现数据驱动的工业知识图谱的增量演化与应用。相较于其他领域的知识图谱，工业知识图谱引入了取值、数值关联和事件关联，使得其在工业场景中能提供更多实用的时效性知识。

本章小结

- 结合工业互联网环境，阐述了工业信息框架，覆盖了多个维度的信息表述。
- 从产品、过程、信息等不同维度讨论了工业信息模型的表述及组织方式。

本章参考文献

[1] CAI H M, XU L D, XU B Y, et al. IoT-based configurable information service platform for product lifecycle management[J]. IEEE Transactions on Industrial Informatics, 2014, 10(2):1558-1567.
[2] 中国图学学会. 2018—2019 图学学科发展报告[M]. 北京：中国科学技术出版社，2020.
[3] 蔡鸿明，何援军，吴勇. 面向网络交互设计的扩展 CSG 模型构造[J]. 上海交通大学学报，2004，12：2057-2062.
[4] 秦少君. 基于资源元模型的产品生命周期信息追踪方法研究[D]. 上海：上海交通大学，2013.
[5] 谢诚. 融合开放环境和语义支持的企业数据框架研究[D]. 上海：上海交通大学，2017.
[6] 黄承曦. 基于语义的微服务应用构建及治理研究[D]. 上海：上海交通大学，2020.
[7] LEE H J，SOHN M. Tag-based integrated semantic ontology construction and evolution[C]. 2013 Seventh International Conference on Innovative Mobile and Internet Services in Ubiquitous Computing, 2013:221-227.
[8] MAHFOUDH M, FORESTIER G，THIRY L, et al. Algebraic graph transformations for formalizing ontology changes and evolving ontologies

[J]. Knowledge-Based Systems,2015,73:212-226.

[9] 于晗. 工业互联环境下基于知识图谱的语用互操作研究[D]. 上海:上海交通大学,2022.

第4章 工业软件的智能处理算法

本章介绍了工业软件的知识表示方法，并从基于规则的算法、基于数据的算法、基于深度学习的算法以及混合推理算法等方面，阐述了工业软件的智能处理算法，同时结合混合推理算法讨论了当前工业软件智能处理算法的发展趋势。

4.1 工业软件的知识表示方法

知识表示和推理是人工智能的一个重要分支，在工业软件方面有很多重要的应用。值得一提的是，知识表示和推理是 Web 3.0 或者语义网的基石。语义网领域的研究者们通过万维网联盟（W3C）制定了资源描述框架（RDF）的标准，而 RDF 标准直接孕育了当前火热的知识图谱技术及其广泛应用[1]。本章将结合典型工业场景，将工业软件算法划分为基于规则的算法、基于数据的算法、基于深度学习的算法以及混合推理算法四大类。这四类算法各有其优劣，又互相补充，在各行各业中发挥着重要的作用。表 4-1 展示了这四类工业软件算法的优缺点及典型应用场景。

表 4-1 四类工业软件算法对比

算法类型	主要优点	主要缺点	典型应用
基于规则的算法	可解释度高、易用性好、可靠性强	复杂度高、不具备预测能力	工业设计验证、生产安全监控、物料清单计算
基于数据的算法	原理简单且易实现，有一定可解释性	不适用于复杂、非线性关系的学习	网络流量异常分析、频繁模式挖掘
基于深度学习的算法	功能强大、可迁移性好	调参复杂、可解释性差	设备故障诊断与分类、图像识别、文本检测
混合推理算法	具备可解释性，同时又有预测能力	结构复杂，仍待发展	工业本体补全、工业图像处理

本章结合工业需要，详细讨论上述各类算法的构造和实现，并结合混合推理算法讨论智能处理算法的发展趋势。

4.2 基于规则的工业软件算法

知识图谱可以用来存储和管理工业软件中的基础数据，而规则又为这些海量数据赋予了丰富的语义。在本节中，我们将讨论如何利用规则来声明式地建立工业软件中的业务逻辑和业务问题的模型，并使用推理算法处理这些规则，实现解决业务问题的目标。

基于规则的工业软件有以下几点天然优势：

(1) 声明式规则有很强的可解释性，用户可以结合规则使用推理机对算法的结果进行解释和分析，明确产生某种推理结果的原因，这在故障分析、安全监控等常见工业场景中有较好的应用；

(2) 与代码不同，声明式规则有较好的可读性和易用性，用户在掌握了规则语言的基本语法和语义后，不需要具备编程能力就可以根据业务问题自行编辑和修改系统中的规则，只要规则满足既定的语法和语义，推理算法就可以对其进行处理；

(3) 规则推理有很强的确定性，推理的结果只取决于给定的规则和事实，而不受其他参数的影响，这保证了基于规则的工业软件的可靠性。

下面我们结合实际问题场景，分别讨论基于一般规则、时序规则以及聚合规则的知识推理在工业软件中的应用。

4.2.1 基于一般规则的工业软件算法

在本小节，我们结合铁路轨道设计验证[2]的用例，讨论基于一般规则的知识推理在工业软件中的应用。这里所说的一般规则，是指不包括数字计算、函数等复杂功能的规则。这些额外的功能虽然有助于提高规则的表达力，但同时也会大大提高规则推理的复杂度。因此，我们将讨论的范围限定在较为基本的一般规则推理的设计与实现。这为后续章节讨论基于更加复杂的规则推理的算法和应用，奠定了必要的理论和技术基础。

现设计如下规则：

$$\mathrm{DirectlyLinked}(x, y) \leftarrow \mathrm{Track}(z), \mathrm{InTrack}(x, z), \mathrm{InTrack}(y, z) \quad (1)$$

$$\mathrm{Linked}(x, y) \leftarrow \mathrm{DirectlyLinked}(x, y) \quad (2)$$

$$\mathrm{Linked}(x, t) \leftarrow \mathrm{Linked}(x, y), \mathrm{Switch}(y, z), \mathrm{Linked}(z, t) \quad (3)$$

上述规则(1)至规则(3)定义了铁路轨道上节点之间的可达关系。具体来说,规则(1)定义了直接可达关系,即如果 z 是一段铁轨,而节点 x 和 y 同属于铁轨 z,那么 x 到 y 直接可达。规则(2)描述的是,如果节点 x 到 y 直接可达,那么节点 x 到 y 可达。规则(3)进一步完整了可达关系的定义,即如果节点 x 到 y 可达,且节点 y 有一转辙装置可以转辙至节点 z,且节点 z 到 t 可达,那么节点 x 到 t 可达。注意规则(3)是循环的,由规则推导出的可达事实,也可能由同一规则继续推导出其他的可达事实。

在一个规则系统中,规则通常需要与事实配合使用,本应用中也不例外:关于轨道设计的事实可以通过轨道设计工程师使用的设计软件(如 CAD 软件)自动地获取。这些事实与规则结合推理之后,可以将推理结果反馈给设计软件供轨道设计工程师查询和参考,以确认现有设计是否满足既定的标准和约束。考虑图 4-1 所示的铁路轨道设计样例,其中黑色横线表示铁轨,黑色竖线表示两段铁轨的分界处,红色线段 bg 表示节点 b 处有一转辙装置可以转辙至节点 g,红色线段 jo 表示节点 j 处有一转辙装置可以转辙至节点 o。节点 a、b 在同一段铁轨上,假设该段铁轨代号为 s,那么我们可以得到事实 Track(s), InTrack(a, s), InTrack(b, s)。由规则(1)和规则(2),我们可以推理得到 Linked(a, b)。类似地,我们可以得到 Linked(g, h)。与转辙装置对应的事实 Switch(b, g)结合,同时考虑规则(3),我们可以推导出 Linked(a, h)。由于规则(3)是循环的,这一事实可以进一步推导出 Linked(a, i)和 Linked(a, j)等。

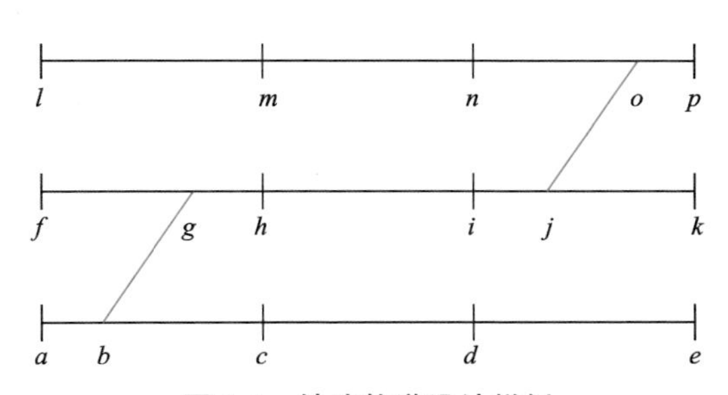

图 4-1 铁路轨道设计样例

以上我们用例子展示了事实集的产生方式及规则推理的过程,下面我们重点讨论规则推理的一般算法。当规则集合中不包含循环时,可以简单地通过规则间的依赖关系将规则分层,继而自底向上执行一次,得到所有的推理结果。当规则集合中有循环时,则需要对循环部分的规则反复迭代执行,直到没有新的事实被推导出来,前述应用例子中的规则(3)就是循环规则。反复迭代执行规则带来了一个效率问题，即后一轮次的规则推理操作可能会重复前一轮次的推理工作，造成计算资源的浪费，影响推理效率。因此，推理引擎通常会实现所谓的 seminaive 推理方法[3]，即在新一轮次的推理中，保证规则的条件中至少有一个关系匹配到上一轮次新推出的事实。这也就保证了两个不同轮次的推理操作在规则实例层面上避免重复，进而提高推理的效率。

在实际应用中，事实集可能会发生变更。例如在前述的铁路轨道设计验证用例中，轨道设计工程师可能会在设计软件中随时更改已有的设计。这就要求我们的推理系统能够动态地处理事实集的变更。变更包括事实的增加和删除两种。事实的增加与首次推理相似，可以采用上文所述的 seminaive 方法。事实的删减则较为复杂，被一条规则实例判定为应当删除的事实，可能被其他规则的实例重新推导，甚至被同一条规则的其他实例重新推导。另外，循环语句的存在也使得某一事实能否被重新推导的计算步骤变得更多。

图 4-2 展示了一种事实变更处理算法流程。具体来说，算法的输入包括规则集合、原推理结果集合、原事实集合以及变更集合，其中变更集合包括删减集合和增加集合。算法的输出，是更新后的推理结果集合，也即原事实集合删除删减集合再加上增加集合所构成的新的事实集合与规则集合的推理结果。

算法的执行大致分为三个主要阶段，即删除阶段、重推阶段和新增阶段。

在删除阶段，算法利用变更集合中的删减集合，结合规则集合，计算所有可能会被删除的事实。与首次推理相同，这里需要注意的是，在对循环规则的迭代处理中，可以利用类似 seminaive 方法来避免重复推理。每次推理的结果需要与当前删减集合比对，进行冗余消除，以检测是否有新的删减事实产生。如果有新的删减事实产生，就继续迭代推理；反之，说明所有可能的删减事实都已经被计算出来，继续迭代推理也不会再有新的事实产生，此时可以终止删除阶段，进入推理的下一阶段，即重推阶段。

在重推阶段，所有前一阶段中被判定为可能要删除的事实会被重新检验，检验它们是否可以被规则重新一步推导出来，其中可以被重新推导出来的事实形成恢复集合。

在新增阶段，算法将恢复集合与输入的变更集合中的增加集合合并，继而迭代计算这些事实的结果并将结果加入新的推理结果集合中。这一步骤与首次推理相似，此处不再赘述。

4.2.2 基于时序规则的工业软件算法

在本小节，我们将使用一种新型的具备很强表达力的声明式规则语言 Dat-

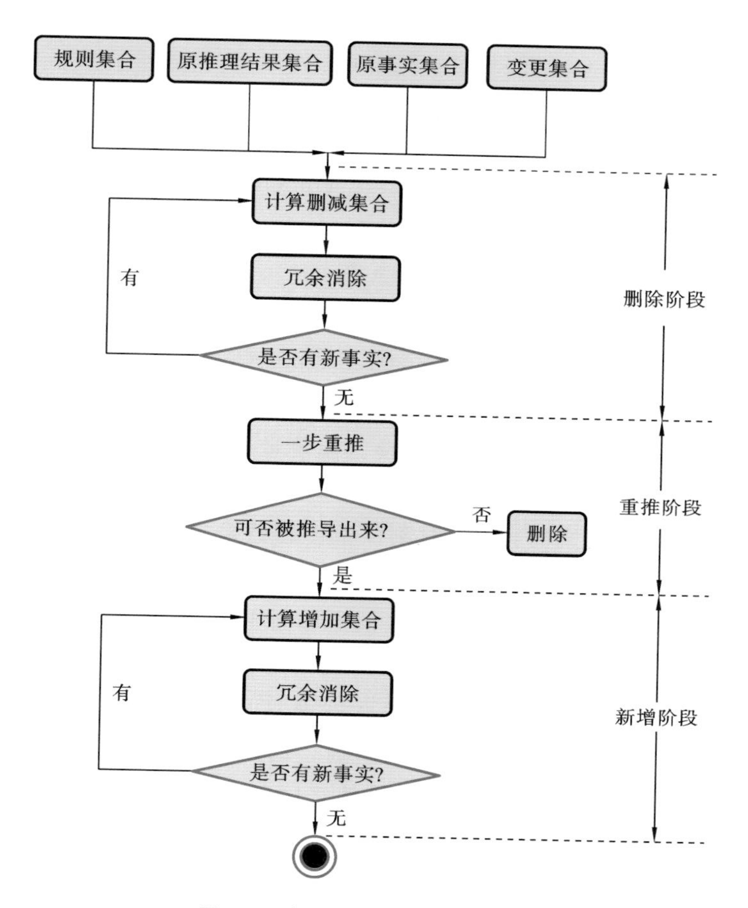

图 4-2 事实变更处理算法流程

alogMTL[4]作为示例,展示知识推理算法在工业软件领域中的重要应用。

DatalogMTL 是规则语言 Datalog 的一种扩展,它在 Datalog 的基础上增加了可以表达时序逻辑的多个时序操作符。DatalogMTL 表达力很强,可用来执行时序本体推理和流数据处理等主流计算任务。规则语言的高表达力通常和基于该语言进行推理的高复杂度相辅相成,DatalogMTL 也不例外,对包含循环的 DatalogMTL 规则集进行推理可能需要构建十分复杂的 Buchi 自动机。因此,DatalogMTL 推理机通常需要实现丰富多样的优化算法,以减少推理计算中的冗余,提高推理速度。

接下来,我们结合生产环境安全监控的用例,展示如何利用规则语言建立相关业务逻辑模型,探讨相关推理算法的实现及其优化。

现设计如下规则：

$$\text{ExcessiveHeat}(x) \leftarrow \text{SomeTimeInPast}[0,0]\ \text{TempOver60}(x) \tag{4}$$

$$\text{ExcessiveHeat}(x) \leftarrow \text{AlwaysInPast}[0,10]\ \text{TempOver40}(x) \tag{5}$$

$$\text{ExcessiveHeat}(x) \leftarrow \text{AlwaysInPast}[0,5]\ \text{TempOver40}(x),\ \text{SomeTimeInPast}[5,7]\text{AlwaysInPast}[0,5]\ \text{TempOver 40}(x) \tag{6}$$

$$\text{ApplyCooling}(x) \leftarrow \text{ExcessiveHeat}(x) \tag{7}$$

$$\text{ApplyCooling}(x) \leftarrow \text{SomeTimeInPast}[0,2]\ \text{ApplyCooling}(x),\ \text{TempOver35}(x) \tag{8}$$

规则(4)至规则(8)描述了一个设备温度监测和控制的业务逻辑。在该问题场景中，某台设备 x 在任意时刻 t 被判定为过热（即 ExcessiveHeat)，可能是由以下几个原因造成的：① 该时刻设备传感器检测到的温度超过 60 ℃（规则(4))；② 在该时刻过去的十秒钟时间内，设备传感器检测到的温度始终超过 40 ℃（规则(5))；③ 在该时刻过去的五秒钟时间内，设备传感器检测到的温度始终超过 40 ℃，且在该时刻过去的五到七秒时间（即$[t-7,\ t-5]$区间）内存在一个时刻 s，使得 s 时刻过去的五秒钟时间内，设备传感器检测到的温度始终超过 40 ℃（规则(6))。规则(7)描述的是，当一台设备 x 在任意时刻被判定为过热时，需要采取主动降温措施来降低设备的温度以保证安全。最后，规则(8)表明，如果设备 x 在任意时刻 t 的温度超过 35 ℃，且在 t 时刻过去的两秒钟时间内，曾经采取过主动降温措施，则说明降温措施效果不显著，在 t 时刻仍应激活主动降温措施。

如果一个 DatalogMTL 规则集不包含循环规则，那么可以通过等价变换将其转化为普通的 SQL 语句，使用自底向上的推理方法，完整计算出所有的推理结果[4]；而当规则集中包含循环规则时，这种 SQL 转写方法不再适用。通俗地说，循环可能使得自底向上的推理方法无法顺利终止。以前述的规则(8)为例，规则的条件和结果部分都包含 ApplyCooling 谓词，因此这显然是一条循环规则。现在假设 TempOver35 对设备 a 来说在所有时间点恒成立，而 ApplyCooling(a)在某一时刻 t 成立，则自底向上地执行规则(8)就无法终止，始终会有新的 ApplyCooling 事实被推导出来。因此，完整处理包含循环的任意 DatalogMTL 规则集需要构建复杂的 Buchi 自动机，将 DatalogMTL 规则集和事实集的可满足问题转化为 Buchi 自动机识别的语言是否为空集的问题来加以解决[5]。

完全依赖 Buchi 自动机解决推理问题可能会导致自动机状态呈指数级增多，故其效率很低。我们设计的算法流程如图 4-3 所示，其思想是尽可能多地使用自底向上推理来完成查询，只有当自底向上推理无法解决当前查询时才考虑构建自动机。

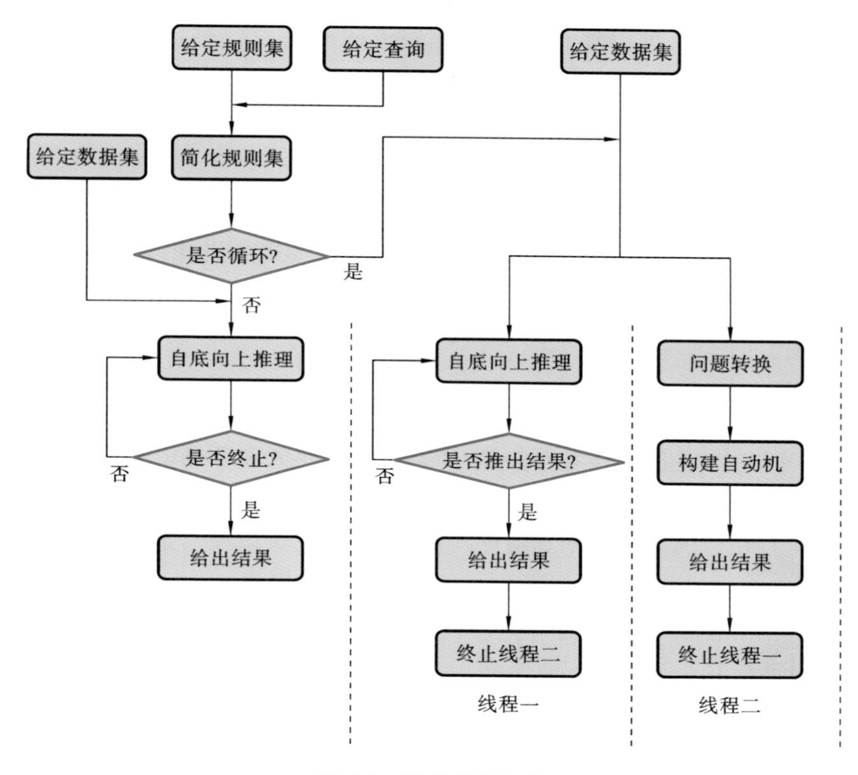

图 4-3　推理算法流程

具体来说，算法首先依据给定的规则集和查询，对规则集做简化操作，这一步骤可以通过构建规则集中谓词之间依赖关系的有向图并在图上针对查询中出现的谓词做搜索来完成。

仍以规则(4)至规则(8)为例，假定查询中唯一出现的谓词是 ExcessiveHeat，那么容易知道，其在规则集中依赖的谓词包括 TempOver60 和 TempOver40，而不包括 ApplyCooling 和 TempOver35。换言之，给定的事实能否推出 ExcessiveHeat 与规则(7)、规则(8)无关，而只与规则(4)至规则(6)有关。因此，简化规则集只包含规则(4)至规则(6)。

接着，算法依据简化规则集中谓词之间的依赖关系图，判断其是否包含循环。如果简化规则集中没有循环，则自底向上的推理可以正常终止，此时只需反复调用自底向上推理的函数，直至没有新的事实产生，并根据扩充后的事实集给出查询的结果。如果简化规则集中包含循环，那么算法启动两个线程：线程一仍然反复调用自底向上推理的函数，如果给定的查询结果被顺利推导出来，那么就可以终止所有线程并返回结果；线程二将查询问题转换为检验 Buchi 自动机接收语言是否为空集的问题，并构建相应的自动机来解决转换后的问题，在上述步骤完成后终止所有线程并返回查询的结果。同时使用线程一和线程二的意义在于，自底向上的推理相较于自动机的构建来说效率较高，如果通过自底向上推理可以得到查询结果，那么就可以避免完整构建整个自动机；与此同时，线程二保证了算法能够终止并给出正确结果。对于某些极端情况来说，自底向上推理甚至无法终止；处理这些情况时，使用自动机是必要的。

4.2.3　基于聚合规则的工业软件算法

在本小节中，我们结合物料清单（BOM）中工件成本计算的用例，讨论规则尤其是聚合规则的应用及适用于聚合规则的知识推理算法。与 SQL 的聚合语句相比，支持循环的聚合规则具备更高的表达力，它可以简洁地表示 SQL 语句所不能表达的计算[6]。考虑以下包含聚合规则的规则集：

$$\text{Cost}(x,y) \leftarrow \text{BasicCost}(x,y) \tag{9}$$

$$\text{Cost}(x,m) \leftarrow \text{Aggregate}(\text{Part}(x,y,c)\ \&\ \text{Cost}(y,z),\ [x],\ \text{m}=\text{SUM}(c*z)) \tag{10}$$

$$\text{All}(x,z) \leftarrow \text{Aggregate}(\text{Cost}(x,y),[x],z=\text{MAX}(y)) \tag{11}$$

其中，规则(9)和规则(10)是推理规则，而规则(11)是查询规则，在推理规则执行完毕后被调用。规则(9)将基础工件的成本拷贝到工件成本表中，起到初始化的作用。规则(10)统计工件 x 所有组件的成本：如果工件 x 中含有 c 个工件 y，且工件 y 的成本是 z，那么应该将工件 x 中 y 的成本 $c \cdot z$ 计入 x 的总成本 m 中。注意规则(10)是一条循环规则，会在推理过程中被反复执行，直到没有新的事实被推导出来为止。因此，无论 Part 关系的深度是多少，最终都会被统计到。这也意味着在迭代执行规则(10)时，每次得到的结果可能有所不同，例如第一次执行规则(10)时，深度为二的组件的价格将不会被统计到。因此，我们需要查询规则(11)，负责在推理规则(9)和推理规则(10)执行完毕后，获取每个工件 x 对应成本的最大值作为最终的成本统计结果。

为保证聚合规则正常执行并能对推理结构进行动态更新，我们需要实现表 4-2所列的接口。

表 4-2　接口列表

接口	任务
$INIT_{Fn}(o)$	初始化适合于函数 Fn 的数据结构 o
$INC_{Fn}(o, c)$	将元素 c 加入数据结构 o 中
$FIN_{Fn}(o)$	根据数据结构 o 的内容计算聚合函数 Fn 的结果
$ADD_{Fn}(o, c)$	处理新增元素 c 并返回更新后的聚合结果
$DEL_{Fn}(o, c)$	处理删除元素 c 并返回更新后的聚合结果

表 4-2 中，接口 $INIT_{Fn}(o)$、$INC_{Fn}(o, c)$和 $FIN_{Fn}(o)$负责首次推理，接口 $ADD_{Fn}(o, c)$和 $DEL_{Fn}(o, c)$负责对结果进行动态更新。以规则(10)中出现的聚合函数 SUM 为例，$INIT_{SUM}(o)$初始化 o 为 0 并返回 o；$INC_{SUM}(o, c)$将 c 加到 o 上；$FIN_{SUM}(o)$返回 SUM(o)的值；$ADD_{SUM}(o, c)$和 $DEL_{SUM}(o, c)$分别返回 $o+c$ 和 $o-c$。这种接口实现方式，允许用户在系统中自定义新的聚合函数，具备较好的可扩展性和易用性，只要用户为新增的聚合函数实现了各个接口所约定完成的功能，那么新的聚合函数就可以直接在首次推理及动态更新算法中正确应用。

4.3　基于数据的工业软件算法

分类聚类、关联决策、预测回归等大数据分析方法，在工业软件领域有较好的应用。在本小节中，我们结合实际工业场景，探讨一种新型的半监督聚类方法的应用以及常用关联分析算法 Apriori 的使用和优化。

4.3.1　基于聚类的工业软件算法

网络流量异常分析是一个十分重要的问题，是网络攻击分析发现、异常网络设置发现、网络传输失败检测等常见问题的基础。正因为网络流量异常分析的内涵和应用都十分宽泛，而网络流量本身的数据特征也包罗万象，所以实际应用中特征的选取和问题的定义都难以做到十分准确。基于例子的半监督聚类方法，可以较好地解决上述这两大难题。给定的例子聚类，明确了哪些流量数据点应当被划分为同一类型，也就明确了何种流量应当被定义为异常流量，解决了问题定义的难点。同时,给定的例子也间接地为特征选取作出贡献:如果两个流量数据点属于同一例子聚类,而它们在某一特征上差别很大,那显然说明这一特征对于当前问题并不重要,应当缩小这一特征对聚类结果的影响。

图 4-4 展示了一种基于例子的聚类算法流程。

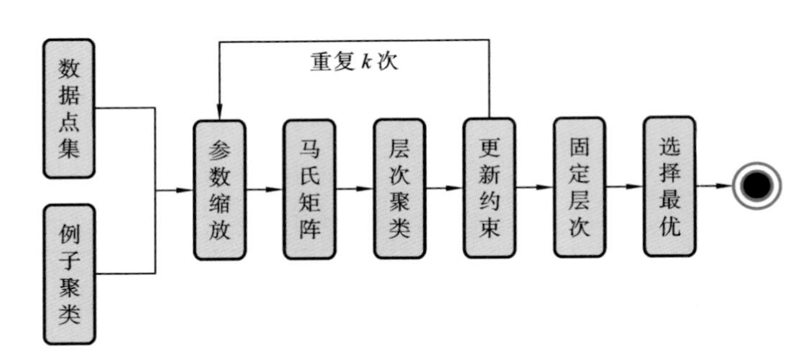

图 4-4　基于例子的聚类算法流程

算法给定的输入包括网络流量数据点集以及一个或多个例子聚类。之后,算法对给定的数据点的各个维度数据做缩放,将各属性值的范围限定在 0 到 1 之间。接着,根据例子聚类中给定的同类和异类约束,算法学习一个马氏矩阵,该矩阵可以近似地理解为一个权重矩阵,为数据点的各个特征维度赋予权重。在习得马氏矩阵后,算法使用该矩阵对给定的数据点做层次聚类至某一高度,并将层次聚类中新增的约束更新为输入,重新进行马氏矩阵的学习。这一步骤重复 k 次后终止。然后,算法从最后的层次聚类中按指标(如 CORI 或 WCU 指标)选择最优层作为最终的聚类结果。

4.3.2　基于关联分析的工业软件算法

频繁模式挖掘和关联分析在众多领域有广泛应用。例如在航天元器件质量分析中,可以对元器件采用频繁模式挖掘,发现供应商和元器件质量的关联关系,进而帮助采购部门对元器件进行评级,也帮助设计师根据质量进行选型。另外,在医疗领域,频繁模式挖掘和关联分析也有重要应用,例如挖掘患者同时患有几种疾病的频繁模式,可以帮助医生更好地提供医疗和预防建议以及设计更完备的诊疗方案。

Apriori 算法是一种常用的频繁项集挖掘算法,其输入是一个包含多个条目的数据集合以及一个支持度阈值,而一个项集的支持度是指项集中所有物品在一个条目中同时出现的频度。算法的输出是包含物品最多的频繁项集。

Apriori 算法的基本执行流程如图 4-5 所示，该算法是迭代执行的：在每一轮执行中，算法会根据前一轮的结果首先列举出数据集合中出现的所有候选频繁 k 项集，并扫描数据库计算这些频繁 k 项集的支持度，筛选出支持度超过阈值的频繁 k 项集，如果没有任何频繁 k 项集符合条件，说明前一轮的结果已经使得 k 为最大，返回前一轮找到的频繁项集即可；如果只有一个频繁 k 项集符合条件，那么说明无法再根据当前结果构建下一轮符合条件的候选频繁 $k+1$ 项集，返回当前结果即可；如果有超过一个频繁 k 项集符合条件，则算法将 k 置为 $k+1$ 后执行下一轮迭代。

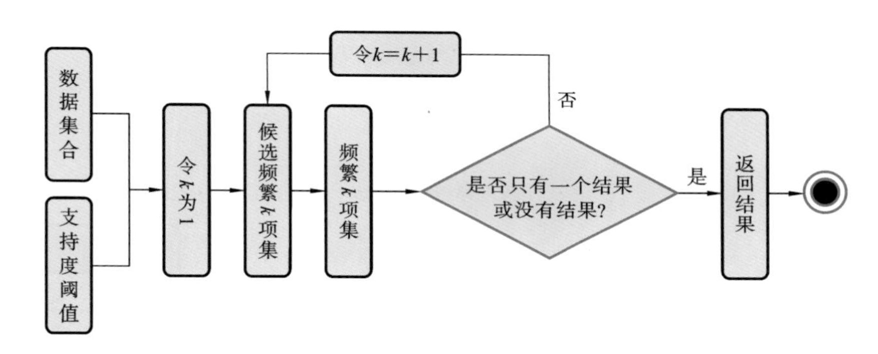

图 4-5 Apriori 算法执行流程

基于大数据分析的算法在实际中具有广泛的应用，企业也往往基于工业互联网建立各自的基础算法库，开展算法的算子化，以便通过算子编排完成复杂的数据分析过程，当然结合数据方面的特征工程方法作用更为明显。这方面相关实例和算法都很多，此处不展开阐述。

4.4 基于深度学习的工业软件算法

深度学习算法按照其模型可以大致分为深度神经网络算法、深度置信网络算法、卷积神经网络算法以及卷积深度置信网络算法四大类。本节依据这一分类介绍这四类算法的基本结构及其在工业软件领域的应用。

4.4.1 基于深度神经网络的工业软件算法

深度神经网络是一种具备至少一个隐藏层的神经网络。与浅层神经网络类似，深度神经网络能够为复杂非线性系统提供建模应用，且多出的层次为模型提供了更高的抽象层次，因而提高了模型的能力。深度神经网络通常都是前馈神经网络，但也有语言建模等方面的研究将其拓展到循环神经网络。

深度神经网络的优良特性使得其在工业领域有广泛应用，其中一类重要应用是设备故障诊断[7-9]。设备故障诊断通常可以抽象为一个二元分类问题。其输入通常是设备运行时所产生的一系列数据（例如设备传感器返回的数据等），而输出则是该设备是否存在故障的二元判断。相较于传统的分类器（如逻辑回归分类器和支持向量机等），基于深度神经网络的分类器可以学习到更为复杂的数据模式，同时在处理高维数据方面更加得心应手，因此其故障诊断和预测的准确度通常也更高。

图 4-6 展示了利用深度神经网络进行设备故障诊断的一个典型算法流程。

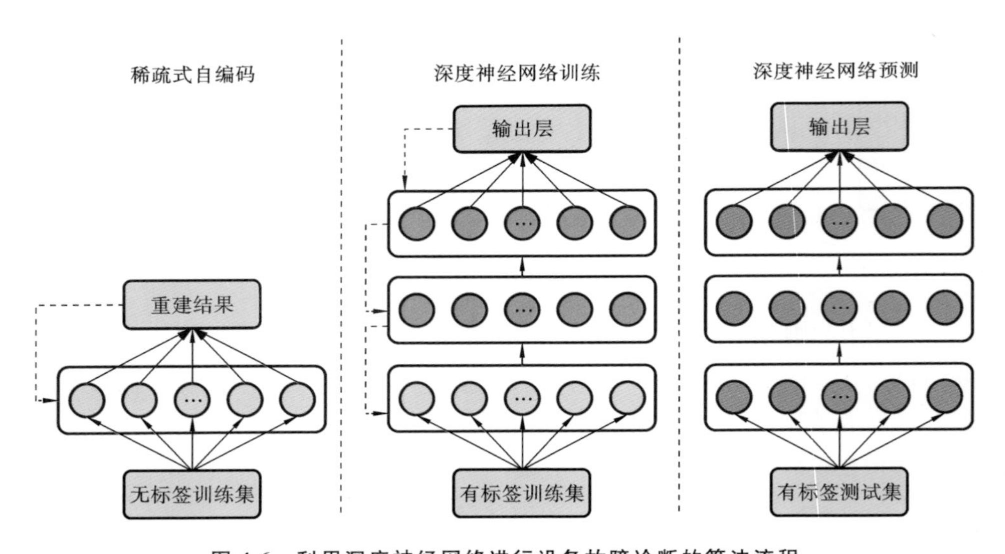

图 4-6　利用深度神经网络进行设备故障诊断的算法流程

首先，我们需要采集和制作样本。以异步发动机故障诊断为例，故障通常会导致发动机的振动模式发生变化，因此我们可以采集发动机在不同转速下连续时间内多个采样时刻的振幅作为分类模型的样本输入。注意图 4-6 的算法流程中采用了稀疏式自编码器来进行特征学习，这一步骤是可选的。稀疏式自编码器作用于不带标签的训练集，通过最小化重建误差来无监督地学习样本中的重要特征，达到对输入数据降维的效果（图 4-6 中的虚折线表示各参数通过反向传播的方式习得）。在第二阶段，也即深度神经网络训练阶段，我们使用在第一阶段习得的隐藏层参数作为网络中第一个隐藏层的初始参数,在带标签的训练集上执行训练,各参数仍通过反向传播的方式来更新。训练完成后,我们就得到了一个分类器,可以用它在测试集上进行设备故障诊断,根据测试集中的标签来衡量诊断准确率等指标。

4.4.2 基于深度置信网络的工业软件算法

深度置信网络(deep belief network,DBN)是一种包含多层隐单元的概率生成模型,可被视为由多层简单学习模型组合而成的复合模型。深度置信网络可以作为深度神经网络的预训练部分,并为网络提供初始权重,再使用反向传播或者其他判定算法作为调优的手段。这在训练数据较为缺乏时很有价值,因为不恰当的初始化权重会显著影响最终模型的性能,而经预训练获得的权重在权值空间中比随机权重更接近最优权重。这不仅提升了模型的性能,也加快了调优阶段的收敛速度。

深度置信网络在工业软件领域也有广泛应用。Deutsch 等人[10]将深度置信网络与粒子滤波方法结合,预测混合陶瓷轴承的使用寿命,取得了较好的效果。类似地,Chen 等人[11]以采集的多类传感器数据,包括切割力数据、振动数据以及噪声排放数据等作为输入,利用深度置信网络预测了一种切割工具的磨损情况。李泽东等人[12]将多通道全矢谱分析与深度置信网络结合,成功实现了对转子故障模式的分类识别。

4.4.3 基于卷积神经网络的工业软件算法

卷积神经网络(convolutional neural network,CNN)由一个或多个卷积层和顶端的全连通层(对应经典的神经网络)组成,同时也包括关联权重和池化层(pooling layer)。这一结构使得卷积神经网络能够利用输入数据的二维结构。与其他深度学习结构相比,卷积神经网络在图像和语音识别方面能够给出更优的结果。卷积神经网络模型也可以使用反向传播算法进行训练。相较于其他深度神经网络、前馈神经网络,卷积神经网络需要估计的参数更少,使之成为一种颇具吸引力的深度学习结构。

随着工业互联网在各个领域的广泛应用,大量图像数据被积累下来,如何对这些图像数据进行有效的管理、存储、查询和分析也成为一个亟待解决的问题。尤其是一些图像在捕捉后并不包含标签,因此简单的基于文字匹配的查询搜索在这里并不适用。卷积神经网络能够较好地提取图像中的关键信息,因此它在基于图像匹配的查询以及图像标签生成等问题上有较好的表现[13]。图 4-7

展示了一个典型的卷积神经网络(如 VGGNet[14])应用于工业互联网图像识别的分层架构。这一架构的目的在于同时解决两大相互关联的问题:一是为数据库中不含描述的图像增加标签;二是支持用户以图像和自然语言两种形式对图像数据库进行较为精确的查询。

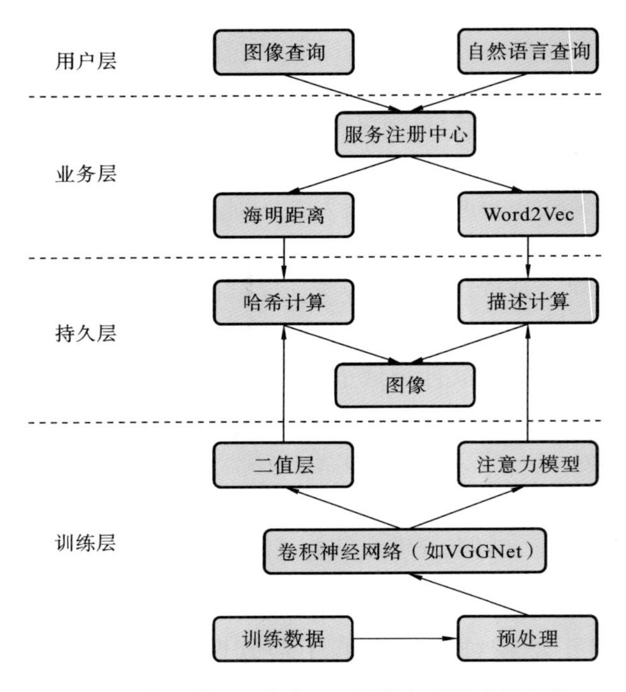

图 4-7　卷积神经网络应用于图像识别的分层架构

为了使查询业务与训练过程尽可能解耦,我们将架构分为四层,即训练层、持久层、业务层和用户层。训练层负责从各类传感器、摄像头中采集图像训练数据并进行预处理。预处理结束后,卷积神经网络利用图像训练数据执行训练,通过二值层为每张图片生成反映其重要特征信息的哈希值,同时通过注意力模型为不含描述的图片生成文字标签。生成的哈希值和文字标签会进入持久层被持久化保存在数据库中,此处如果图像数量过多,也可考虑分布式地存储这些信息。之后,在以图查图时,我们采用图像的哈希值之间的海明距离来快速计算查询图像与数据库中待匹配图像之间的相似度;在以自然语言查图时,我们采用 Word2Vec[15] 来快速计算查询文字与数据库中待匹配图像的标签之间的相似度。这两类功能都会作为服务被注册进业务层的服务注册中心,并通过用户层以接口的形式暴露给最终用户。

4.4.4 基于卷积深度置信网络的工业软件算法

卷积深度置信网络(convolutional deep belief network,CDBN)是深度学习领域较新的分支。卷积深度置信网络与卷积神经网络在结构上相似。因此,与卷积神经网络类似,卷积深度置信网络也具备利用图像二维结构的能力。与此同时,卷积深度置信网络也拥有深度置信网络的预训练优势。卷积深度置信网络提供了一种能被用于信号和图像处理任务的通用结构,也能够使用类似深度置信网络的训练方法进行训练。

在工业软件领域,卷积深度置信网络在故障诊断[16,17]、人脸识别[18]、文本检测[19]等方面得到了一系列成功应用。

4.5 混合推理工业软件算法

基于规则的方法优点在于可信度高、可解释度高,缺点在于复杂度高且可扩展性较差,通常不具备泛化能力。与之相对,基于机器学习的方法优点在于时间花销少、可扩展性好,通常具备一定的泛化能力,缺点也十分明显,即很多常用机器学习模型类似“黑盒”,其运行结果的可靠性和可解释度有待提高。在学术界,符号学派和统计学派为人工智能的两大分支,研究者们一直致力于将逻辑推理与机器学习有机结合在一起,以实现两类方法的优势互补。近年来,两类方法交叉融通、协同演进的趋势变得明显。研究者们甚至组织了一个新的重量级国际会议——国际学习与推理联合大会(IJCLR),以专门关注学习和推理结合方面的研究。在工业界,很多应用场景既需要算法和策略具备较高的可信度和可解释度,又需要其具备相当程度的泛化和预测能力,因此基于规则和基于机器学习的两类方法的混合与融合,在工业软件领域有着广阔的应用前景。在本节,我们探讨本体预测推理和反绎学习两类新兴的混合算法,以及这些算法在工业软件领域的可能应用。

4.5.1 基于本体预测推理的工业软件算法

基于本体规则语言的富语义知识库在各行各业有着广泛的应用,尤其在医疗和生命健康领域发挥着重要作用。例如,医学系统化命名临床术语集 SNOMED CT 涵盖了疾病种类、诊疗方式、微生物、对症药物等多种医疗信息,其中相关概念(concept)条目超过 32 万条,概念相关的描述(description)条目超过 80 万条，描述各类概念之间的关系（relationship）条目超过 700 万条。这些统一化的术语，长期以来为不同机构和个人之间协调一致地交换和处理临床信息提供了语义层面的保证，时至今日已经成为医疗行业信息基础结构不可或缺的一部分。类似地，1998 年以来，研究人员建立并维护了基因本体（gene ontology），以统一生命科学及相关领域对涉及基因的生物过程、分子功能及细胞组件相关术语的使用。该本体定义了超过 4 万条概念条目，在这些条目间定义了继承（is_a）、从属（part_of）和调控（regulate）三类关系，并包含超过 600 万条的注释，详细刻画并解释了一些真核基因及蛋白在细胞内所具备的功能和扮演的角色。

尽管一些本体库的规模和质量都稳步提升，但基于这些本体库的应用却依然较多地局限在构建、查询和规则推理上。实际上，随着本体库规模的扩大，本体规则俨然已经成为富含语义的数据本身。如果能混合规则推理和机器学习，进一步实现对本体数据的挖掘和预测，也就能更好地利用当前这些海量的富语义数据，使得本体库在其所描述的专业领域发挥更加重要的作用。这里给出了本体表示及对应的几何表示，如表 4-3 所示。

表 4-3　本体表示及对应的几何表示

本体表示	目标几何表示
实例 a	n 维空间中的一点
概念 C	n 维空间中的小球
关系 R	n 维空间中的位移
规则 $C \sqsubseteq D$	表示概念 C 的小球被表示概念 D 的小球包含
规则 $C \sqcap D \sqsubseteq E$	表示概念 C 的小球和表示概念 D 的小球的交集部分被表示概念 E 的小球包含
规则 $C \sqsubseteq \exists R.D$	表示概念 C 的小球移动位移 R 后被表示概念 D 的小球包含
规则 $\exists R.C \sqsubseteq D$	表示概念 C 的小球按位移 R 反向移动后被表示概念 D 的小球包含
规则 $C \sqcap D \sqsubseteq \bot$	表示概念 C 的小球和表示概念 D 的小球不相交

基于 RDF 知识图谱的链接预测技术已经相当成熟，且万维网联盟（W3C）明确定义了本体规则的 RDF 存储形式标准。因此，一种直截了当的对本体规则库进行预测和补全的方式是将该任务转化为知识图谱链接预测的任务来执行[20]。具体来说，训练时所用的本体规则库可以直接按 W3C 标准转化为 RDF 知识图谱并传递给标准的知识图谱链接预测模型进行训练，待预测的规则也可

以按同样的方式转化为待补全的知识图谱链接进行处理。这种处理方式的主要弊端在于 W3C 设计本体规则的 RDF 转换方法，其初衷是只提供一种存储形式，而非完整保存各种本体规则中的丰富语义。实际上，很多语义信息在从规则到 RDF 三元组的暴力转换中丢失了，而上述方法并没有考虑转换中可能发生的信息丢失问题。因此，这类方法并不能将规则推理和机器学习的优势完整地结合起来。

鉴于直接将本体库转化为知识图谱进行处理的方法过于粗糙，研究者们提出了对本体库中出现的每一类对象分别建模，继而将其嵌入向量空间进行处理的算法[21]。例如，若我们需要将规则库中的对象映射至 n 维空间，那么可以考虑将每一个概念映射为 n 维空间的一个球，而将每一个实例映射为 n 维空间的一个点(也可理解为大小为 0 的一个球)。这样，实例 a 属于概念 A 的本体陈述，就可以自然地映射为表示 a 的点在表示 A 的球内部。同样地，概念 B 是概念 A 的子概念(subclass)的本体语句，可以自然地映射为表示 B 的 n 维小球在表示 A 的 n 维小球内部。通过为每一类对象定义表达几何关系的损失函数，学习的过程就变成了在 n 维空间中合理安排各个几何对象的位置以满足给定几何关系的过程。该方法的精妙之处在于，理想状态下可以根据学习后各对象之间的几何关系复原出一个满足给定本体所有规则的模型(model)，这也就实现了机器学习和本体推理模型构建的初步统一。在预测阶段，如果我们需要预测概念 C 和概念 D 之间的包含关系，只需要检验表示 C 的 n 维小球是否在表示 D 的 n 维小球内部即可。需要注意的是，除了映射为 n 维小球之外，也可以考虑将对象映射为其他几何形状，如 n 维长方体，n 维长方体较 n 维小球来说虽然更难表示，但它具备一些优良特性，如针对交集的封闭性，即方向一致的两个 n 维长方体如有交集，取交集后仍是一个长方体[22]。

4.5.2 基于反绎学习的工业软件算法

与传统的机器学习算法仅基于训练数据不同，反绎学习算法额外包括基础知识库(knowledge base)和初始分类器。其任务不仅需要习得决定分类器的函数，还需使得以该函数为基础的逻辑事实与给定基础知识库兼容。具体而言，反绎学习的输入信息包括训练实例、初始分类器、基础知识库，其工作流程如下：首先，利用初始分类器生成观察结果(训练实例)的猜想，即伪标签。伪标签也将被转换为伪基础事实 (pseudo-grounded fact)。然后，算法执行逻辑推理来验证生成的结果是否与基础知识库中的知识相一致。如果不一致，将通过逻辑反绎生成最小化不一致的假设修订(hypothetical revision)。被反绎的事实将进一步生成反绎标签(abduced label)。反绎标签将用于训练一个新的分类器并替换初始分类器。这个过程将迭代进行,直到分类器不再更新,或者逻辑事实与基础知识统一为止。

在本章中,我们讨论了基于规则的算法、基于数据的算法、基于深度学习的算法以及混合推理算法,并结合实际工业场景给出了各类算法的典型用例。值得一提的是,这四类算法各有优劣,并没有一类算法适用于所有的工业应用场景。这四类算法的边界也并不十分明显,例如混合推理算法就可以看成基于规则的算法与基于深度学习的算法的融合。因此,读者在处理实际问题时,应当结合各类算法本身的优缺点、问题特点以及设备性能条件等因素,选择一种或几种智能算法来部署应用。

本章小结

- 分别阐述了基于规则、基于数据、基于机器学习的工业软件智能处理算法。
- 结合混合推理算法讨论了当前工业软件智能处理算法的发展趋势。

本章参考文献

[1] 王鑫,邹磊,王朝坤,等. 知识图谱数据管理研究综述[J]. 软件学报,2019,30(7):2139-2174.

[2] LUTEBERGET B, JOHANSEN C, STEFFEN M. Rule-based consistency checking of railway infrastructure design[C]//Proceedings of the 2016 International Conference on Integrated Formal Methods. Berlin,Heidelberg:Springer,2016:491-507.

[3] ABITEBOUL S, HULL R, VIANU V. Foundations of Databases[M]. Reading, Massachusetts: Addison Wesley Publishing Company, 1995.

[4] BRANDT S, KALAYCI E G, RYZHIKOV V, et al. Querying log data with metric temporal logic[J]. Journal of Artificial Intelligence Research, 2018,62:829-877.

[5] WAŁEGA P A, GRAU B C, KAMINSKI M,et al. DatalogMTL:computational complexity and expressive power[C]//Proceedings of the Twenty-Eighth International Joint Conference on Artificial Intelligence, 2019:

1886-1892.

[6] MUMICK I S, PIRAHESH H, RAMAKRISHNAN R. The magic of duplicates and aggregates[C]//Proceedings of the 1990 International Conference on Very Large Data Bases,1990:264-277.

[7] SUN W J, SHAO S Y, ZHAO R, et al. A sparse auto-encoder-based deep neural network approach for induction motor faults classification[J]. Measurement, 2016, 89:171-178.

[8] 赖华友.一种基于深度神经网络的滚动轴承故障诊断方法[J]. 采矿技术,2020,20(5):131-134.

[9] HU H X, TANG B, GONG X J, et al. Intelligent fault diagnosis of the high-speed train with big data based on deep neural networks[J]. IEEE Transactions on Industrial Informatics,2017,13(4):2106-2116.

[10] DEUTSCH J, HE M, HE D. Remaining useful life prediction of hybrid ceramic bearings using an integrated deep learning and particle filter approach[J]. Applied Sciences, 2017, 7(7):649.

[11] CHEN Y X, JIN Y, JIRI G. Predicting tool wear with multi-sensor data using deep belief networks[J]. The International Journal of Advanced Manufacturing Technology,2018,99:1917-1926.

[12] 李泽东,李志农,陶俊勇,等.基于全矢谱-深度置信网络的转子故障诊断方法研究[J]. 兵器装备工程学报,2022,43(1):48-54.

[13] SUN Y, XU L D, LI L,et al. Deep learning based image cognition platform for IoT applications[C]//Proceedings of the Fifteenth IEEE International Conference on e-Business Engineering. New York: IEEE,2018: 9-16.

[14] SIMONYAN K, ZISSERMAN A. Very deep convolutional networks for large-scale image recognition[C/OL]. [2024-02-01]. https://www.semanticscholar.org/reader/eb42cf88027de515750f230b23b1a057dc782108.

[15] MIKOLOV T, CHEN K, CORRADO G, et al. Efficient estimation of word representations in vector space[C/OL]. [2024-02-01]. https://www.semanticscholar.org/reader/f6b51c8753a871dc94ff32152c00c01e94f90f09.

[16] 谢佳琪,尤伟,沈长青,等.基于改进卷积深度置信网络的轴承故障诊断研

究[J]. 电子测量与仪器学报,2020,34(2):36-43.

[17] 洪翠,付泽宇,郭谋发,等. 基于卷积深度置信网络的配电网故障分类方法[J]. 电力自动化设备,2019,39(11):64-70.

[18] 黄秀,符冉迪,金炜,等. 基于图像差分与卷积深度置信网络的表情识别[J]. 光电子·激光,2018,29(11):1228-1236.

[19] 王林,张晓锋. 卷积深度置信网络的场景文本检测[J]. 计算机系统应用,2018,27(6):231-235.

[20] CHEN J Y, HU P, JIMENEZ-RUIZ E, et al. OWL2Vec*:embedding of OWL ontologies[J]. Machine Learning, 2021, 110(7):1813-1845.

[21] KULMANOV M, WANG L W, YUAN Y, et al. EL embeddings: geometric construction of models for the description logic $\varepsilon\mathcal{L}^{++}$[C/OL]. [2024-02-01]. https://www.ijcai.org/Proceedings/2019/0845.pdf.

[22] REN H Y, HU W H, LESKOVEC J. Query2box: reasoning over knowledge graphs in vector space using box embeddings[C/OL]. [2024-02-01]. https://openreview.net/attachment?id=BJgr4kSFDS&name=original_pdf.

第5章 工业软件互操作机制

本章从集成计算架构、信息、算法出发，阐述了工业软件的互操作技术，并分别从语法互操作、语义互操作、语用互操作进行了讨论，最后阐述了互操作机制的未来可能发展趋势。

5.1 工业软件的互操作技术

在工业互联网环境下，人员、机器、物料、工装等制造要素的网络互联、数据互通和系统互操作是技术内核，是支持产品需求的灵活配置、制造过程的按需执行、制造工艺的合理优化和制造环境的快速适应的必要基础。随着产品更新换代频率越来越高，制造需求越来越复杂，作为数字化基础的工业软件，其跨域跨系统的信息共享能力即互操作能力，便成为集成各类资源、支持复杂工业应用的关键。

系统的互操作性(interoperability)是指不同系统之间交换和共享数据的能力[1]。在工业互联网这样的大型动态系统中实现各种异构工业软件互操作，能够支持需求、任务、场景等信息在系统中的自动流转、流程在众多资源间的动态执行和资源协同。由于以上优势，互操作研究在工业界和学术界获得了大量关注和讨论，其在各个领域的应用与研究不断涌现。

在智慧制造领域，随着制造业从传统集中式生产向分布式生产演变，面向多系统集成的互操作理论研究逐渐深入，并在特定场景形成了不同层级互操作的应用实践。美国学者设计了联邦互操作框架(federated interoperability framework, FIF)[2]并进行了演化性拓展，将其应用于动态的制造网络，建立了产品生命周期持续管理的应用。本章参考文献[3]面向工业应用中异构通信协议传输的数据语义信息不足、难以理解复杂的业务逻辑过程和重新设计应用的成本高问题，设计了一个行为运行模型(behavioral runtime model, BRM)作为工业应用的代表，并利用计算反射框架来灵活地构建模型与封装特定功能，最后在绕线机制造场景中进行了应用。本章参考文献[4]将制造业集成、互操作、大数据处理结合起来，提出了一个大数据驱动的制造工业 4.0 架构设计和建模方法，并将其应用于钢铁行业的系统预测性维护。

根据欧洲电信标准协会(European Telecommunications Standards Institute,ETSI)的定义[5]，我们可以将复杂系统的互操作性分为四个层次，如图 5-1 所示，这与工业软件的应用层次形成对应。

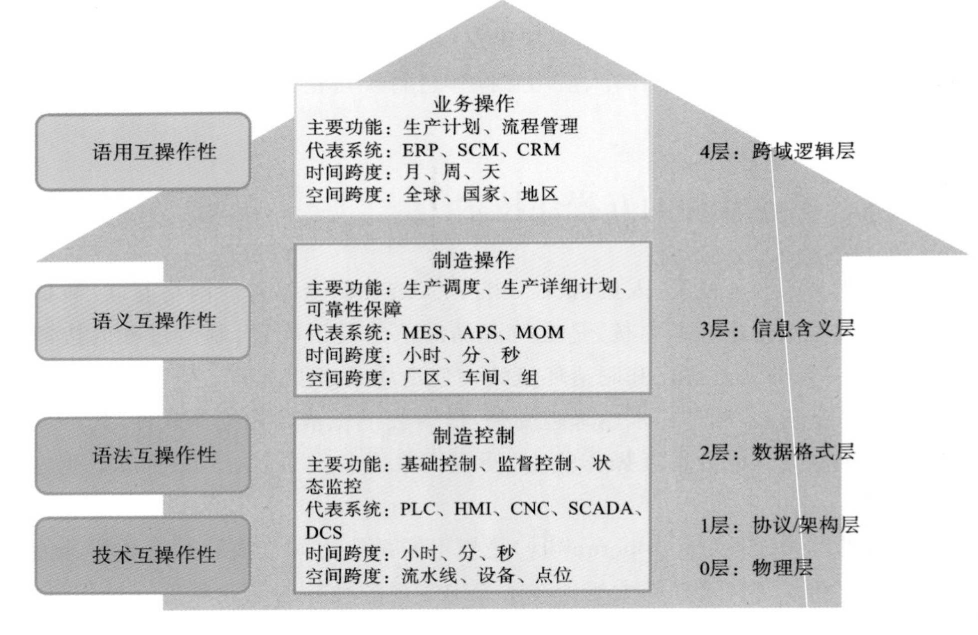

图 5-1　工业软件的互操作性层次

(1) 技术互操作性(technical interoperability)：描述协议和架构层的互操作能力，通过统一的协议定义和具有开放能力的系统架构实现在技术层面上的信息可互通，是系统互操作的最初级层次，在工业软件中能支持离散设备的基础控制和状态监控。

(2) 语法互操作性(syntactic interoperability)：在技术互操作性基础上，进一步规范数据格式层的互操作能力，通过统一的数据格式定义实现互通信息的可解析。技术和语法互操作通常可以满足制造控制软件的信息交互需求，即使用统一的数据语法控制物理设备，集成状态信息。

(3) 语义互操作性(semantic interoperability)：描述系统对数据含义的理

解能力,利用数据语义技术对数据的含义进行规范与统一。语义互操作通常可以满足制造控制软件的信息交互需求,生产调度、计划等涉及多个生产环节的多个系统,不论数据格式是否一致,同一数据的含义在不同系统可以得到相同的理解,从而执行预期的行为。

(4) 语用互操作性(pragmatic interoperability):也称为跨域互操作性[6],表示共享数据的双方不仅在数据的格式、语义上能够相互理解,而且能够对信息在协同中产生的预期影响达成共识,例如对数据在业务流程[7]中的应用得到相同的理解,从而能够根据自身的情况正确使用数据,完成共享的任务,达到预期的状态。具体来说,语用互操作能够进一步考虑使用数据的环境特征,支持跨域信息的共享,支撑复杂动态的生产计划和流程管理应用。

对于不同层次的互操作性,我们将主要从互操作的技术框架、信息表示形式以及交互处理的核心算法三方面入手,完成互操作机制的构建和集成。

5.2 工业软件的语法互操作技术

大型工业互联网环境中有着难以计数的海量数据,由于环境的复杂性,这些数据往往存在格式上的异构性,因此在数据格式上进行统一的定义,是实现数据互联互通的首要条件,这也是语法互操作的核心要求。

工业软件应用中,在对应物理设备的技术互操作基础上,以语法互操作实现工业物联信息的交互过程,是多个物联设备得以链接、实现信息互通互联的基础。一般来说,语法互操作主要可以分为采集、链接、融合、处理、操控等几个阶段。

(1) 采集阶段:将物理空间的状态信息转化为特定格式的数据;

(2) 链接阶段:将采集的数据进行传输,通过本机或网络的链路,将数据传输给计算能力更强的组件进行数据的处理和分析;

(3) 融合阶段:将传输后的数据进行融合处理,转化为后续计算的信息模型,往往以统一格式表述;

(4) 处理阶段:将不同应用程序进行综合处理,为后续的服务应用提供信息结果,构造对应的信息服务或者组合服务;

(5) 操控阶段:对服务进行进一步的协同配合,结合操控设备或者显示装置,完成多个业务应用服务的交互实现。

在大型的工业场景中,不同阶段的数据交互往往发生在不同的设备和资源间,具有很大的异构性。针对不同阶段的特点,对数据交互的方法框架和数据模型格式进行统一和规范,支持语法级的信息解析,是工业软件实现语法互操作的基础。

5.2.1 数据采集

工业环境中海量的数据可以根据其描述的内容不同,划分为物联感知数据、操控过程数据和业务管理数据。这些数据产生的机制不同,采集的方式也有所不同,在互操作过程中进行语法解析时需要结合其特点采用差异化的方案。

物联感知数据是描述物理世界某一时刻某些特征的数据,通常由分布式环境中的各种传感设备产生。这类数据的原始形式往往是信号,经过传感设备中嵌入式软件的处理,转化为具有固定格式的数据。数据的格式通常以结构化的数值、文本或非结构化的音频和视频等为主。由于传感设备本身具有相对较低的数据存储、传输和计算能力,这类数据往往在产生后马上通过数据链路传递给其他设备资源进行后续的处理,因此在进行数据格式的设计时需要采用最小化的数据模型。例如,对于枚举类的数值、文本等,采用"位"单位来组织和拼接数据;对于图像、音频等,采用数据压缩算法来对数据规模进行控制。将相应的数据模型的元数据或数据字典在数据接收端(服务端)进行注册,即可实现对任意数据格式的正确解析。同时,由于感知数据的海量性及其记录状态的实时性,故数据封装和解析机制的设计也应尽量采用轻量级、低功耗的方式,以保证数据被高效处理。

操控过程数据通常由工业环境中的执行器产生,记录了系统中的操作、响应、告警等事件信息。它们通常以半结构化的日志文件形式存在。基于日志数据,工业软件可以对生产运维过程、用户使用行为进行分析,实现故障定位、生命周期管理、用户需求收集等智能化的应用。一般来说,各种组件、设备或软件系统均有各自的日志格式定义。对于这类数据来说,语法互操作意味着对日志格式的统一定义。在软件开发过程中,Java 语言中的 Log4j 类库、Python 语言中的 Logging 模块都能辅助开发者实现单个软件的格式化日志输出。而多系统协同时操控过程数据的管理往往在计算能力充足的云端或边缘计算节点进行,因此,可以通过计算节点以注册方式对日志文件的格式进行统一管理,以实现操控过程数据的解析。

业务管理数据往往由系统中的执行者产生,记录了面向某一业务的多源信息。业务管理数据通常描述与该业务相关的人、机、料、法、环、测等多种生产要素的信息。由于涉及信息的来源不一,业务管理数据往往采用非结构化的格式，如业务表单、设计图纸等。针对特定业务进行模板设计，将不同来源的相关数据填入，以实现业务数据的采集和构造。业务管理数据由于抽象程度高，读写频率相较前两种数据大幅度降低，因此在进行语法设计时对数据的量级不用作太多约束，而对数据的人机可读、可理解性有较高的要求。在这一过程中，自包容的数据表述格式是一种常用的具有良好互操作性的选择，常用具有可扩展、自包容特点的半结构化数据格式（如XML、JSON等），其可进行统一的字段语法定义，以实现业务管理数据的互操作。

5.2.2 数据链接

互操作的必要基础是建立可以交换数据的通道，如今学术界和工业界已涌现出众多成熟的数据交换和通信框架。在工业软件构造的过程中，则需要根据业务需要和采集数据的用途选择数据链接方式。

一般地，工业软件的主要业务需求可分为现场管理、生产管理、业务处理三大类。其中，现场管理关注系统设备和资源的运行及使用情况，具有很高的实时性要求；生产管理关注系统长期的综合状态，如计划执行情况等，需要基于一定时间段内的数据进行处理；业务处理涉及的数据往往是离散的，数据量不一定大，但与最终用户结合紧密，对数据的可读性要求高。针对以上这些不同的特点和需求，工业软件的数据链接设计应重点考虑实时、事中和事后传输的不同机制，以支持互操作的实现。

1. 实时传输

工业软件通常与物理世界紧密相连，因此在互操作的实现中需要充分考虑硬件设备和软件系统的异构性与实时性。在生产过程中，对于源源不断的感知状态数据，其种类多、流速快、单体信息短，要实现实时的更新则需要高效的传输方式，避免烦琐的请求连接过程，对一些重要的状态数据甚至需要设置高优先级，以保证实时传输。针对这种情况，往往需要在通信中建立长连接机制和优先级语法。TCP（传输控制协议）中的keepalive机制就是长连接的一种实现方式。

然而，实时传输不是应用的最终目的，实时处理才能保证系统面对实时状态能作出响应。因此，在长连接的基础上建立动态的数据解析和处理机制是实现实时互操作的关键一步。基于流引擎的实时数据链接是一种有效的解决方案。使用统一的消息主题可以实现数据生产者与消费者的关联和数据的多点分发，使用时间窗口的定义可以自由选择处理的粒度，使用事件流处理、反应式编程等方式可以保证状态的变化能得到第一时间的处理。常用的流引擎如Kafka、MQTT等均可实现对分布式的大型工业软件的实时数据链接的支持。完成对系统内消息主题、事件类型、编码格式等语法的定义，即可在技术层面上实现系统内的互操作。

2. 事中传输

在生产过程中针对不同的业务看板，需要对阶段数据进行分析和总结，以更新生产计划的执行情况、在边缘节点间传递生产信息等。在这一过程中，需要对海量的原始状态数据按照一定的规则进行打包，形成具有特定含义的数据包，进行数据的传输和解析。在事中传输中，往往可以采用批处理的方式，实现数据的定时更新和任务传输。一方面，云端和边缘服务端可以通过分布式批处理定时创建数据链接或分发生产任务；另一方面，终端可以通过批处理脚本在数据采集完成时及时返回数据，实现面板的更新。在分布式批处理的框架下，在云端定义业务看板的规则和格式，注册分布式终端信息，即可实现制造过程中传输的灵活性。

3. 事后传输

事后传输主要面向企业级业务管理的信息系统，目标是实现信息共享和集成存储。对于大型的生产制造企业，定期将生产经营数据上云是实现数字化、智能化转型的基础要求。因此，事后传输往往具有海量的数据传输需求。由于事后数据是对一段时间内大量异构信息的整合，数据往往以复杂的报表、大文件的形式存在，因此通过文件的元数据来进行语法管理是支持语法互操作的重要途径。在传输过程中，大文件的断点续传及其安全性的保证也是需要关注的重点问题。

5.2.3 信息融合

在大规模的工业环境中，资源一般很少以单体模式存在，而是由多个同类或具有关联的资源组成能力社群，按照计划和调度共同完成生产任务。例如，一个车间的资源共同完成一个生产任务，一个工作组人员交替组合进行业务处理，一个批次的物料依次通过生产线进行加工，等等。在这种情形下，对多个资源的信息进行融合是形成业务服务应用的基础，也是互操作的一个重要步骤。在信息融合中，一般需要考虑数据时序的融合和数据语法的融合，在工业环境中还要进一步考虑面向业务的数据融合。

数据时序融合需要考虑数据具有的三个时间概念：处理时间、生成时间、摄入时间。其中,生成时间为数据产生的时间,是数据排序的关键依据。但是在数据传输过程中,由于不同的数据源网络状态不同,数据到达的顺序并不完全与数据生成的顺序一致,这会给数据接收者的处理带来困难。

多源数据时序融合一般有两个步骤:时序重排和顺序控制。首先,可采用 K-slack 等技术对单个数据流进行时序调整,针对每个数据流的特征动态调整缓存区大小,形成部分有序的数据流;然后,将多源数据进行合并,生成多源有序数据流,从而实现多个数据源的有序融合。

数据语法融合是指多体制数据面向目标数据格式进行对齐,例如在缺陷检测中视觉检测系统采样到的缺陷数据与重量检测系统采样到的缺陷数据共同形成缺陷报告中的缺陷信息。在这一融合过程中,在信息接收端构建数据字典和映射规则是有效进行数据对齐的方式。

类似地,在面向业务进行数据融合的时候,基于统一标识符对多源数据进行对齐,即可实现语法级的融合,形成统一的数据格式,用于后续处理以及业务应用。

5.2.4 智能处理

在信息接收后的处理阶段,语法互操作实现的核心在于模块化的应用程序间的交互机制。面对自主可控能力不同的处理方法,我们可以采用不同类型的机制实现处理阶段的互操作。

对于完全自主可控的处理模块,可以采用进程间通信的方式实现不同处理模块间的互操作,常用的方式包括信号传递、共享内存等,这一机制一般是在操作系统的内核层实现的。对于单机模式下的互操作,通常可采用本地过程调用的方式进行交互。本地过程调用通过创建系统内核的端口和句柄来实现同步的请求/应答机制的通信。这种方式具有较高的交互效率,然而需要从开发阶段就预留好处理方法的端口,同时其在进程层面的强依赖性使得不同处理模块的耦合度较高,提高了系统更新维护的成本。对于分布式环境下的处理过程互操作,则可以通过远程过程调用的方式实现。其核心是采用存根的方式使得远程过程的输入输出能被定义、接收和解码。为了更好地支持语言与平台无关特性以及可扩展性,一般可以采用 Protobuf 对共享的数据进行序列化封装与解析。

对于部分自主可控的处理模块,可以采用链接库的方式,通过共享函数库进行代码段的复用,从而实现不同应用程序间的互操作。链接库一般可分为静态链接库和动态链接库:静态链接库代码直接装载,执行效率较高,但重复代码多,可执行文件的体积较大;而动态链接库解耦度高,不同编程语言的程序可以相互调用,更适合大型工业软件的开发,然而由于单个程序的不完备性,系统的部署、运维成本较高。

5.2.5 信息应用

工业数据完成感知、传输、融合、处理后,便可以支持业务信息的显示、操控或者应用。在大规模的工业软件构造中,处理模块众多,采用面向服务的架构对于功能解耦与系统的开发、部署和维护均有良好的性能提升作用。因此,服务间的互操作是语法互操作中更高层级的要求。为了实现服务层面的语法互操作,需要从服务描述语言、服务编排语言和流程引擎三个方面去构造服务平台机制,以实现服务的信息共享与交互。

总而言之,基于语法互操作的实现机制,多个工业软件间可以实现数据格式、传输机制和服务接口的统一定义,跨层级的工业软件可以实现数据的层级传递,形成数据链路。然而仅有语法的统一定义难以支撑复杂智能化应用的构建需求,对数据内容的理解成为工业软件互操作进一步处理的需求。

5.3 工业软件的语义互操作技术

语义互操作描述系统对数据含义的理解能力,它利用数据语义技术对数据的含义进行规范与统一。语义互操作通常可以满足制造控制软件的信息交互需求,生产调度、计划等过程涉及多个生产环节的多个系统,不论数据格式是否一致,同一数据的含义在不同系统可以得到相同的理解,从而执行预期的行为。

信息的语义建模与理解是语义互操作实现的关键技术。面对工业环境中数据的强异构性、高实时性和强关联性的特点,工业软件的语义互操作实现需要对语义的通用性、时效性和逻辑性进行更深入的考虑。常用的面向语义互操作的信息建模方法包括语义网、本体、知识图谱等。在统一的语义建模的基础上,从异构的数据中进行准确的语义识别,即可实现软件的语义互操作。

从工业数据中识别语义,是实现语义互操作的关键任务。信息所处的层级不同,需要使用不同的方法将其转化为统一的元数据,从而实现语义的统一解析。对于数据结构清晰的结构化、半结构化数据,可以通过 D2RQ 等工具将其元数据映射为关联数据语法从而进行语义对齐,然而对于其中的数据实例语义、隐含的实体概念语义以及非结构化数据中蕴含的信息,则需采用数据挖掘、语义分析等技术进行提取。在工业知识图谱基础上,本节主要介绍不同层级实体和事件要素的语义识别方法。

5.3.1 基于数据特征的属性级语义处理

为了提取更为有用和精练的知识,我们需要挖掘各个属性的取值语义特征,以支持智慧应用的互操作需求。其中,取值分布和变化趋势是两个关键语义特征,这些特征代表了实体属性的变化规律,可以应用在相似实体检索、异常值检测等智能应用场景。第一类是与取值分布有关的性质,包括记录了取值集的典型统计特征和分布的统计性质(statistic attribute)以及记录了代表性取值的聚类性质(cluster attribute);第二类则是取值的时序性质,例如更新频率和周期等。这两类性质的语义均需要以统计和挖掘的方式计算,在面向动态变化的工业环境时还须利用流计算来进行监控和更新,以适应数据的动态更新。具体地说,统计性质可以通过累加更新,时序性质则可通过在线时间序列分析计算出来,而聚类性质则要通过在线的取值聚类计算。

与此同时,在属性取值的分布相关性中往往蕴含着不同实体间的关联关系。一个典型的例子是能源负荷和能源供应功率总是有相同的变化趋势。因此,在分析能源供应功率时,能源负荷是一个重要的影响因素。计算相关性可以采用关联分析方式,其中应用最广泛的是皮尔逊相关系数和斯皮尔曼相关系数。对属性对的值集进行相关性分析,即可得到相关关系,从而在知识图谱中形成关联知识。在工业环境中,还有一类特别的相关关系,我们称之为影响(affect)关系,它描述的对象为在时间分段上有强关联但不是连续的线性相关的属性实体对。换句话说,这对实体发生变化的节奏是同步的。例如,一个机器的运行状态(如“开”和“关”)会影响该机器的生产数据。从取值变化的角度来看,当状态值发生变化时,生产数据值就会发生变化。在这样的关系中,对于非固定周期变化的取值,我们需要建立一个动态的时间分段来确定是否存在影响关系。因此,我们考虑根据枚举取值的变化将数据按时间划分为不同的分段。对于每个分段,我们计算其值序列的平均值和平均梯度,如果这两个值与它的两个相邻分段的值不同,则该分段被视为一个独立的分段,并通过计算相关度高于阈值的分段在所有分段中的占比,得到非固定周期的相关系数,从而建立影响关联。基于以上数值相关性分析,我们通过属性取值特征在实体间构建了具有定量逻辑的关联知识。

5.3.2 基于知识图谱的实体级语义处理

实体是知识图谱中的核心元素,由各种属性来共同描述。工业环境中的实体知识往往存在于文本标签、文档、图像、视频等非结构化的数据中。因此，工业环境中实体语义的识别需要借助自然语言处理、文档分析、图像分割、视频标注等技术实现。

为了从文本中提取隐含实体，我们首先从词法上将文本分割成不重叠的基础实体(句法树中的叶子节点)，然后将它们重新组合为增广的实体。在此过程中，考虑到特定领域语料库构造的困难与通用的开放语料库的准确性和覆盖性不足的问题，采用领域内协同分词的实体识别方法是一种可行的思路。这种方法基于通用的语料库对文本进行序列标记切割，得到初始词集。然后，我们通过计算词集中两两元素间的最大公共子串作为实体增广的依据，进行文本序列的二次拆分，从而将重复出现的标记添加到全局的通用语料库中，作为基础实体。对包含不同层级实体的文本重复这一分词过程，可将文本分解为不同粒度的实体。利用依存句法树，可以通过标记间的修饰、复合、主谓、动宾等关系形成规则，实现文本中不同粒度实体间的关系构造，从而实现层次化知识的构建。

工业环境中特别是企业业务流程管理中表单形式的数据占据了很大一部分，表单中信息的自动解析和语义识别，对于企业的跨域跨系统互操作而言十分重要，对于企业的自动化管理和数字化转型来说也有重要意义。然而，表单的格式千变万化，表单信息的自动化语义抽取具有很大的难度。要想实现对异构的表单进行自动化或半自动化的语义信息抽取，需要建立表单的单元模型，利用自然语言处理技术挖掘单元间的语义联系，形成结构化的知识。

表单的单元模型包含表格的所有单元格布局和文本信息。根据表单的解释模式，我们可以将表单分为六种基础模式：列式模式(上位词在列顶，下位词在列底)、行式模式(上位词在行头，下位词在行尾)、混合模式(上位词由行头和列顶共同组成)、列交替模式(上位词在上，下位词在下，在一列内交替出现)、行交替模式和列多值交替模式(行交替模式和列多值交替模式与列交替模式类似)。在实际应用中，一个表单往往是这六种模式的表单结构的组合。基于解释模式，我们利用基于结构的关联发现算法来确定单元格间的关系，其原理是根据阅读方向、单元格的大小和相对位置、文本相关度，以解释模式为操作，采用动态规划的方式，获得一个上下位信息关联度最高的解释方案，从而根据解释方案来形成关联、实体与概念。

对于图像、音频、视频等非结构化数据的知识抽取，使用神经网络来学习不同模态的语义向量表示从而形成实体与关系，这是近年来的主流方法。以图像为例，神经网络不仅能容易地抽取浅层次的视觉知识，如颜色、纹理和形状，还能通过多层的卷积神经网络抽取更深层次的与空间相关的语义知识，如人物、姿态和文本，从而支持图像语义分割、光学字符识别等应用。此外，神经网络能够叠加和组合，例如将卷积神经网络的输出作为循环神经网络的输入，可以用语义向量表示数据在空间和时间上的特征，如动作、音素和文本上下文，从而实现对视频、音频的知识抽取。

5.3.3 基于领域本体的概念级语义处理

为了支持抽象场景中更加智能化的数据检索和分析需求，在知识图谱中形成概念性知识是非常必要且有意义的。在概念主题识别中，我们首先需要领域专家协助建立顶层的规范化本体。这些本体的量不需要很大，更不需要覆盖每一个实体，但是需要尽量正交地从宏观角度进行概念的划分和关系的设计。在此基础上，我们基于数据驱动生成的实体可以继续利用实体语义识别方法，从实体集中进一步提取概念，然后通过实体与概念之间的上下位关系实现数值、逻辑关联的向上投影，从而形成概念知识网络。

在概念识别过程中，需要对跨域的概念进行语义的对齐。语义相似度的计算是其中的关键。语义相似度计算通常可以分为基于文本的方法和基于结构的方法。基于文本的语义相似度可以通过其所在的原始文本的标记序列得到其词向量，进而通过余弦距离、点乘距离、欧氏距离等向量相似度计算方法得到。基于结构的语义相似度则可通过其在知识图谱中关联节点的语义相似度迭代计算得到，典型的算法包括 SimRank、PageRank 等。经过概念主题知识的识别，我们实现了从一条数据到层次化知识的构建过程，为不同层次的智能应用知识需求提供了支撑。

5.3.4 基于事理图谱的事件类语义处理

在工业环境中，存在着大量的事件日志形式的数据，记录着系统的操作事实和状态变化。这些事件日志属于事务数据，关联着大量不同领域的主数据。若将每个事件作为一个实体进行处理，则会出现知识密度低的情况，不利于数据语义的处理。因此，对于每个日志数据，我们将其作为一个实例资源，通过链接工业知识图谱中对应的语义实体而形成事件知识。其中，时间以 index 的形式加入以日为最小单位的时间节点中，从而获得时间维度的语义关系，空间亦类似。对于设备、执行人，则直接通过语义匹配的方式找到图谱中最匹配的节点进行链接。对于指令，则将其认定为动词，基于系统的数据字典，将其对应为相应的动作实体节点。特别地，对于状态来说，根据前文中结构化流数据的取值知识，对枚举型和聚类型数据，我们将其定义为“达到该类状态”的动作，从而保证事件的语义性；对统计型数据，我们根据时间分割值的变化趋势，定义“上升”“下降”“维持”这三类动作。基于以上方法，我们实现了对事件知识的抽取。

事件之间天生带有时间先后顺序，然而由于工业环境是一个高并发的大规模并行系统，直接对所有的事件对根据时间构建时序关联会使得事件关联数量呈指数级上升，从而降低了有效关联的密度，因此识别事件的关系是事件网络生成的关键。可以融合基于主体和基于时空特征这两类方法来共同识别事件关联，构建事件网络。

首先，时空差异巨大的同一实体事件可能是两个独立流程，如机器设备在生产两批次产品中有较长的时间间隔，则两批次生产过程可以被视为两次独立流程。基于这一事实，我们先将所有事件按照发生时间进行聚类。我们在主体划分的基础上，借助时空特征，对事件关联的流程性进行提取。

其次，我们根据事件所涉及的实体对事件流进行拆分，形成基于主体的事件链。

最后，我们在每个分隔内根据事件发生的空间进行聚类，将二次聚类的结果作为一个直接相关的流程，同时不同类别之间的空间转移也被作为独立的流程计算，形成固定空间流程和空间转移流程，从而得到流程相关的事件关联。

在事件网络的基础上，通过去除事件要素，我们可以实现对事件的抽象，形成抽象事件的关联网络，即事理知识，从而实现在概念层面上的事理分析向实时事件的映射，进而实现决策系统到生产车间的跨层级的语义互操作。

总之，通过语义互操作，跨域的工业软件可以实现数据语义的统一理解，跨层级的工业软件可以实现语义的层级传递，从而实现人类和机器同时的统一数据理解，更好地进行信息的共享和利用。

5.4　工业软件的语用互操作技术

语用互操作是基于环境上下文的自适应互操作，具体包括对信息三个层次的理解和处理：信息的意图、行为和上下文[8]。意图是指信息发出方通过与接收方协同希望系统达到的状态，行为是指信息接收方实现信息意图要做出的行为，上下文则是解析意图和行为所需的相关信息。

在工业软件中，语用互操作的典型表征为资源服务面向需求的动态协同，其协同过程如图 5-2 所示。

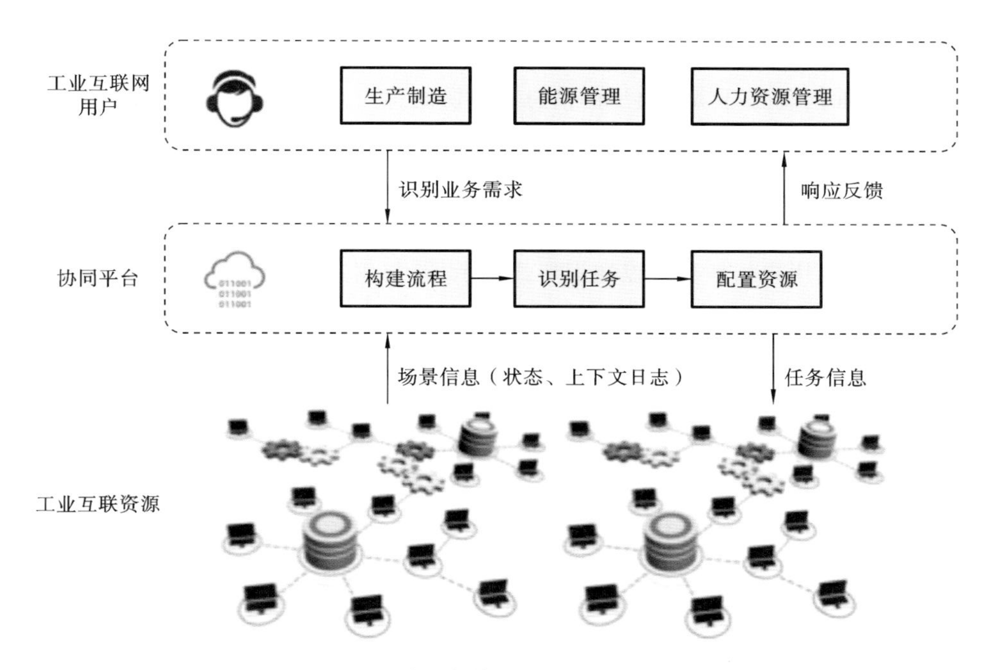

图 5-2 工业互联网中基于语用互操作的协同过程

用户提供应用的业务需求，比如需要生产多少种产品，供应多少能源，提供哪些人力资源推荐，等等。协同平台识别用户的业务需求，即数据意图，为其构建相应的场景与业务流程，包括任务、拓扑顺序等，即行为与上下文，从而分解需求、识别任务，并根据互联网中的资源情况分配任务和组织资源。分散在各处的工业互联资源通过控制软件接收到协同平台的任务信息后，执行任务并将执行过程中的状态、上下文日志等信息返回至协同平台。协同平台对应用的运行进行监控并将结果反馈给用户，同时根据工业互联网中场景的实时信息对场景状态进行预判决策与对任务的分配和资源的组织进行优化更新，从而实现高效自组织的应用服务。

5.4.1 信息意图的感知

语用互操作的首要内涵是对信息意图的理解。信息意图与产生信息的用户特征及其所处环境即用户场景紧密相关。在工业环境中，用户与资源都有着千变万化的状态与表现，因此，概念漂移[9]（即数据流中目标变量的分布会随着时间推移而发生难以预见的变化）为精准及时地感知信息意图带来了极大的挑战。随着大数据和流计算研究的深入，基于数据流挖掘的用户需求识别和场景感知的动态方法多次被提出。

一种面向动态环境的典型的信息意图协同感知方法框架如图 5-3 所示。

输入信息为用户需求信息和用户场景，用户需求信息往往是一个抽象事件，用户场景包含用户相关信息及其上下文行为。用户场景数据依次通过四个流处理窗口，最终形成用户场景划分和流程模式，从而推断其希望达到的状态。在窗口一中，用户场景数据以知识形式表示，并与用户已有的信息进行融合，更新用户的全过程信息模型。在窗口二中，根据更新后的用户模型中相关实体数据，更新语义特征向量，并通过计算用户特征与聚类快照特征的相似度，更新用户的群体归属。在窗口三中，通过群体行为事件的增量挖掘，更新用户所属群体的流程模式。在窗口四中，将该群体与其他群体的流程模式进行序列相似度比较，根据比较结果对群体进行整合和拆分，形成一个新的用户群体划分模型和群体流程模式，并提取用户所在群体的流程模式，形成用户场景划分。最后，用户场景划分被发送到后续的应用进行任务分发等操作。这四个窗口阶段的技术实现如下：

(1) 用户域驱动的多源信息关联　采用关联数据模型，将用户各阶段不同维度数据进行统一的建模表示和存储，通过与工业知识图谱的概念对齐来构建语义关联，实现用户场景信息的统一管理；

(2) 基于多维语义的用户群体聚类　计算待处理用户的特征向量和用户划分模型中各个群体的相似度，使用在线聚类、增量聚类模型，实现用户群体的动态划分；

(3) 基于事件语义的流程模式挖掘　计算群体内活动事件的相似度，融合事件语义信息，采用增量模糊挖掘方法，生成每个类簇的流程模式模型，采用多元组实现模式的存储和增量更新；

(4) 基于序列相似度的模型迭代优化　计算群体的流程模式序列相似度，迭代更新用户群体划分，实现对用户划分演化漂移的适应，最终形成优化后的场景流程模式，以支持协同应用。

构建群体模型，可以利用协同信息对用户的意图进行分析和判断；应用流计算，可以实现群体模型的动态更新适应；利用统一语义的多维知识应用，可以实现用户信息特征的精准感知。这样的框架可以有效地支持工业场景中信息意图的感知，实现任务的自动解析与分发，特别是在服务化、定制化的新工业时代，为工业软件的自主智能互操作提供了支撑。

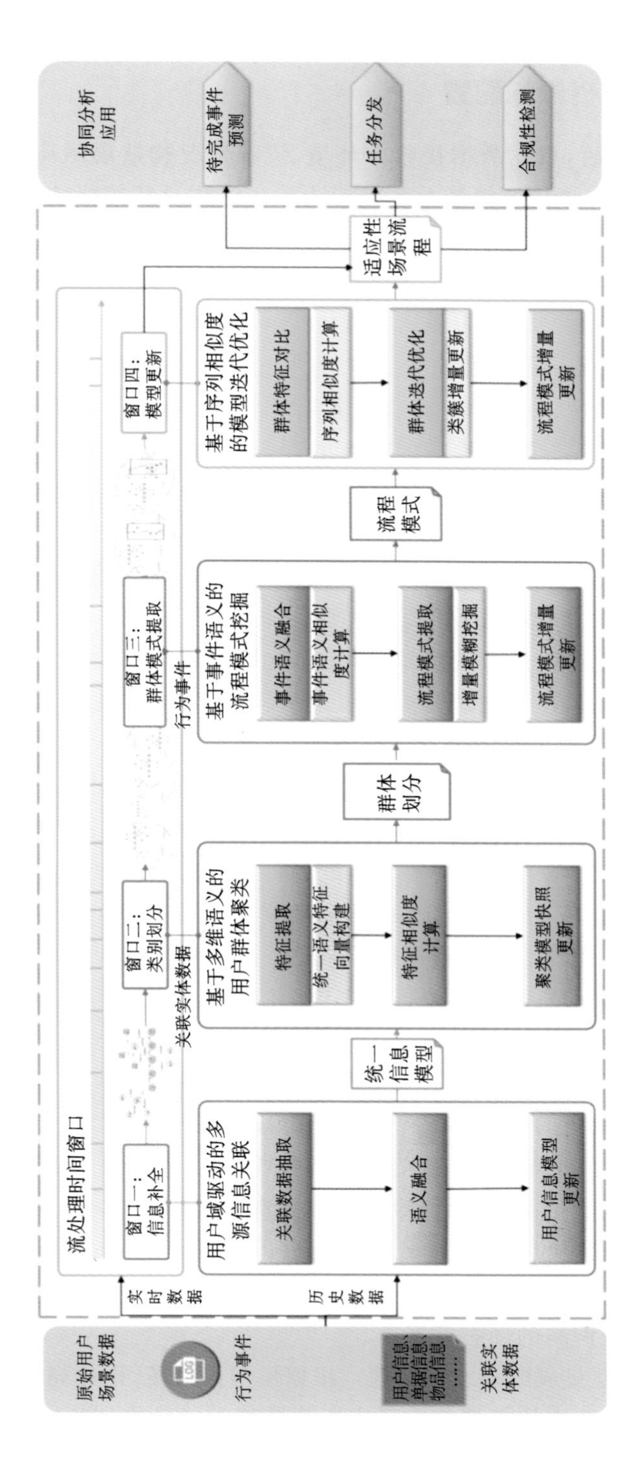

图 5-3 一种面向动态环境的信息意图协同感知方法框架

5.4.2 环境资源的配置

获得信息意图后，根据数据接收方环境、资源情况构造语用环境是语用互操作的第二层需求。语用环境涉及各类工业互联资源及其拓扑结构，资源的频繁变更使得其面向意图的组织愈加困难。工业互联网环境所在的物理世界是一个瞬息万变的状态空间，工业互联数据不再是离散数据，而更多地以电子传感器、执行器产生的流式数据的形式存在，处于不同状态的资源具有不同的服务能力，资源组织又需要按照服务能力来满足变化的信息意图，导致设计时静态链接方法无法适用。现有研究面向业务层及服务层的通用编排引擎与集成框架众多，然而在设备资源等传感层和网络层，针对特定应用场景对资源服务提供生成、封装与组合的解决方案还是被广泛讨论的问题，特别是考虑信息意图的动态语义的资源自组织理论方法和实际验证仍旧缺乏。

为了实现多资源的环境上下文主动语用集成，一个典型的基于语义匹配的资源主动语用集成方法被提出，如图 5-4 所示。

首先，对于工业互联网中的资源，需要建立虚拟连接以实现技术和语法层的互操作。同时，资源的元数据应被统一表示和合并，以实现语义互操作。为了最终实现面向动态数据意图的资源环境配置，我们建立了一个基于语义匹配的信息传输管理机制。考虑到多个模型资源的选择，该机制实现了基于多模型的可变粒度动态流处理，以实时地控制快速变化的物理环境。通过设备域驱动的资源信息关联、基于语义融合的资源匹配、基于语义匹配的信息传输管理、基于多模型集成的动态流处理四个阶段，整个系统实现了物理空间和信息空间的双向自主互动，为语用环境的配置提供了路径。这四个阶段的技术实现如下：

（1）设备域驱动的资源信息关联　在这个阶段，设计了一套基于工业知识图谱元模型的设备域关联资源表示方法，将物理设备与信息流、处理模型进行关联，实现统一的资源访问，为物理世界与信息世界的联动提供了语义支持；

（2）基于语义融合的资源匹配　在这个阶段，资源元数据在工业知识图谱和领域本体的参考下进行整合，建立起内部数据和外部数据与资源之间的关系，形成全局资源元数据图，作为资源面向数据意图组织的参考。

（3）基于语义匹配的信息传输管理　根据语义关系生成信息传输合约，并建立相应的信息传输通道，当元数据或数据传输发生变化时，通道会按需建立、休眠或销毁，以适应网络的动态发展；

（4）基于多模型集成的动态流处理　根据模型语义图，构建超模型，以管理具有相同效用的模型，支持模型在实际应用和模拟间的动态切换。对每个模型

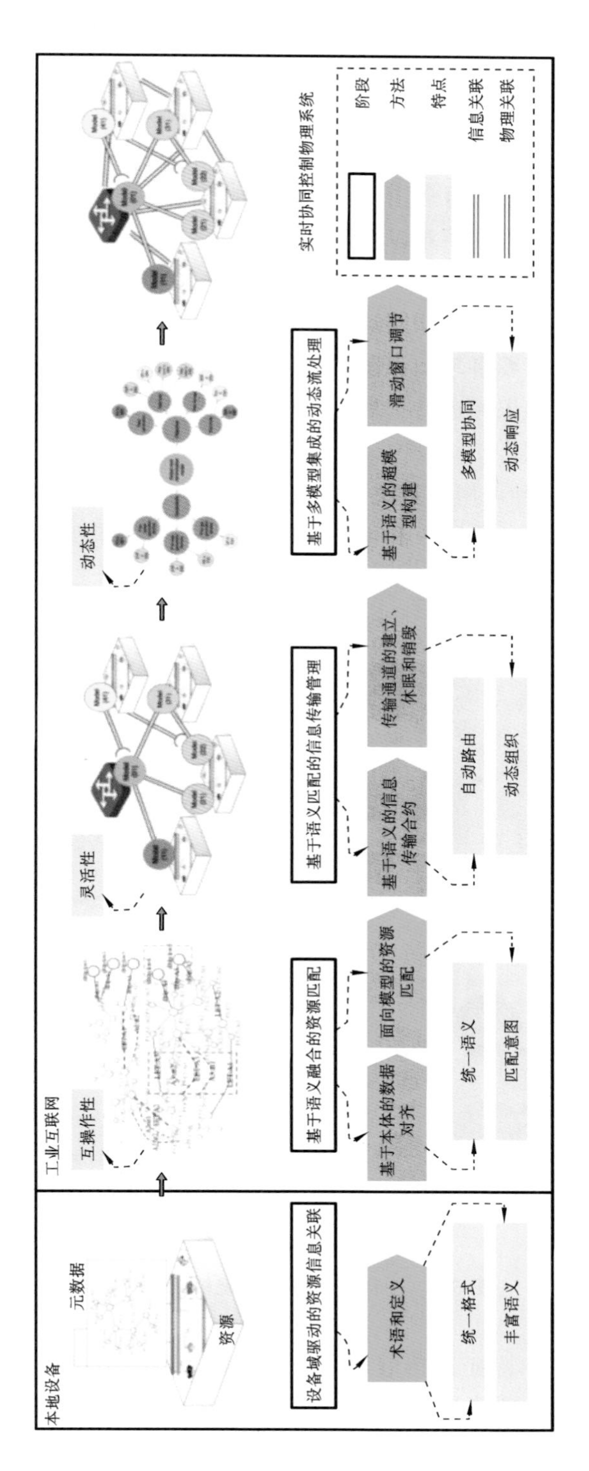

图 5-4 基于语义匹配的资源主动语用集成方法

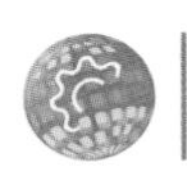

采用数据驱动的滑动窗口，动态管理运行频率，以适应物理世界的不稳定变化。

5.4.3 动作行为的决策

行为的选择决策是语用互操作的最终目标。然而，相互联系、相互制约的复杂系统使得准确的流程推演难以实现。由于场景流程的并行性，不同场景流程之间互相影响，然而在场景环境上下文的建模中又无法实现对所有影响因素信息的覆盖，因此，面对工业互联网这种非线性复杂系统，采用不完备信息下的事件预测是必要的。随着事理知识图谱[10]的诞生，基于事理图谱采用概率网络和机器学习模型等对知识库进行扩展与推理，为信息有限条件下的流程推演提供了良好的智能化支撑。

基于上述需求，一种可用的解决方案是基于工业知识图谱的场景事件协同预测方法，它可提供准确、自适应和可进化的事件预测，如图 5-5 所示。

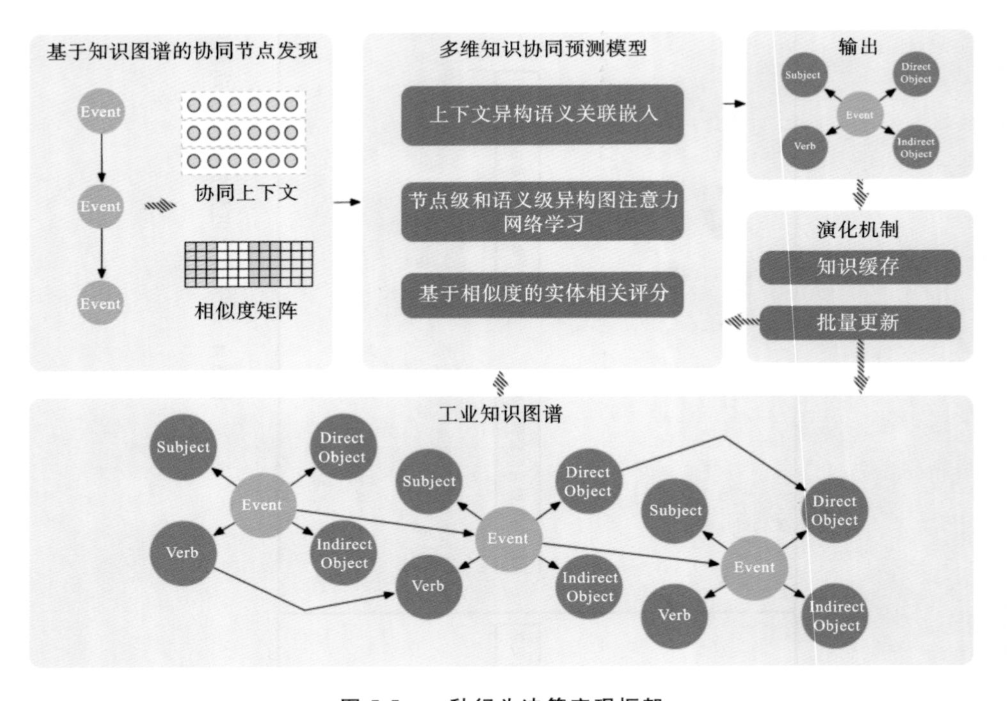

图 5-5 一种行为决策实现框架

该方法通过对事件特征进行表示学习，基于异构图神经网络进行协同预测。它将事件上下文通过语义匹配在工业知识图谱中找到相似事件作为协同节点，形成包含异构语义关系的协同上下文子图，利用异构图注意力网络将子图在统一向量空间表示出来，最终通过协同节点的相似度加权计算候选集中事件的关联得分，将关联度最高的事件作为预测结果。同时，该方法建立了一个批流结合的更新机制，以保持知识表示的最新状态。该方法的技术实现如下：

（1）事件的协同表示与还原　通过对事件及其关联实体与已有知识的语义匹配，应用相似知识实现未知事件的统一嵌入，同时将相似度权重应用于模型输出，以实现预测结果的实体相关性还原，从而极大地提高了对未知数据预测的适应性；

（2）异构关联的统一应用　基于异构图注意力网络，模型利用注意力机制来聚合异构的语义关联特征，实现上下文中多类型语义关系的统一嵌入，同时为实体与事件知识的共同利用提供可能，可以提高事件预测的准确性；

（3）批流结合的增量模型进化机制　采用可扩展的子图和模型，将新知识缓存用于知识更新和模型再训练。它为知识图谱和模型提供了一种保持时效性的方法，以获得持久的准确性。

简而言之，通过信息意图的感知、上下文环境资源的配置和行为决策，工业软件之间共享的信息可以实现自主智能地解析、配置和应用，流程可以自动化地在不同的软件系统及其所代表的物理资源间流转，从而实现流程的自主协同。语用互操作的实现对于下一代的智能制造应用具有重要的意义。

5.5　工业软件的互操作前沿技术发展

在未来的工业环境中，制造行业的流程化、平台化、协作化、服务化和定制化是全新的产业升级需求和发展趋势，这对工业软件的互操作能力提出了极高的要求。在下一阶段的工业互联网中，面向动态变化自适应的信息共享机制成为工业互联网服务协同中的关键。动态互操作与概念互操作是工业软件互操作技术未来发展的重要方向。

5.5.1　动态互操作技术

动态互操作的内涵是场景实例可以在多个计算节点间实现动态迁移，从而达到协同交互的目的。具体来说，部署在不同物理资源和系统的工业软件可以根据当前的运行情况和状态，形成具有自包含环境的场景实例，当决策系统发现更优的资源配置方案时，自包含环境的场景实例可以通过软件接口传输到目标资源和系统，部署在目标系统上的软件可以结合自身的状态情况解析场景实例，并为自身配置可用的等价状态，从而继续完成任务和流程的执行。

在这一过程中，协同交互的语义场景作为运行管理的动态语义框架，基于业务过程执行语言（business process execution language，BPEL）扩展构建包含上下文和状态等信息的语义场景，覆盖格式、语义、环境、状态等多方面信息的信息解析和重构，基于语义约束实现应用交互的语义状态空间构建及处理，实现多应用间交互的场景迁移和解析机制。在实际实现中，需分别构造设备、数据、服务三层接口，并构造不同的服务接口，在各系统内外模块间进行不同层次的多源数据交互。如图 5-6 所示，基于场景迁移的动态互操作机制主要包含三个部分，即状态信息模型、状态信息模型解析器以及工业知识图谱，以实现业务流程、设备状态信息在设备之间的传递。

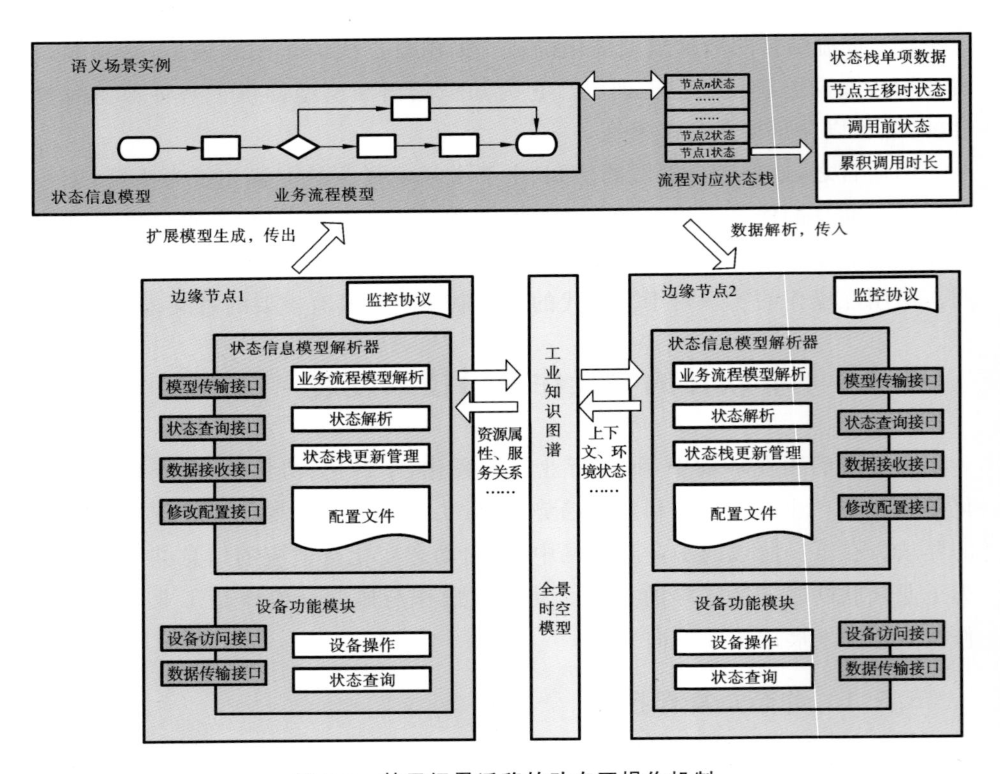

图 5-6　基于场景迁移的动态互操作机制

（1）状态信息模型　由两个部分组成：① 一个私有的业务流程模型，该模型是基于 BPEL 模型的扩展模型，包含了业务流程中各个节点之间的调用方法，以及各节点的基础信息链接，可用于在相关数据中查询信息；② 一个状态栈，该栈中保存了本次迁移时之前各个节点的状态信息，包含但不限于调用前后的设备状态、调用时长、操作返回信息等数据。

(2) 状态信息模型解析器　解析状态信息模型，获取之前设备节点的状态，根据业务流程模型中的描述将数据传入当前节点的功能模块，并将当前节点在本次调用过程的状态信息存入状态信息模型中。

(3) 工业知识图谱　主要用于辅助解析业务流程模型以及状态栈，包括一些词语的消歧、替换，节点基础信息查询等操作。

整个动态互操作机制的核心是状态信息模型，它会全程跟随整个迁移过程，记录各个节点的状态，为后续操作提供数据。在整个迁移过程中，一个节点收到来自上一个节点的状态信息模型，模型会先传入解析器中，解析器对状态信息模型中的流程模型和状态信息进行解析，再根据结果来访问设备，并采集数据。设备可以通过状态查询接口查看之前各节点的状态数据，并将当前设备的状态数据、返回信息传入解析器中。解析器将当前数据压入状态栈内，重新封装状态信息模型并发送到下一个节点。

这种迁移方式，可以将设备资源之间的状态信息进行传递，整个迁移过程能完好地保存设备状态信息，各设备操作指令都在正确的状态下执行。不断地更新状态信息模型，使得各个节点都能够知道迁移的来源、去向以及上下文环境，实现面向动态环境的自主化、去中心化的动态互操作。

5.5.2　概念互操作技术

概念互操作的一种认识，即通过概念驱动软件全栈的操作，例如无服务器计算实现功能的随用随起，从而屏蔽底层设施的互操作需求。透明化封装物理设备、加工资源、计算资源，实现资源的服务化、分布化，从而满足远程控制、智能调控等智能制造新需求。

概念互操作的另一种认识，体现在虚实交互的系统中，即通过概念层的互操作，屏蔽物理世界和数字世界的语法、语义、语用等不同层面的差异，在概念层达到自然交互的目标，支持工业系统的物理实体到数字实体的转换、数字实体驱动物理实体以及虚实的自然交互方式。

概念互操作的第三种认识，来自当前大语言模型突破式的发展，即基于大语言模型，通过对工业资源的统一封装和对工业任务的统一定义，基于海量工业数据，工业软件可以面向用户概念需求对工业任务进行智能生成，从而对物理系统进行个性化应用，形成崭新的工业产业形态，这种产业形态将在未来的工业软件架构中占据一席之地。

总体来说，目前语法互操作、语义互操作的实现技术已发展成熟，在众多的工业软件上得到应用，而语用互操作的实现技术也受到了学术界和工业界更多的关注。互操作技术对工业软件的高效利用和产业生态的快速形成具有重要的意义。未来在动态互操作和概念互操作方面的研究将进一步帮助工业软件服务化，形成新的软件体系架构，助力产品个性化定制，创新工业经营模式，提升工业产能效能。

本章小结

- 介绍了在大型工业软件的构造过程中互操作机制实现的重要性、层次及方法路径。
- 在语法层面，根据工业软件数据的全生命周期，提出了统一数据格式的框架与规范。
- 在语义层面，给出了基于工业知识图谱的跨系统语义感知与识别的方法。
- 在语用层面，将数据分解为意图、行为与上下文，同时提出了基于数据语义与环境特征的智能化的语用互操作实现机制。
- 面向动态环境的自主化、去中心化的动态互操作机制，是未来互操作技术的发展方向。

本章参考文献

[1] WEICHHART G, PANETTO H, MOLINA A. Interoperability in the cyber-physical manufacturing enterprise[J]. Annual Reviews in Control, 2021, 51:346-356.

[2] TCHOFFA D, FIGAY N, GHODOUS P, et al. Alignment of the product lifecycle management federated interoperability framework with internet of things and virtual manufacturing[J]. Computers in Industry, 2021, 130:103466.

[3] ZHANG S, CAI H Q, MA Y, et al. SmartPipe: towards interoperability of industrial applications via computational reflection[J]. Journal of Computer Science and Technology, 2020, 35(1):161-178.

[4] BOUSDEKIS A, MENTZAS G. Enterprise integration and interoperabili-

ty for big data-driven processes in the frame of industry 4. 0[J/OL]. [2024-02-01]. https://www.frontiersin.org/articles/10.3389/fdata.2021.644651/full.

[5] KUBICEK H, CIMANDER R, SCHOLL H J. Layers of interoperability [M]//Organizational interoperability in e-government. Berlin, Heidelberg: Springer, 2011:85-96.

[6] 诸天逸，李凤华，金伟，等. 互操作性与自治性平衡的跨域访问控制策略映射[J]. 通信学报，2020，41(9):29-48.

[7] GIVEHCHI O, LANDSDORF K, SIMOENS P, et al. Interoperability for industrial cyber-physical systems:an approach for legacy systems[J]. IEEE Transactions on Industrial Informatics, 2017, 13(6):3370-3378.

[8] ASUNCION C H, BOLDYREFF C, ISLAM S, et al. Pragmatic interoperability in the enterprise—a research agenda[C/OL]. [2024-02-01]. https://ceur-ws.org/Vol-731/08.pdf.

[9] SATO D M V, DE FREITAS S C, BARDDAL J P, et al. A survey on concept drift in process mining[J]. ACM Computing Surveys, 2021, 54(9):1-38.

[10] LI Z Y, ZHAO S D, DING X, et al. EEG:knowledge base for event evolutionary principles and patterns[C]//CHENG X Q, MA W Y, LIU H, et al. Social media processing. Berlin, Heidelberg: Springer, 2017:40-52.

第6章 基于云平台的工业软件构造及实践

基于云平台的工业软件往往是大型系统构造的基础，本章给出了基于云平台的通常架构，并从业务场景出发，结合典型船舶供应链云平台的构造实践，按计算架构、信息模型、智能算法、集成模式等逐步展开介绍。

6.1 基于云平台的工业软件架构

6.1.1 云平台架构

云计算[1]通过虚拟化技术、软件定义网络技术提供动态、高扩展的资源池，以虚拟化的方式对外呈现，并基于网络技术对外提供相关的交付服务。为了更好地应对工业生产过程中多样化的业务需求，对上层应用软件的资源使用、通信、部署提供平台级支持，制造企业需要构建完整的云平台[2]，实现稳定的全局性的制造数据管理。根据此目标，云平台可划分为不同层次并形成架构，如图6-1所示。

云平台可以采用分层架构，主要包含以下四层。

(1) 硬件设施层：由基本的硬件设备组成，包括服务器、网络设备、存储设备等。这些构成了私有云管理平台的基础。硬件设施完全由内部用户控制管理，没有外部云服务商托管，能够实现更高的数据安全保障。

(2) 基础设施虚拟化层：包括 hypervisor（虚拟化机制）与私有云管理平台。hypervisor 又称虚拟机监视器（virtual machine monitor，VMM），负责将硬件设施资源进行虚拟化并模拟网络设备等。而私有云管理平台则可通过 hypervisor 分配资源、构建虚拟机，从而提供给用户使用。私有云管理平台通常由一系列组件组成，实现资源管理的自动化以及高可用性等。同时，私有云管理平台又包含用户交互页面，实现可视化监控与灵活的交互控制。

(3) 通信交互层：本层以消息中间件为基础，利用已有的通信协议，实现一

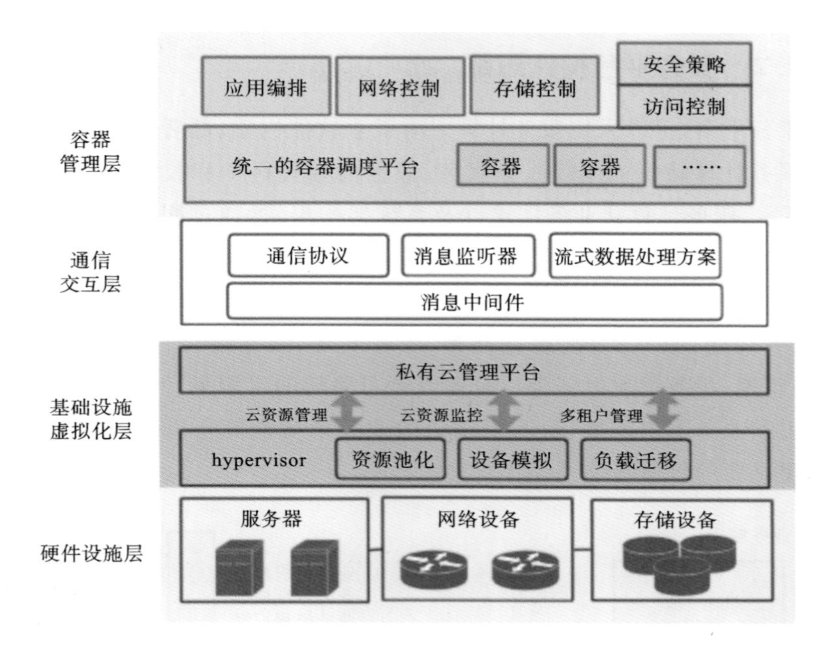

图 6-1 云平台架构图

套统一的平台消息通信方案，面向异步消息传输，降低消息通信的复杂度，有利于通信双方架构解耦。在消息接收端，引入了动态的消息监听器，提供多种可选的流式数据处理方案，针对工业制造场景实现更高层的消息封装控制，为应用层微服务间的消息传输提供支撑。

（4）容器管理层：本层引入了统一的容器调度平台。随着微服务架构的不断发展，容器技术在应用部署发布过程中提供了极大的便利并广为流行。然而，不断增多的容器也带来了重复、繁杂的操作，对技术人员提出了新的要求，因此统一的容器管理技术不可或缺。容器管理技术能够监控容器运行状态，实现合理的编排调度，并在网络、存储等方面提供统一控制。除此之外，容器管理技术还可以针对 API（应用程序接口）访问、安全策略实现灵活的配置管理。总之，容器调度平台既提供了容器内部生命周期管理、资源管理的统一方案，也提供了容器与外部交互的通道。

上述云平台的总体架构从私有云的基础设施展开，为应用层服务构建提供多种平台级的服务支持。通过虚拟化技术搭建 IaaS 层的私有云平台，通过对已有的消息中间件封装实现统一的通信交互方案，通过容器调度工具实现快速灵活的容器管理，这些共同构成了云平台技术框架。

6.1.2 服务平台构建思路

基于云平台,可以采用服务计算[3]为工业软件构建、部署、运行提供强大的支撑。服务计算涵盖了连接业务服务、服务的相关科学和技术,其应用模式如图 6-2 所示,服务计算从业务需求以及系统架构出发,通过服务架构,在业务域生成业务组织模型、业务数据模型、业务流程模型等,而在系统域生成技术模型、服务实现模型、数据集成模型以及代码框架等,最终完成业务组件化、服务建模、服务构建、服务实现、服务部署、服务发现、服务组合、服务交付、服务协作、服务监控、服务优化等任务。企业经营思路转向以服务计算为核心,以适应服务重用和业务重组需要,使不堪重负的业务系统性能得以改善,也能帮助企业重新建立新的价值链体系。

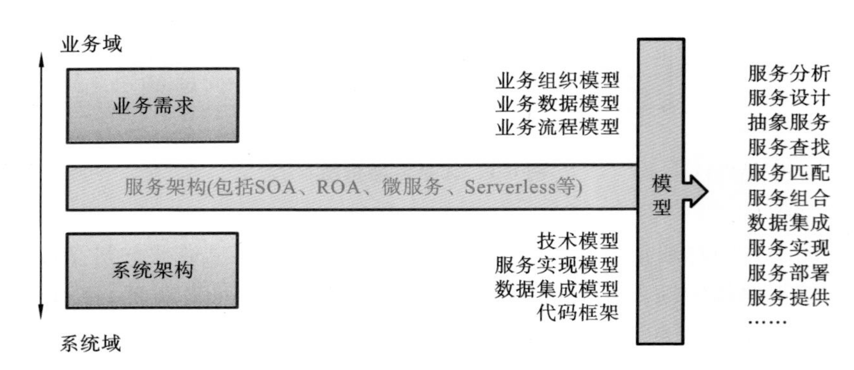

图 6-2 服务计算应用模式

基于云平台构建的服务平台主要涉及以下三个要点。

1. 服务平台就是服务使用者和服务提供者的撮合过程

在业务需求方面,服务计算一般有公有云、私有云、混合云等云服务模式,实现服务提供者和服务消费者的匹配撮合。

其中,公有云服务由云服务提供商控制,用于云服务用户和资源的云部署模式。云服务提供商构建基础架构,整合资源,构建云端虚拟资源池,根据需要将其分配给多租户使用,适合无架设私有云条件或需求的企业和开发者使用。公有云具有非常广泛的边界,用户访问公有云服务的限制很少。私有云服务由云服务用户控制,用于单一云服务用户和资源专用的云部署模式。私有云可能由企业本身或第三方拥有、管理和运营。私有云旨在设置一个狭窄的边界,将用户限制在一个单一的企业内。由于能够完全控制计算资源,私有云能提供更高的数据安全保障。混合云由两个或两个以上的公共云和私有云环境组合而成。这种混合环境能够最大限度地结合两种环境的优点，利用公有云在多个地理位置部署的主机为用户提供更加快速的网络响应，利用私有云实现更加安全的隐私保障。

服务使用者可结合自身业务需求，选择对应的云服务模式，而服务提供者将以业务应用为核心，结合功能建模和数据建模等多种建模技术生成业务模型，导入特定领域模型构造服务以简化及加速开发，并将服务应用于对应业务需求的工业软件分析、设计、开发、集成、部署、运维等全生命周期阶段。

2. 服务平台就是多种分布式异构服务的复用集成方式

在技术架构方面，一般以面向服务的架构(service oriented architecture，SOA)、面向资源的架构(resource oriented architecture，ROA)、微服务架构等技术平台架构，实现服务平台。

SOA是一种具体地、系统性地解决分布式服务主要问题的架构模式。过于精密的流程和理论使得只有懂得复杂概念的专业人员才能够驾驭SOA，从而造成了非常严重的技术壁垒。因此，它虽然可以实现多个异构大型系统之间分布式异构服务的复杂集成交互，但很难作为一种具有广泛普适性的软件架构风格来推广。

ROA是一种面向资源的架构风格，它扩展了表述性状态传递(representational state transfer，REST)架构风格，并提供了更广泛、可扩展、灵活且与传输无关的架构。ROA范式建立在资源的概念之上。资源是一个独立的、可识别的实体，其状态可以被分配一个统一资源标识符(URI)。ROA架构下，资源代表了网络的分布式组件，其可通过一致的标准化接口进行管理，网络服务请求也对应了资源内部操作的执行。

微服务架构是一种通过多个小型服务组合来构建单个应用的架构风格，这些服务围绕业务能力而非特定的技术标准来构建。在微服务架构中，各个服务可以采用不同的编程语言、不同的数据存储技术，运行在不同的进程之中，服务间采用轻量级的通信机制和自动化的部署机制实现通信与运维。这样在处理多种分布式异构服务时，微服务架构可以使大型的复杂应用程序实现持续交付和持续部署，且每个服务都相对较小并容易维护。单个服务可以独立部署与独立扩展，更容易实验，采纳新的技术时也有更好的容错性。

云服务平台必须采取合理的技术架构，才能够更高效地对多种分布式异构服务进行复用集成。

3. 服务平台就是软件应用全流程的用户体验优化

服务平台的实现重点是以数字化开发平台，实现跨组织的业务整合以及全流程的用户体验优化。

因此，服务平台的核心算法设计，无论从事先、事中还是事后阶段出发，重点都是达到服务提供者和服务消费者的匹配，实现服务撮合的目标，改善服务平台的体验，提升服务效率。

6.1.3 云服务平台构建技术

为了实现服务平台开发，服务平台机制需要从服务描述、服务编排和流程执行三个方面去构造，以实现服务平台的信息共享与交互。

1. 服务描述

服务描述语言是为应用程序和服务接口提供结构化描述的统一规范，一般提供文档领域以及其他功能性或非功能性的属性说明，从而实现不同编程语言对接口的精准互操作。例如在简单对象访问协议(simple object access protocol,SOAP)框架中，基于网络服务描述语言(web services description language,WSDL)进行服务描述，将Web服务的接口、接口参数等生成完整文档，发布给用户，用户根据WSDL描述文件使用Web服务，以实现分布式服务的互操作。在RESTful架构下，接口描述语言包括WSDL、WADL、RAML(RESTful service description language)等。

2. 服务编排

在服务统一定义的基础上，我们可以通过服务的组合编排来实现服务的复用和复杂业务流程的低代码化。在服务编排中，需要对任务、流转、资源进行定义和关联。业务流程建模符号(business process modeling notation,BPMN)是常用的服务编排语言，作为一种基于XML的描述语言，BPMN通过在服务编排语言中使用规范的服务描述，可实现在流程中对服务的统一复用。

3. 流程执行

服务描述和编排语言解决了服务应用描述语法的问题，而服务的执行和流程的流转则需要流程引擎来实现。流程引擎通过对服务编排语言进行解析和封装，建立数据链接，按需构造消息传递机制，并根据接口信息进行映射，从而实现工作流的构建和运行。

机器人流程自动化(robotic process automation,RPA)技术是一种新兴的有效进行信息共享交互的途径，可以采用流程自动化方式集成多个不同业务服务。RPA提供一种非侵入式的信息交互方式，在应用程序开发部署完成后，在不改动原有代码且不进行重启升级的情况下，实现程序间的交互和处理。对于外购或遗留的处理模块，我们可以采用模拟键鼠操作、读取屏幕位置信息等方式，构建自动化的处理规则，抽取待交互系统中的文本、报告等信息，建立批量处理管道，形成语法结构化的输出，从而实现对已有处理模块的二次应用。

另外，基于低代码方法构建服务平台成为一种重要的模式。低代码平台提供图形化开发环境，通过可视化拖曳和配置（或少量编码），实现高效的应用开发；同时，它提供一键部署功能和适宜的运行环境，可无缝、快捷地将应用程序部署到生产环境。低代码平台主要分为两种模式，一种是引擎模式，一种是生成源代码模式，目前以引擎模式的低代码平台为主，它为开发者提供了一个创建应用软件的开发环境，是一种用于快速设计和开发应用程序的软件系统。

6.2 船舶行业供应链云平台构造实践

为了更好地理解云平台工业软件构造方法，本节将以典型的船舶行业供应链云平台[4]为例，从业务分析、信息架构、技术架构、典型算法设计、集成交互方式、平台实现和应用结果等方面展开，阐述较为完整的云平台构造过程。

6.2.1 业务分析

船舶行业有以下几个特点：第一，船舶制造业需要众多船舶制造上下游企业的协同参与；第二，船舶的制造周期长，船舶制造业的管理要求高；第三，船舶制造涉及非常多的流程与工艺，并且有相当多的技术环节；第四，船舶制造过程不仅涉及企业内部的管理，也涉及企业之间的管理。

从业务问题看，船舶行业供应链的复杂程度很高，其涉及的原材料、设备、零部件种类繁多，零部件总量超过2500万个，单船供应商涉及1000家以上，供应链协同管理难度很大。船舶建造周期长，建造难度大，物资种类多，制造过程中涉及各类需求变更，需要供应商对需求变更作出快速响应。

目前船舶制造业供应链平台存在以下一些不足。

第一，船舶协同制造上下游企业各自的业务类型不同，服务各异，现有系统大多是在单体化架构的基础上开发的，所有服务都可自由访问数据库的所有资源，从而对数据的安全性提出了考验。在当前追求服务和用户体验的大背景下，需要对船舶协同制造中复杂的服务边界进行清晰划分，为灵活多变的业务需求和企业信息安全提供更充足的支撑。

第二，企业间存在信息传递的需求，信息格式由企业内部决定，且格式并非一成不变，所以必然会涉及异构数据的交换。然而现在我国船舶协同制造上下游企业间的数据交互效率不高，数据解析不准确，数据语义基础不够，导致船舶生产数据交换不通畅。因此在信息化建设方面，急需整合数据，为船舶协同制造上下游企业搭建信息交互平台，服务于企业间的信息互联互通。

第三，船舶制造业本身需要众多船舶制造上下游企业的协同参与，而现有的应用系统平台多是针对企业内部设计，其生产调度及资源协调优化算法也多是在企业内部使用，而不是针对协同制造开发，因此其对跨企业的协同支撑能力不足。

基于上述分析，我们构造支撑船舶总段-部件制造模式的供应链云平台，即利用船舶生产系统的智能物联接口、互联互通及互操作等技术，通过集成船舶结构件上下游企业间以及上下游企业内的生产装配工业联网系统，实现支撑船舶制造全流程的供应链云平台，促进船舶制造供应链上下游企业间的有机融合。

图6-3展示了船舶制造上下游企业供应链协同过程中的一个相对完整的业务流程。

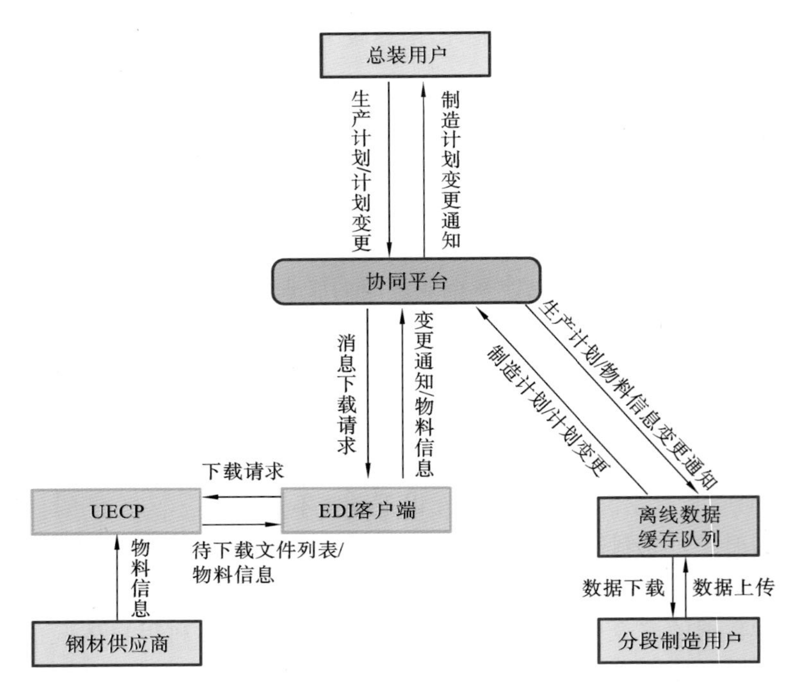

图6-3　整合船舶制造上下游企业的供应链平台框架

该业务流程涉及钢材供应商所使用的协同商务平台 UECP(面向供应链协同商务平台)及 EDI 客户端。UECP 是钢材供应商和分段制造用户使用的协同商务平台,船舶协同制造平台与 UECP 进行对接,完成钢材信息的传输。EDI 客户端是与 UECP 进行交互的客户端程序。

6.2.2 信息架构

基于船舶制造供应链的信息流向,对生产计划服务、制造计划服务、搭载网络可视化服务、钢材合同明细服务、钢材生产进程服务、钢材交货明细服务信息进行数字化建模。

1. 生产/制造计划信息模型

在船舶协同制造平台的具体实现当中,生产计划与制造计划数据采用同一数据模型存储,通过船号与分段号进行关联,这使得总装用户对生产计划相关条目的更新能够直接反映到制造用户的计划条目当中。生产/制造计划的数据模型如表 6-1 所示。

表 6-1 生产/制造计划的数据模型

字段名称	数据类型	含义
id	long	计划的唯一标识符
requester	string	委托单位
ship	string	船号
section	string	分段号
groupPlan	string	组立完工计划
buildPlan	string	搭载计划时间
manufacturer	string	制造单位
planTime	string	一个 JSON 字符串,内容为包含所有计划时间节点的数组
realTime	string	一个 JSON 字符串,内容为包含所有实际时间节点的数组

由于用户上传的生产计划表单是 Excel 格式的,协同平台引入了 Apache POI,即一个开源的能对 Microsoft Office 格式文件进行读写的 Java 库,以完成生产计划数据的解析。解析后得到的生产计划数据以上述数据模型通过调用通信交互组件下的数据访问模块而保存到数据库中,之后每次查询即可通过数据访问模块从数据库中获取解析过的数据返回前端,并通过前端表单控件在浏览器中渲染出来。生产计划的更新功能允许用户在某一船号的某一分段尚未

开工时更新其组立完工计划或搭载计划时间，因此协同平台在用户更新生产计划时需要对数据条目进行比对，若条目的“realTime”字段中存在已有实际时间节点数据，则拒绝对组立完工计划或搭载计划时间的更新。

在表6-1所示的数据模型当中，所有计划时间节点与实际时间节点分别由“planTime”与“realTime”字段记录，将各个时间节点存入数组当中，再将数组以JSON字符串的形式保存。类似于生产计划表单，协同平台使用Apache POI对用户上传的制造计划表单进行解析，得到制造计划数据后对数据库中已有分段条目的数据进行更新。

2. 搭载网络信息模型

船只分段节点信息的数据模型如表6-2所示。船只分段节点需要提供节点所属船只的船号、分段号，便于前端分段展示；另外，还需要提供分段的开工时间、总装完成时间、建造完成时间、建造预计所需时间、拼接预计所需时间以及分段的状态来作为前端展示的附加信息。其中，建造与拼接预计所需时间通过用户上传的制造计划表单计算得到，这里给出预计时间并显示在前端，有助于用户在查看可视化界面时得到更详尽有效的信息，为下一步决策提供支持。

表6-2　船只分段节点信息的数据模型

字段名称	数据类型	含义
id	long	节点的唯一标识符
ship	string	节点所属船只的船号
name	string	节点对应的分段号
start	date	节点开工时间
end	date	节点总装完成时间
pro_end	date	节点建造完成时间
b_cost	integer	节点建造预计所需时间
p_cost	integer	节点拼接预计所需时间
state	integer	节点状态

船只分段关系的数据模型如表6-3所示，需要提供联系所属船只的船号、联系的起始节点与终止节点对应的分段号，类似于图论当中边的起始节点与终止节点。另外，分段联系的类型有两种，分别是“必需”型与“非必需”型，其中“必需”型指的是一个联系的终止节点必须在起始节点分段拼接完成后才能开始拼接；“非必需”型指的是一个联系的终止节点需要在任意一个“非必需”型前继节

点分段拼接完成后才能开始拼接。在本项目中，测试数据的分段联系类型均设置为“必需”型，但分段联系不仅限于此类，之后若有新的联系类型也可在此基础上继续开发完成。

表 6-3　船只分段关系的数据模型

字段名称	数据类型	含义
id	long	联系的唯一标识符
ship	string	联系所属船只的船号
prev_node	string	联系的起始节点对应的分段号
next_node	string	联系的终止节点对应的分段号
type	integer	联系的类型

上述两种数据模型分别对应图论当中的点与边，用这些点和边组成的图即船只的搭载网络。根据生产计划和制造计划，可对分段节点及分段之间的联系进行分析，得到上述两种数据，在前端页面显示，实现搭载网络的可视化。

3. 物料信息模型

钢材合同明细的数据模型如表 6-4 所示，其中最终用户名称、客户订单编号、钢厂资源号、品名、厚度、宽度、长度下限、长度上限、板卷类型(型号)、订货质量、计量单位、订货数量、辅计量单位、交货期、备注均为钢材供应商定义的业务数据字段，船号、分段号是根据客户订单编号计算得到的字段。为了方便实现复杂查询，这里单独列出这两个字段。

表 6-4　钢材合同明细的数据模型

字段名称	数据类型	含义
finUserName	string	最终用户名称
custOrdNum	string	客户订单编号
orderNum	string	钢厂资源号
prodDscr	string	品名
thick	string	厚度
width	string	宽度
minLength	string	长度下限
maxLength	string	长度上限
plateOrCoil	string	板卷类型(型号)

续表

字段名称	数据类型	含义
orderWt	string	订货质量
orderUnitCode	string	计量单位
orderQty	string	订货数量
orderQtyUnit	string	辅计量单位
deliveryDateChr	string	交货期
remark	string	备注
ship	string	船号
section	string	分段号

关于钢材合同明细数据的上传，协同平台提供了 XML 文件上传的接口。用户调用接口上传 XML 文件到协同平台上，协同平台会调用 EDI 客户端将文件上传至 UECP，UECP 借助 JAXB(Java architecture for XML binding，一套用于将 Java 类映射为 XML 文档的 API）对文件内容进行解析，得到合同明细相关数据条目并保存至本地数据库；之后，UECP 会生成待下载文件列表，由 EDI 客户端通知协同平台下载到本地进行 XML 的解析，并与数据库中条目进行比对检查。此外，用户也可以通过其他方式调用 EDI 客户端上传 XML 文件到 UECP，之后通过 EDI 客户端获取 UECP 生成的待下载文件列表，这时可以调用协同平台接口通知平台将数据下载到本地进行解析并存入数据库。同时，协同平台会将解析得到的条目根据客户订单编号与本地数据库条目进行比对，如果数据库中有与当前条目钢厂资源号相同的条目，则认为当前条目是对已有记录的更新，将更新对应数据并调用通信交互模块进行更新的通知。之后，协同平台可以直接通过查询数据库对外提供钢材合同明细的查询接口，并且借助 JAXB 和 Apache POI，根据钢材合同明细数据条目列表生成 XML 或 Excel 文件，提供用户下载的接口。

4. 物料状态信息模型

钢材生产进程的数据模型如表 6-5 所示，其中钢厂资源号、BACKLOG 号、工序号、机组号、机组名称、在库量、通过量、欠量均为钢材供应商定义的业务数据字段，船号、分段号是根据钢厂资源号关联的客户订单编号计算得到的字段。为了方便实现复杂查询，这里单独列出这两个字段。

表 6-5　钢材生产进程的数据模型

字段名称	数据类型	含义
orderNum	string	钢厂资源号
backLog	string	BACKLOG 号
procedureNum	string	工序号
plantCodeBc	string	机组号
unitName	string	机组名称
materialWt	string	在库量
passageWt	string	通过量
unprWt	string	欠量
ship	string	船号
section	string	分段号

关于钢材生产进程数据的上传，协同平台同样提供了 XML 文件上传的接口。用户调用接口上传 XML 文件到协同平台上，协同平台会调用 EDI 客户端将文件上传至 UECP，UECP 借助 JAXB 对文件内容进行解析，得到生产进程相关数据条目并保存至本地数据库；之后，UECP 会生成待下载文件列表，由 EDI 客户端通知协同平台下载到本地进行 XML 的解析，并与数据库中条目进行比对检查。此外，用户也可以通过其他方式调用 EDI 客户端上传 XML 文件到 UECP，之后通过 EDI 客户端获取 UECP 生成的待下载文件列表，这时可以调用协同平台接口通知平台将数据下载到本地进行解析并存入数据库。同时，协同平台会将解析得到的条目根据钢厂资源号及工序号与本地数据库条目进行比对，如果数据库中有与当前条目钢厂资源号、工序号均相同的条目，则认为当前条目是对已有记录的更新，将更新对应数据并调用通信交互模块进行更新的通知。之后，协同平台可以直接通过查询数据库对外提供钢材生产进程的查询接口，并且借助 JAXB 和 Apache POI，根据钢材生产进程数据条目列表生成 XML 或 Excel 文件，提供用户下载的接口。

5. 物料提交信息模型

钢材交货明细的数据模型如表 6-6 所示，其中最终用户名称、客户订单编号、钢厂资源号、品名、厚度、宽度、长度下限、长度上限、板卷类型（型号）、订货质量、计量单位、订货数量、辅计量单位、炉号、捆包号、证书号、出厂日期、运输车船号均为钢材供应商定义的业务数据字段，船号、分段号是根据钢厂资源号关联的客户订单编号计算得到的字段。为了方便实现复杂查询,这里单独列出这两个字段。

表 6-6　钢材交货明细的数据模型

字段名称	数据类型	含义
finUserName	string	最终用户名称
custOrdNum	string	客户订单编号
orderNum	string	钢厂资源号
prodDscr	string	品名
thick	string	厚度
width	string	宽度
minLength	string	长度下限
maxLength	string	长度上限
plateOrCoil	string	板卷类型(型号)
orderWt	string	订货质量
orderUnitCode	string	计量单位
orderQty	string	订货数量
orderQtyUnit	string	辅计量单位
heatNum	string	炉号
packNum	string	捆包号
certNum	string	证书号
deliveryDate	string	出厂日期
vehicleCode	string	运输车船号
ship	string	船号
section	string	分段号

对于钢材交货明细数据的上传,协同平台同样提供了 XML 文件上传的接口。用户调用接口上传 XML 文件到协同平台上,协同平台会调用 EDI 客户端将文件上传至 UECP,UECP 借助 JAXB 对文件内容进行解析,得到交货明细相关数据条目并保存至本地数据库;之后,UECP 会生成待下载文件列表,由 EDI 客户端通知协同平台下载到本地进行 XML 的解析,并与数据库中条目进行比对检查。此外,用户也可以通过其他方式调用 EDI 客户端上传 XML 文件

到 UECP,之后通过 EDI 客户端获取 UECP 生成的待下载文件列表,这时可以调用协同平台接口通知平台将数据下载到本地进行解析并存入数据库。同时,协同平台会将解析得到的条目根据钢厂资源号、炉号和捆包号与本地数据库条目进行比对,如果数据库中有与当前条目钢厂资源号、炉号、捆包号均相同的条目,则认为当前条目是对已有记录的更新,将更新对应数据并调用通信交互模块进行更新的通知。之后,平台可以直接通过查询数据库对外提供钢材交货明细的查询接口,并且借助 JAXB 和 Apache POI,根据钢材交货明细数据条目列表生成 XML 或 Excel 文件,提供用户下载的接口。

6.2.3 技术架构

基于船舶供应链的业务处理流程,以及涉及的相关信息实体模型,建立承载业务和信息的技术平台。如图 6-4 所示,平台总体架构大致可分为五层,主要包括基础设施、通信交互组件、业务功能组件、服务管理组件以及可视化组件。

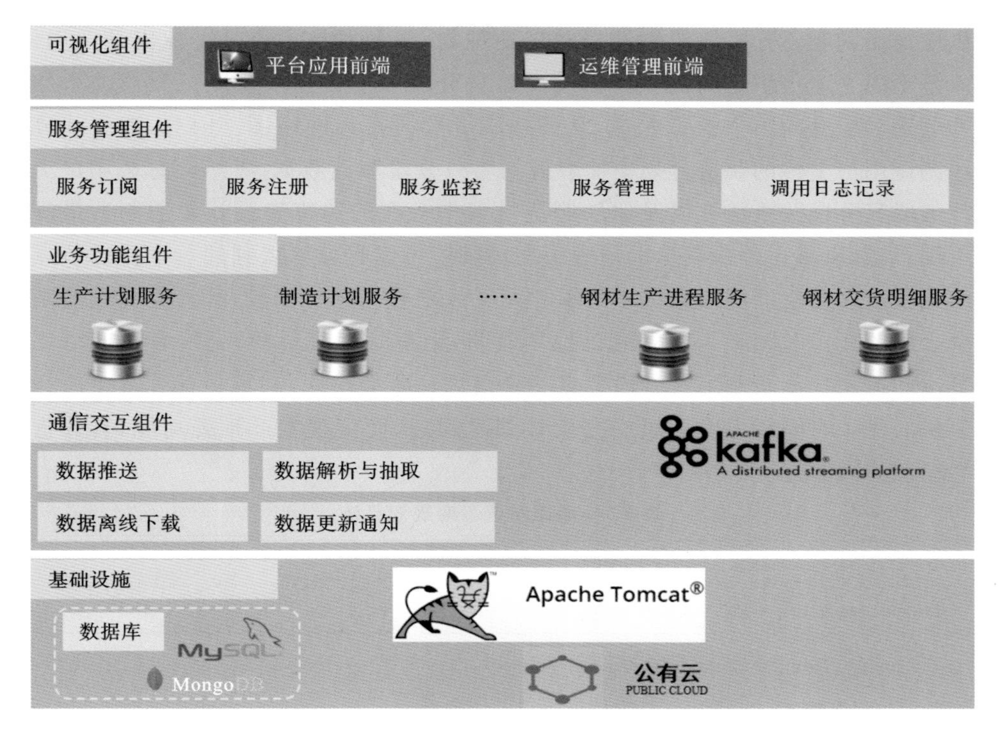

图 6-4　基于云的船舶供应链平台技术架构

在基础设施部分，本项目部署于阿里云提供的云服务器ECS实例下，以Apache Tomcat作为Servlet容器提供Web服务，采用MySQL与MongoDB数据库来存储结构化和非结构化的数据。在通信交互组件部分，本项目集成了Kafka以及某钢材供应商使用的钢铁业一体化协同商务平台UECP，提供数据推送、数据解析与抽取、数据离线下载以及数据更新通知等功能。业务功能组件针对项目需求，结合通信交互组件完成项目的具体业务功能，包括生产计划服务、制造计划服务、搭载网络可视化服务、钢材合同明细服务、钢材生产进程服务、钢材交货明细服务等。服务管理组件对由各个业务功能组成的服务进行管理，提供服务订阅、服务注册、服务监控、服务管理以及调用日志记录等功能。项目前端可视化组件分为平台应用前端和运维管理前端，分别用于执行业务功能与业务管理功能。

6.2.4 典型算法设计

船舶制造工期规划算法（见表6-7）用于船舶协同制造工程管理，结合船舶供应链协同制造开展分段制造最短工期规划，规划对象不再是企业内部活动，而是不同企业组织之间的生产活动。船只分段节点数据以及船只分段关系数据分别对应有向图中的点与边，从而构成了船只搭载网络图。因此，需要从分段制造用户上传的制造计划中抽取得到船只分段节点数据，再结合总装用户上传的船只分段关系数据以及船舶制造过程中存在的约束来设计船舶制造最短工期算法，以求得分段制造的最短工期；同时，可以将计算得到的每个分段节点的完工时间与生产计划数据中的组立完工计划时间进行比较，若计算得到的某个分段的完工时间晚于组立完工计划时间，则有延迟交货的风险，有可能需要分段制造用户重新制定各分段节点的拼接预计所需时间，并重新计算直至所有分段的完工时间均不晚于组立完工计划时间，从而实现生产预警功能，有效指导船舶协同制造。

表6-7 船舶制造工期规划算法

Input：Graph，source

Output：segmented production schedule

```
1.  Function ShortestSchedule(Graph，source)：
2.      dist[source] ← 0；  //计算两源节点间的距离
3.      Queue Q ← null；Q.in(source)；  //初始化源节点队列
4.      for each vertex v in Graph：
```

续表

```
5.          if v ≠ source：
6.              dist[v] ← ∞；
7.          end if
8.      end for
9.      while (! Q.empty())
10.      {
11.          u ← Q.out；
12.          for each neighbor v of u：
13.              new =dist[u] + length(u, v)；  //松弛操作
14.              if new < dist[v]：
15.                  dist[v] ← new；
16.                  if v doesn't exist in Q：
17.                  Q.in(v)；
18.              end if
19.          end for
20.      }
21.      end while
22.      for each vertex v in Graph：
23.          if dist[v] > dist[v] required      return error；
24.      end for
25.      return dist[]；
```

该算法基于动态规划的思想，能以自底向上的方式依次计算各个点的最短路径。其核心思想是设立一个存放松弛节点的队列，其中保存着需要优化的节点，当需要优化时依次从队首取出节点 u，利用 u 点当前的最短路径值对从 u 点指向的 v 点进行松弛操作，即比较 dist[v]与 dist[u]+length(u,v)，如果 v 点的最短路径估计值确实调整了，并且当 v 点不在队列中时，将 v 点加入队列尾部，如果 v 点没有被松弛就忽略该点。循环从队列中取出点进行松弛操作，直至队列中的点全部被取出为止，此时队列为空。该算法的时间复杂度为 $O(ke)$，其中 k 为图中的所有顶点进入队列的平均次数，e 为常数系数，一般小于或等于 2。算法最后结合船舶协同制造场景比较了计算得出的每个分段的完工时间与组立完工计划时间，如果分段完工时间依然晚于组立完工计划时间，则会给分段制造用户以提示。

6.2.5 集成交互方式

船舶协同制造平台实现的三种数据交换模式，分别是基于 EDI 客户端与钢材供应商内部系统进行的数据交换、离线数据缓存信息交换以及在线编辑信息交换。

1. 基于 EDI 客户端的外部平台信息交换

UECP 是钢材供应商使用的协同商务平台，它的重要用途之一是提供电子数据交换服务。本研究所依托的实际项目使用某钢材供应商开发的 EDI 客户端与 UECP 进行通信，从而实现钢材合同明细、钢材生产进程、钢材交货明细等相关信息的传输与通知。

本项目中钢材相关信息的数据下载过程如图 6-5 所示。EDI 客户端监听 EDI 服务器，也就是 UECP 上的数据。如果 UECP 中有待下载的数据清单，则发送通知给业务系统，也就是所研究的船舶协同制造平台。通知的内容主要包括待下载的数据在 EDI 服务器中的编号。业务系统获取到待下载数据编号之后，发送下载请求至 EDI 客户端。EDI 客户端从 EDI 服务器将待下载的加密过

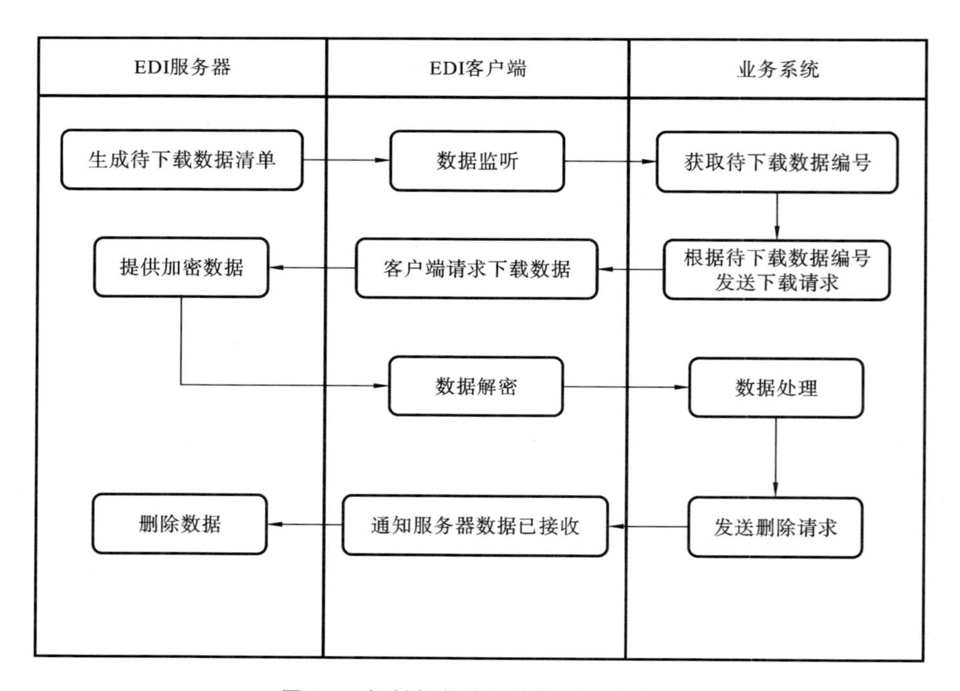

图 6-5 钢材相关信息的数据下载过程

的数据下载到本地进行解密，得到原始数据并返回到业务系统进行处理。处理完成后，业务系统发送删除请求至EDI客户端，通知EDI服务器数据下载已完成，然后EDI服务器删除相关数据。

与下载过程相比，本项目中钢材相关信息的上传过程较简单。业务系统调用EDI客户端上传业务数据，客户端对数据进行加密并上传到EDI服务器进行保存，EDI服务器记录数据编号且将编号加入待下载数据清单中，等待数据的接收方即船舶协同制造平台进行下载。

2. 离线数据缓存信息交换

为了提高船舶协同制造上下游企业间信息的安全性及信息交换的灵活性，对各种类型的信息变更做好记录和备份，本平台实现了离线数据缓存功能，可以帮助企业在没有外网的情况下实现对数据的灵活管理。

在船舶协同制造平台与分段制造用户之间设置了离线数据缓存队列，该缓存队列可以访问船舶协同制造平台，并定时获取数据进行保存。分段制造用户直接从该缓存队列中获取数据。设置离线数据缓存队列是出于以下几点考虑：① 由于分段制造用户的企业性质较特殊，为了保证企业数据安全，该用户无法连接外网，因此该用户无法直接访问船舶协同制造平台，通过设置离线数据缓存队列，该用户可以间接地从平台获取数据，同时确保了分段制造用户的数据安全；② 该离线数据缓存队列可以为船舶协同制造平台提供数据备份功能；③ 相对于从船舶协同制造平台直接获取数据，通过设置定时从船舶协同制造平台下载数据至离线数据缓存队列，分段制造用户可以更加快捷地从离线数据缓存队列中获取数据。

图6-6展示了分段制造用户通过离线数据缓存队列进行离线数据缓存信息交换的流程。

3. 在线编辑信息交换

为了提高船舶协同制造上下游企业间的信息交换效率，减少不必要的工序和减轻管理大量文件的负担，本项目实现了在线文件管理、在线文件预览、在线编辑等功能，可以帮助企业及时有效地查看和管理自己或其他企业上传到船舶协同制造平台的数据，从而获得与本地操作一样方便、快捷、安全的体验。

图6-6也展示了总装用户通过船舶协同制造平台进行在线编辑信息交换的流程。总装用户登录至船舶协同制造平台后在某一分段尚未开工前对自己之前下发的生产计划进行在线编辑，例如在线修改。离线数据缓存队列会定时从船舶协同制造平台拉取最新的生产计划等待分段制造用户查看，然后分段制造

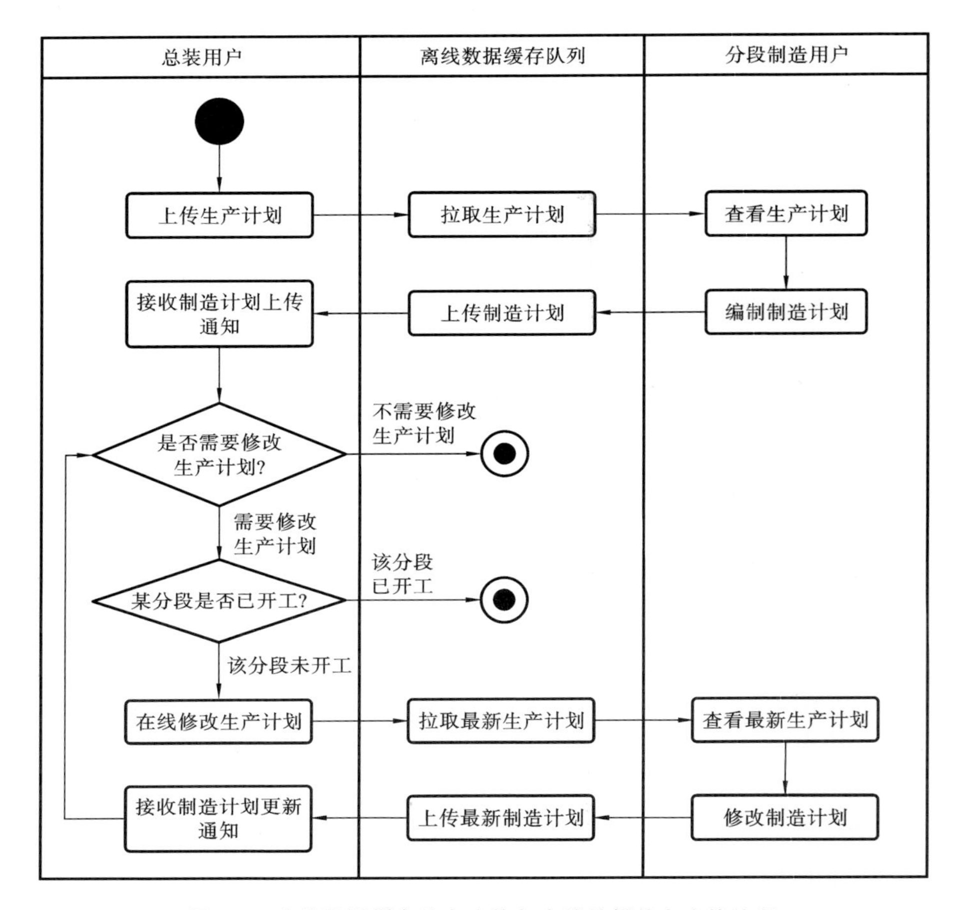

图 6-6　离线数据缓存信息交换与在线编辑信息交换流程

用户根据最新的生产计划修改制造计划并上传至离线数据缓存队列，离线数据缓存队列将其上传至船舶协同制造平台，船舶协同制造平台向总装用户推送变更通知以实现数据的及时交换。这样就省去了总装用户的烦琐操作。

6.2.6　平台实现

本项目采用以角色驱动的开发模式，该模式主要体现为通过分析船舶行业供应链中的角色及用例，逐步自顶向下展开模型设计和转换。该服务平台实现的核心是建立流程模型、高层次功能模型（功能场景）、功能模型（功能用例）、信息模型（数据关系及数据流）以及行为模型（状态模型）等，作为船舶供应链工业软件进一步设计的基础。

1. 流程分析

从业务角度出发,业务问题分析的核心是找到核心流程或者说增值链模型,在此基础上开展分析及设计。本项目涉及船舶协同制造供应链上下游企业中的三家企业,分别是总装用户、分段制造用户以及钢材供应商。这三家企业在船舶协同制造供应链中扮演着不同的角色,总体说来,它们的职能分工如表6-8所示。

表6-8 船舶协同制造供应链上下游企业及其职能分工

企业角色	职能分工
总装用户	制定整船的生产计划,并实现各个分段的总装
分段制造用户	配合总装用户,负责船只各个分段的制造
钢材供应商	配合分段制造用户,实现钢材物料的配给

基于该生产背景,船舶协同制造上下游企业的生产流程如下:首先总装用户制定整船生产计划,并将该生产计划上传,包括整船所需的所有组件,例如发动机、主机、轴承等。该生产计划是从每一艘船的整体角度制定的,所以其分割粒度相对较粗。分段制造用户随后根据总装用户上传的生产计划分析得出自己所需要生产的组件,同时生成自己生产所需的制造计划,该制造计划相对于总装用户制定的生产计划而言,粒度更细。该制造计划中需求量最大的就是钢材,所以分段制造用户会上传自己生产所需的钢材需求清单,以供钢材供应商查看。钢材供应商通过查看钢材需求清单来生成并上传钢材生产计划,以配合分段制造用户的生产。在这一系列的过程中,各企业会随时根据实际的生产情况更新生产进度、生产计划、预计到货时间等,该信息需要提供给船舶协同制造上下游企业,以便所有企业动态、灵活地调整各自的生产进度和生产计划,最终提升船舶协同制造的生产效率,间接节省生产成本,减少资金占用。

2. 场景识别

功能场景是业务流程划分的主要片段,涉及多用户的交互。可以采用基于事件的交互分析,对涉及的功能场景进行识别。船舶协同制造平台集成船舶结构件上下游企业,涉及的主要用户包括总装用户、分段制造用户以及钢材供应商。基于业务场景,在实际应用中场景识别涉及的信息交换过程如下:总装用户在船舶协同制造平台上上传生产计划,该生产计划包含各个船只各个分段的组立完工计划以及搭载计划时间;分段制造用户根据总装用户的生产计划制定对应的制造计划；分段制造用户和钢材供应商签订钢材合同后，由钢材供应商在 UECP 上上传物料信息，主要包括钢材合同明细数据、钢材生产进程数据以及钢材交货明细数据；EDI 客户端从 UECP 获取待下载文件列表，然后发送通知消息至船舶协同制造平台，之后平台可通过 EDI 客户端向 UECP 发送下载请求并下载物料信息、解析新的数据。

在某一分段尚未开工前，总装用户可对其生产计划进行变更，船舶协同制造平台会等待离线数据缓存队列主动拉取数据并及时向分段制造用户推送相关变更通知，分段制造用户直接从该缓存队列中获取数据。在分段制造过程中，分段制造用户也可对制造计划进行变更，记录各个分段的实际制造情况，并上传至离线数据缓存队列，该缓存队列将数据上传至船舶协同制造平台，船舶协同制造平台会及时向总装用户推送变更通知。

3. 用例构造

用例图是概括有关参与者和用例信息的一个图形化的模型。该船舶协同制造平台用例图如图 6-7 所示，每一类用户都涉及多项表单的管理。另外，需要注意的是，对于“生产计划管理”“制造计划管理”“钢材合同明细管理”“钢材生

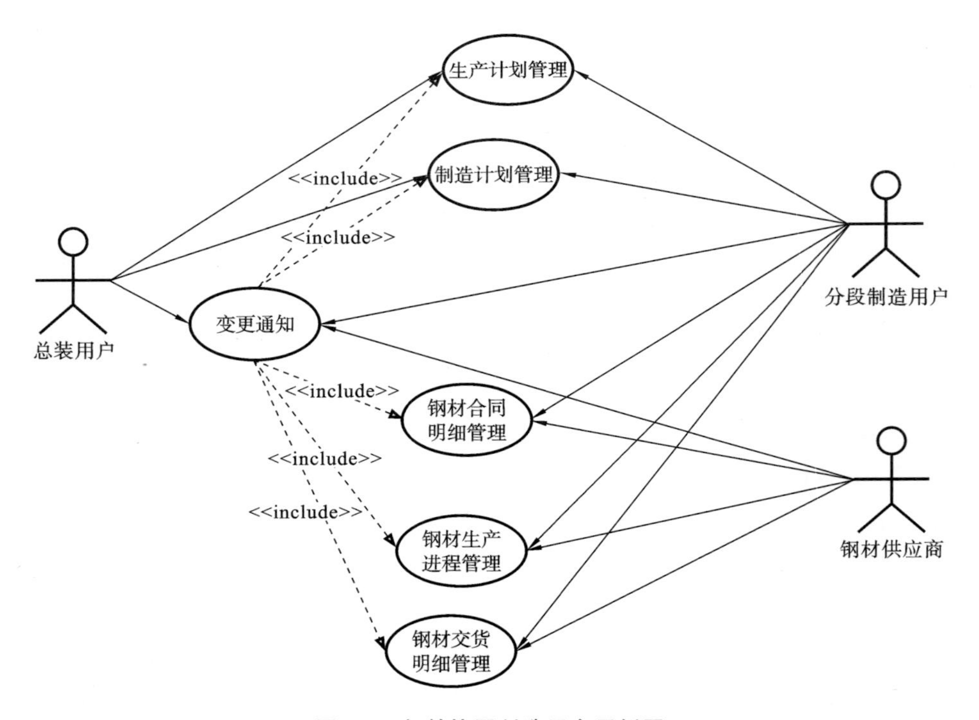

图 6-7 船舶协同制造平台用例图

产进程管理”“钢材交货明细管理”这几个用例而言，它们全都涉及对现有信息更新的操作，所以需要把更新的结果通知推送到相关上下游企业，从而实现企业间的灵活、动态的信息交互。

4. 数据流识别

在业务场景基础上，除了功能模型外，还可以构造信息模型。信息模型可以包括信息对象、信息对象关系以及信息对象和活动的交互关系。为满足船舶协同制造实际的业务需求，以生产计划和制造计划为例，表 6-9 以 Schema 的形式展示了船舶协同制造生产计划和制造计划中上下游企业间交换的主要数据模型。用户可通过这些数据模型来理解上下游企业之间交换的数据内容，从而深入了解业务流程。

表 6-9　船舶协同制造中生产/制造计划的数据模型

内容	结构	含义
生产/制造计划数据模型	<? xml version="1.0" encoding="ISO-8859-1" ?> <xs:schema xmlns:xs="/plan/upload"> <xs:element name="plan"> <xs:complexType> <xs:sequence> <xs:element name="id" type="xs:long"/> <xs:element name="requester" type="xs:string"/> <xs:element name="ship" type="xs:string"/> <xs:element name="section" type="xs:string"/> <xs:element name="groupPlan" type="xs:string"/> <xs:element name="buildPlan" type="xs:string"/> <xs:element name="manufacturer" type="xs:string"/> <xs:element name="planTime" type="xs:string"/> <xs:element name="realTime" type="xs:string"/> </xs:sequence> <xs:attribute name="" type=""> </xs:complexType> </xs:element> </xs:schema>	id：计划的唯一标识符 requester：委托单位 ship：船号 section：分段号 groupPlan：组立完工计划 buildPlan：搭载计划时间 manufacturer：制造单位 planTime：一个 JSON 字符串，内容为包含所有计划时间节点的数组 realTime：一个 JSON 字符串，内容为包含所有实际时间节点的数组

其中，生产计划由总装用户上传，包含船只中所有分段的组立信息及相关时间节点。生产计划数据模型主要包含的字段包括委托单位、船号、分段号、组立完工计划、搭载计划时间、制造单位等。在编写生产计划时，总装用户根据实际搭载流程编写合理的时间，生产计划中的“groupPlan”代表组立完工计划，这个字段为分段制造用户安排制造计划的时间节点提供了依据。对于生产计划而言，数据模型当中的“planTime”与“realTime”均为“[]”，即用一个空数组的JSON字符串表示。

制造计划由分段制造用户上传，是分段制造用户根据总装用户上传的生产计划，结合设计图纸、企业的实际生产能力、工艺约束、时间约束等因素所编写的。

6.2.7 应用结果

船舶协同制造平台的软件应用结果主要涉及以下模块。

1. 异构数据交换模块

此处以“生产计划服务”的数据上传和解析、数据变更的通知为例，展示异构数据交换模块的应用成果。

如图6-8所示，总装用户通过点击左侧标签栏“生产计划服务”标签，进入“生产计划服务”页面。首先定义生产计划的数据模型，需要上传该数据模型。点击页面中的“选择文件”按钮，上传对应的XML文件并点击“提交”。

图6-8 生产计划上传界面

在数据模型上传并解析完成后，点击页面右侧的已解析完的相应数据模型。数据模型中的数据不仅描述了具体数据表的表头项，还有一些数据需要数据上传者填写，作为数据表的描述数据。这些数据会以表单形式动态显示在页面上，供数据上传者填写。填写完毕后，数据上传者以 XLSX 格式提交相应的具体 Excel 表单。

提交完成的表单会加入页面右侧的历史表单数据中，用户可以通过点击相应的表单名在页面上查看具体表单内容。用户可以以离线数据包的形式下载指定的数据表单。数据交换动态监控功能能够动态显示该用户订阅的数据内容的变更情况。一旦总装用户向平台上传生产计划，该页面就会自动弹出一条消息，展示收到的新的生产计划信息，如图 6-9 所示。用户能够在此页面上查看生产计划详情。

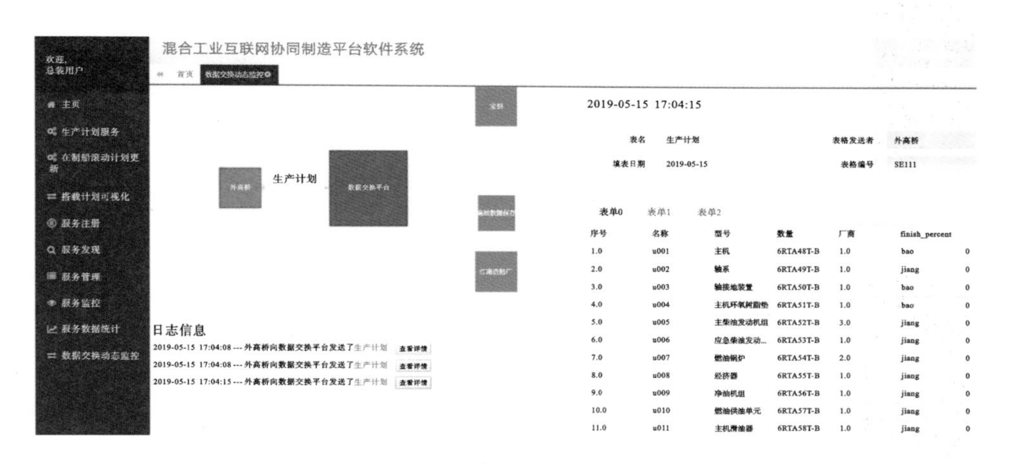

图 6-9　数据变更通知

2. 微服务注册及管理模块

如图 6-10 所示，用户点击左侧标签栏中的“服务注册”标签，能够看到相应的栏目。用户在填写完所有信息并提交后，模块在系统预设定时访问(心跳模式)的执行期内，如果能够收到 * * 的请求消息，则说明注册成功。

如图 6-11 所示，用户点击左侧标签栏中的“服务发现”标签，可以查看模块上已经注册的服务信息。

用户点击左侧标签栏中的“服务数据统计”，进入“服务数据统计”页面，选定需要查询的时间周期和需要查询的服务名称，点击“查询”，就可获得服务调用情况，如图 6-12 所示。

图 6-10　服务注册

图 6-11　服务发现

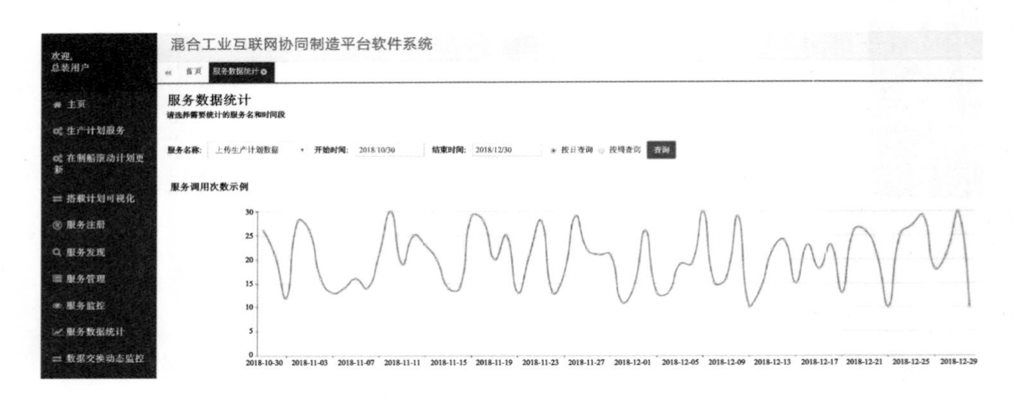

图 6-12　服务调用情况(按日统计)

3. 船舶制造工期规划

分段制造用户登录平台后，点击左侧标签中的“制造计划服务”，可进入“制造计划服务”页面，选择需要计算的船号，计算分段工期即可得到分段制造的最短工期，如图 6-13 所示。

混合工业互联网协同制造平台软件系统

欢迎,
分段制造用户

首页 制造计划服务

主页
生产计划服务
制造计划服务
钢材合同明细
钢材生产进程
钢材交货明细
搭载网络可视化
服务发现
数据交换动态监控

船号 H1471 编辑模式

上传制造计划 修改制造计划 计算分段工期

分段号	开始日期	完成日期	工期
31	2018/7/18	2018/9/10	39
33	2018/7/17	2018/9/13	43
34	2018/7/11	2018/9/7	43
36	2018/6/27	2018/8/28	45
37	2018/6/29	2018/8/30	45
38	2018/6/27	2018/8/31	48
45	2018/7/10	2018/9/5	42
48	2018/7/10	2018/9/5	42
55	2018/7/2	2018/8/31	45
57	2018/7/5	2018/9/4	44

Showing 1 to 10 of 219 entries

Previous 1 2 3 4 5 … 22 Next

图 6-13　船舶制造工期规划算法结果展示

4. 搭载计划可视化

基于异构数据交换模块,在用户上传了制造计划和船只分段关系数据后,系统将自动生成在制船可视化模型。用户点击左侧“搭载计划可视化”标签,进入“搭载计划可视化”页面。在该页面,用户可以选择相应的搭载计划,查看相应船只的 2D 拓扑模型,如图 6-14 所示。

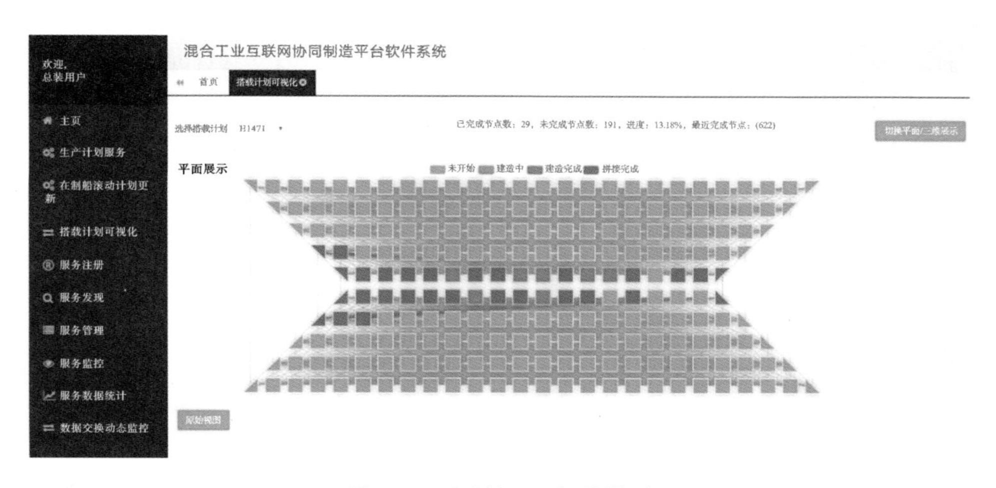

图 6-14　在制船 2D 拓扑模型

将鼠标放在某一拓扑节点上,系统可以展示该节点对应的船体分段的生产进度。点击该节点,可查看该分段的子图详情,如图 6-15 所示。该页面中间显

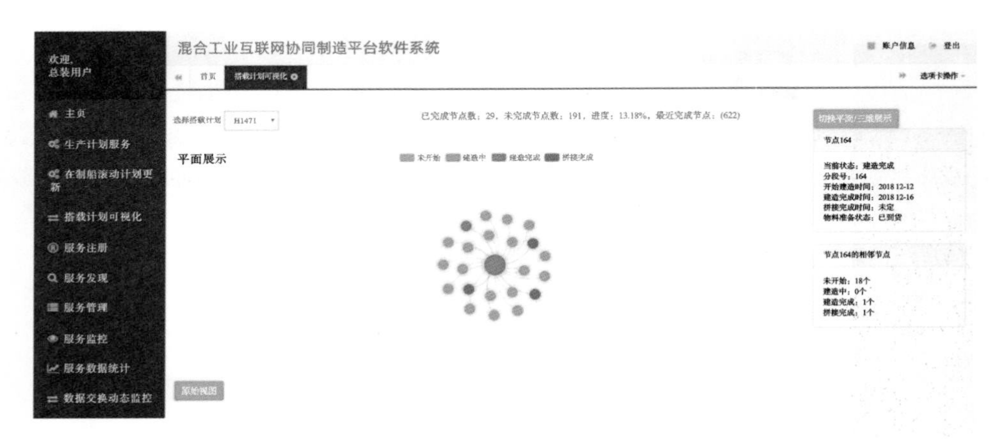

图 6-15　在制船节点分段子图详情

示了该分段的子图拓扑结构，右侧展示了该子图的数据详情。

表 6-10 从面向对象、数据交换、系统架构、算法实现、综合评价（包括安全性、功能性、容错性、可扩展性）等方面将船舶供应链云服务平台与普通服务平台进行了比较。

表 6-10　不同船舶制造服务平台的比较

项目	船舶供应链云服务平台	普通服务平台
面向对象	船舶供应链上下游企业	仅分段业务用户
数据交换	支持企业间异构数据交换	不支持异构数据交换
系统架构	微服务架构	单体架构
算法实现	低代码	传统编程
安全性	微服务架构中，各个功能模块都以服务的形式暴露出来，并独立维护自己的数据库等底层资源，有效提升数据安全性	非微服务架构，数据安全性一般
功能性	微服务架构，设计了微服务注册及管理模块，集成企业内部系统，将企业内部系统的部分功能以服务的形式发布到微服务注册及管理模块，便于供应链上下游企业的其他节点使用此服务	非微服务架构，主要用于分段制造的时间规划
容错性	通常情况下，每个微服务都能够在云上部署多个冗余版本，为服务的容错性提供了有力的支持	一般
可扩展性	高	一般

整体目标上,现有的服务平台多是围绕分段业务设计,而很少结合信息管理对船舶供应链上下游企业间的协同制造进行研究。本平台支持多企业间异构数据交换,并且采用微服务架构,与采用单体架构的普通服务平台相比,其在安全性、功能性以及容错性上都有很大的提升,并且最终在可扩展性、吞吐量、有效性、通用性等指标上都有较好的提升。

本章小结

● 基于工业云平台层次的划分,阐述了云服务平台构造核心思想,体现为基于云平台的服务构造和集成。

● 以一个典型的船舶供应链协同云平台构造为例,从业务分析、信息建模、典型算法设计、计算架构等方面,阐述了云平台构造的方法,为云平台模式下的工业软件架构设计和开发提供了参考。

本章参考文献

[1] CAI H M, GU Y Z, VASILAKOS A V, et al. Model-driven development patterns for mobile services in cloud of things[J]. IEEE Transactions on Cloud Computing, 2018,6(3):771-784.

[2] XIE C, CAI H M, XU L D, et al. Linked semantic model for information resource service toward cloud manufacturing[J]. IEEE Transactions on Industrial Informatics,2017,13(6):3338-3349.

[3] CAI H M, XIE C, JIANG L H, et al. An ontology-based semantic configuration approach to constructing data as a service for enterprises[J]. Enterprise Information Systems,2016,10(3):325-348.

[4] 王念. 工业互联网环境下船舶协同制造平台研究与实现[D]. 上海:上海交通大学,2020.

第7章 基于边缘计算的工业软件构造及实践

本章给出了基于边缘计算的工业软件架构，并从业务场景出发，结合航天工业异地协同制造平台构造实践，按计算架构、信息架构、核心算法、集成模式等介绍了一个基于边缘计算的工业软件构造过程。

7.1 基于边缘计算的工业软件架构

在万物互联的今天，云计算资源多在远离终端用户的企业数据中心，虽然云计算在全局性、非实时、长周期的大数据处理、分析、决策支持等领域发挥了巨大优势，但面对网络中海量设备产生的爆炸式增长的数据，传统的云计算模式则显示出其不足的一面。一方面，海量数据对网络传输要求高，需要更大的带宽来避免传输过程中的网络拥塞；另一方面，工业环境的实时性强，海量数据的传输时延也需要进行控制。而中心化的云服务管理模式无法满足复杂多样的生产场景的实时处理要求。

边缘计算是指在靠近人、物或数据源头的网络边缘侧，应用就近的网络、计算、存储资源提供最近端服务。边缘计算在局部性、实时性、短周期数据的处理与分析，以及本地业务的实时智能化决策与执行方面具有很大优势。利用边缘计算的服务定制和实时处理技术，可以缓解工业制造中跨地域、跨模式、跨平台带来的管理困难。

基于边缘计算的工业软件架构并不是对云计算架构的简单替代，而是一种互补协同。基于边缘计算的工业软件架构与云平台的结合，即云边协同模式，是边缘计算更加科学、合理的应用模式。应用程序部署在边缘侧，服务发起在边缘侧，服务响应也在边缘侧，从而实现高效的实时处理和最小化的网络数据传输，以满足实时业务、应用智能、安全与隐私保护等方面的基本需求。

如图7-1所示，在云边协同模式下，边缘计算节点（ECN）靠近执行单元，对云平台所需的深加工、高价值数据进行采集和初步处理，以更好地支撑云端应用;同时,边缘计算节点计算能力有限,云平台利用充足的计算资源和海量数据,分析优化业务规则或模型,将输出结果下发到边缘侧,让边缘侧基于新的业务规则或模型运行,实现系统的升级换代。

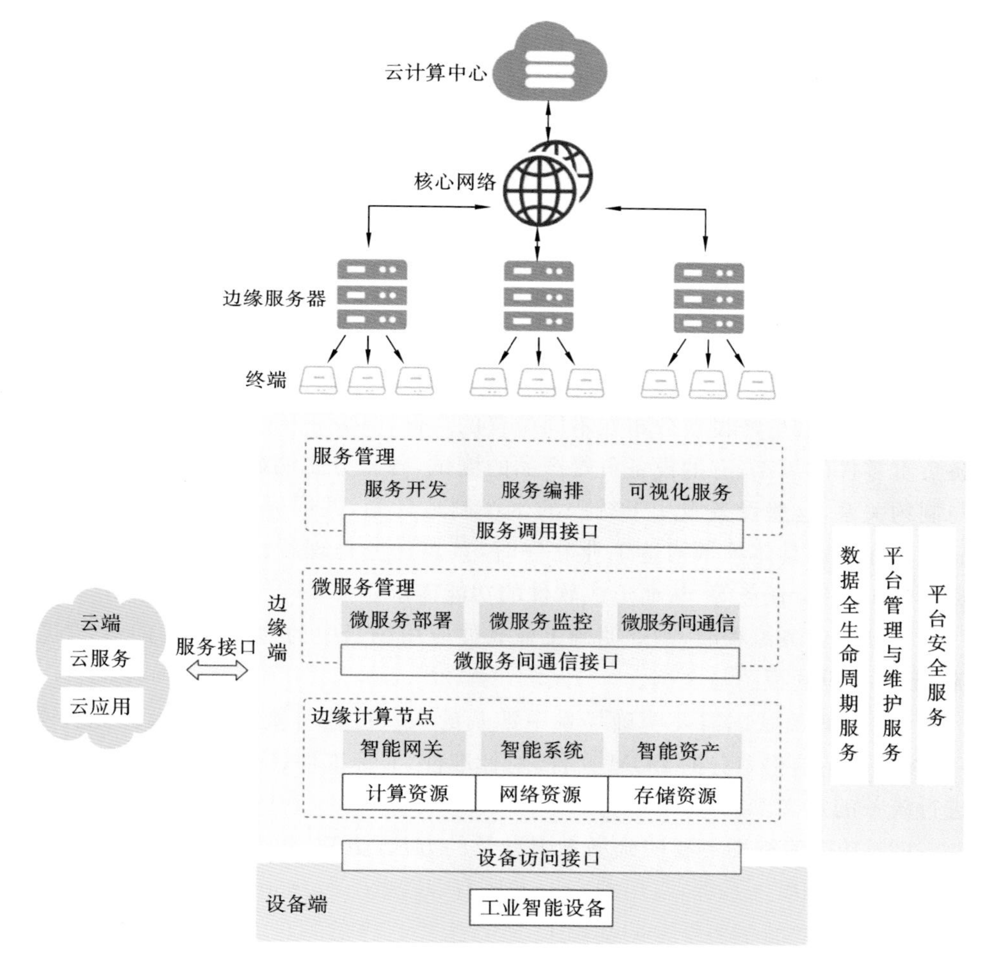

图 7-1　工业互联网中的云边协同架构

在云边协同架构中,边缘计算节点是以边缘服务器为中心的一组智能硬件终端,是边缘计算服务的核心。

边缘计算节点往往由业务上具有内聚性的不同类型硬件组成,例如侧重于收集和处理低功耗信息的边缘传感器、支持实时闭环控制服务的边缘控制器、侧重于处理和转换网络协议的边缘网关、侧重于处理大量数据的边缘服务器等。

边缘计算节点具有一定的感知、计算、网络和存储资源，具有可编程和可演化能力。为了屏蔽异构的硬件设备和操作系统带来的边缘计算节点互操作和协同问题，使用微服务和容器等技术对边缘计算节点进行封装，可以实现边缘计算节点的高效管理，也为边缘计算技术落地和应用提供了更大的可能性。

然而，边缘计算节点如何封装，微服务如何部署，如何与其他边缘计算节点有机协同，这些都是基于边缘计算的工业软件构造需要解决的问题。

下面结合航天异地协同制造场景，对基于边缘计算的工业软件构造方法与过程展开论述，分别针对业务分解、计算资源规划、工业微服务设计、微服务部署与运维、多边缘节点协同等过程提出相应的方法论，并给出实践经验。

1. 业务分解

基于边缘计算的工业软件适用的工业场景，一般具有分布式的设备、资源共享的任务目标等特点，例如异地协同制造、区域能源网络管理等。以异地协同制造为例，其生产设备分布在不同位置的厂区，具有不同的生产能力，有的设备负责零件的加工，有的设备负责产品的测试，各自分工明确，同时又存在依赖与制约关系，这些设备服从于统一的生产制造计划，共同完成工业产品的生产制造。在面向具体场景构造工业软件时，首要任务是理解该场景的业务流程、资源分工、目标任务等，从而形成软件的功能需求。

在分析业务流程时，需要明确工业软件应用场景中的物理流、功能流、信息流，形成相应的视图与文档。

(1) 物理流视图需要明确场景中涉及的人、机、物等资源信息及其拓扑关系，参考产品结构划分的 BOM 文件，对标准件、非标准件、定制件的来源和用途进行统一的定义。

(2) 功能流视图需要明确场景中涉及的方法、方法对应的资源类别以及方法间的时序依赖关系等，常用的表示方法有 BPMN 图、泳道图等。在业务分解过程中，应在产品结构划分的基础上，进行生产工序的划分，然后在后续资源分配中将相应的任务与边缘计算节点对应起来。

(3) 信息流视图则需要明确生产工序的输入输出信息，特别是在物理生产加工过程中额外产生的记录物理世界状态的信息，根据这些信息传递的方向，形成生产任务的拓扑依赖关系，为后续的消息传递和交互机制的实现提供依据。

2. 计算资源规划

在业务分解的基础上，需要为分解后的顶层任务匹配相应的计算资源，也就是对边缘计算节点进行划分和界定。在工业软件构造实践中,我们发现边缘计算节点划分的粒度常常是困扰软件设计人员的一大难题。以异地协同制造为例,边缘计算节点的粒度是地处不同城市的工厂,还是具有不同分工的车间,这往往难以抉择。要解决这个问题,需要综合考虑工业环境中感、传、存、算等计算资源能力以及业务流程规模的影响。

从计算资源能力角度出发,边缘计算节点往往具有大量的感知资源、一定的网络资源、有限的计算和存储资源,其存在形式可以是一台独立的可编程的终端设备,如大型的一体机、小型的树莓派等,也可以是具有相同功能或共同形成某一特定功能的一组设备。边缘计算节点内部往往通过单机模式或局域网等多层网络模式进行通信。边缘计算节点的计算和存储资源有限,因此其需要与企业数据中心或云平台进行信息交互,在云上完成计算和存储功能。

由此,我们可以根据与云平台对接的信息端点来确定边缘计算节点的划分。若一个工厂组成一个局域网,仅通过一个统一的端点进行数据的上传和计划的下发,则该工厂可以看作一个大型的边缘计算节点;若每个设备均与云平台或数据中心产生链接,如 SCADA 系统,则每个智能设备均可看作一个边缘计算节点,独立地运行和服务。然而采用第二种模式,随着设备终端数量急剧上升,云端的并发压力巨大,这时便需要根据设备的类型和空间分布等特点,适当地增加边缘服务器,从而转为第一种模式。因此,在大型的工业软件中,边缘计算节点往往是一个具有小型边缘服务器的终端设备组成的资源能力集群,如图 7-2 所示。

在感、传、存、算等计算资源能力分析的基础上,我们还需要结合顶层业务任务需求,进一步使边缘计算节点的划分合理化。

这里需要考虑边缘计算节点功能的可解耦性。一个边缘计算节点应能独立完成业务流程中的一个或多个仅存在内部依赖关系的任务,因此业务流程的粒度在这里发挥了作用。对于企业级的业务流程,不同的工厂对应不同的生产制造环节,这种场景下以工厂实体作为边缘计算节点,不仅符合业务流程的任务划分,也符合服务资源能力的划分。对于车间级的生产控制流程,不同的大型制造设备对应不同的生产流程环节,同时,这些设备具有联网能力,可以与云平台进行对接,实现设备的实时监控,此时一个设备实体即可形成一个独立的边缘计算节点。因此,以计算资源能力作为划分基础,结合业务流程功能划分,是基于边缘计算的工业软件构造中计算资源规划的理想途径。

3. 工业微服务设计

第 2 章已经指出,工业微服务一般情况下往往和物联设备相关,与基于消

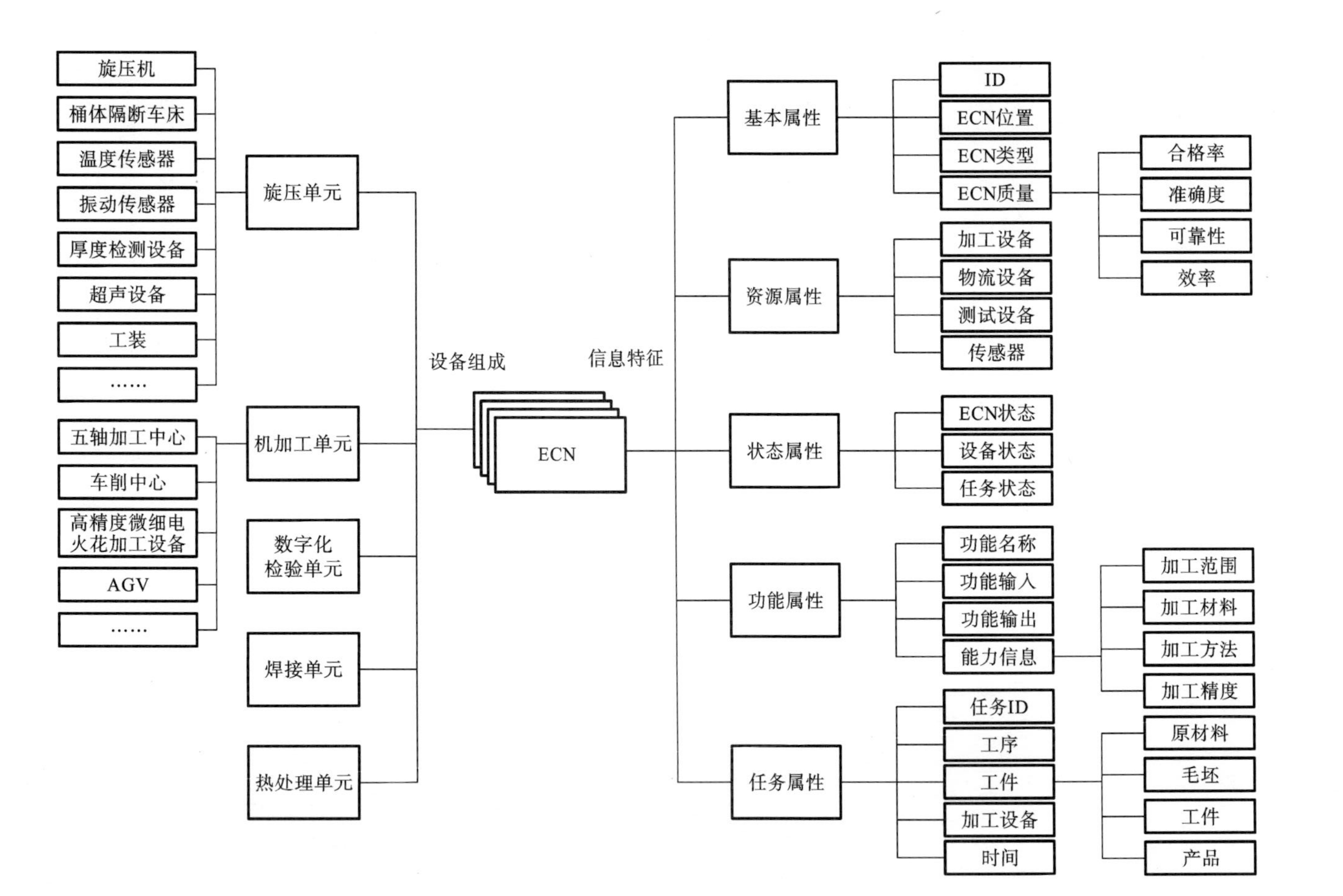

图 7-2 某边缘计算节点的设备组成与信息特征

费者的互联网上的微服务具有一定差异，应用微服务来构造相关工业应用的出发点是方便不同设备按需动态协同，以及适应设备的更新换代。

在微服务架构下，对边缘计算节点的功能服务进行封装，形成可横向扩展的微服务，可以实现边缘计算节点服务的灵活应用。微服务和边缘计算节点并不是一一对应的，一个边缘计算节点可以部署多个不同的微服务，同时一个微服务也可以水平扩展部署于不同的边缘计算节点上。

在实践中，工业设备本身具有一定的功能内聚性，一般可以简单地将一类设备作为一个微服务进行封装。该类设备的硬件接口、软件功能、服务接口等都在这个微服务中进行封装，统一向外暴露，形成该类设备面向控制的数字孪生体。在硬件接口层，主要实现对硬件的操控和对状态的读取；在软件功能层，主要实现与业务相关的复杂逻辑，并形成相应的服务接口，同时也可以实现与其他微服务或软件系统的对接，如数据库、标识系统等。以一台压制设备为例，其硬件接口层包含了设备启动/停止、压强设置、运行状态读取等功能，其软件功能层则包含了产品型号输入、参数选取、批量生产的顶层功能。

在微服务的实现方面，很多语言都已经形成了自己的微服务开发框架，比如用Java语言编写的Spring Cloud、采用Go语言编写的go-micro、采用Python语言编写的Nameko，以及采用C#语言编写的.NET Core等，利用这些开发框架可以快速完成微服务开发。同时，利用容器技术对微服务进行封装，可以进一步屏蔽设备底层操作系统、编程语言、技术框架的异构性，从而支持微服务在边缘计算节点的快速部署。

4. 微服务部署与运维

微服务设计完成后，如何将微服务部署在网络计算环境中，如何运维微服务应用，是软件工作者下一步面临的问题。将微服务应用部署到生产环境有四种主要的部署模式：特定编程语言的发布包格式模式、虚拟机模式、容器模式、Serverless模式。这四种部署模式已在前文介绍，这里不再赘述。

微服务应用部署之后，随之而来的是微服务的运维问题。随着微服务架构渐成主流，解决微服务的运维问题也越来越脱离不了可观测性的指导。学术界一般将可观测性分解为三个更具体方面进行研究，分别是事件日志、链路追踪和聚合度量。

(1) 事件日志。事件日志的职责是记录离散事件，通过这些记录事后分析出程序的行为，例如曾经调用过什么方法，曾经操作过哪些数据。

(2) 链路追踪。单体系统的链路追踪的范畴基本只局限于栈追踪。在微服务架构下，链路追踪就不只局限于调用栈了。一个外部请求需要内部若干服务的联动响应，这时候完整的调用轨迹将跨越多个服务，同时链路追踪的信息包括服务间的网络传输信息与各个服务内部的调用堆栈信息。链路追踪的主要目的是排查故障，如分析调用链的哪一部分，哪种方法出现错误或阻塞，输入输出是否符合预期。

(3) 聚合度量。聚合度量是指对系统中某一类信息的统计聚合。聚合度量的主要目的是监控和预警，如某些度量指标达到风险阈值时触发事件，以便自动处理或提醒管理员介入。

微服务系统运维中，这三个方面往往有关联。这三个方面各有侧重，又不完全独立，它们天然就有重合或者可以结合之处。限于篇幅，这里不再展开。

5. 多边缘节点协同

利用松耦合的微服务架构，将每个边缘计算节点虚拟化为一个独立的服务，可以通过云端服务的交互来促进边缘端节点之间的协同工作。尽管如此，我们依然面临一些挑战：① 边缘计算节点的异构性，这些节点包含的设备、状态和功能各不相同，缺乏统一的信息描述标准，可能会给节点间的信息交换带来一定的困难；② 生产过程数据的时序特性，生产过程数据具有明显的时序特征，而网络状态具有不确定性，不同来源的数据很难保证接收顺序与发送顺序一致，数据流的乱序可能会对服务的正确执行造成影响；③ 生产制造过程的动态性，当前的生产制造过程变化多端，因此服务交互需要随着工艺流程的变化而灵活调整，否则可能会阻碍实际应用的实施。

为了解决上述问题，基于微服务架构的多边缘节点协同，我们可以建立基于流引擎的微服务交互机制。服务采用发布订阅模式进行通信，发布者将动态获取的工业生产过程中的业务信息和状态信息发布出去，而流引擎则监听和处理这些消息，并将其推送到订阅者的目标接口。流引擎根据外部配置的发布订阅关系，动态创建服务间的通信通道，无须服务更新部署，从而提高了服务交互的灵活性。同时，我们要关注多源时序数据的重排，以保证对时序敏感的边缘计算节点处理的正确性。设计监控流数据时延和调整乱序数据的算法，利用时间戳和版本向量等机制进行重排和时序控制，最大限度地保证不同来源的数据形成有序的数据流，避免数据乱序导致服务执行出错。

最后，我们在协同过程中要格外关注以下三个方面的信息交换。

(1) ECN 状态信息的同步：服务实时获取 ECN 中不同物联网设备采集的数据流，并使用流处理技术提取状态信息，从而监控设备状态，保证系统的安全运行；

（2）服务间异构数据的交换：服务之间的交互采用基于主题的订阅模式，但不同订阅者所需的信息格式可能存在差异，通过解析数据 Schema 和提取与本体模型的语义关联，支持异构数据格式的转换，以生成服务所需的数据；

（3）服务到 ECN 的通信交互：微服务接收到加工任务的具体信息后，通过与 ECN 的双向同步通信，下发操作指令，以供工厂加工人员执行。

处理好这三类信息交换，就可实现在工业物联网场景中边缘计算节点的高效稳定协同。

7.2 航天行业边缘计算单元交互平台构造实践

7.2.1 业务分析

在航天工业中，生产工序繁多，生产线错综复杂，对生产参数、生产环境的要求又极为严苛，且工业生产方式离散，涉及多地域、多部门、多设备的协同生产，很多工艺产品的生产过程是通过异地协调来实现的。如图 7-3 所示，某部件由上海和湖州两地的生产部门协作生产，两地的工业生产数字化管理平台部署

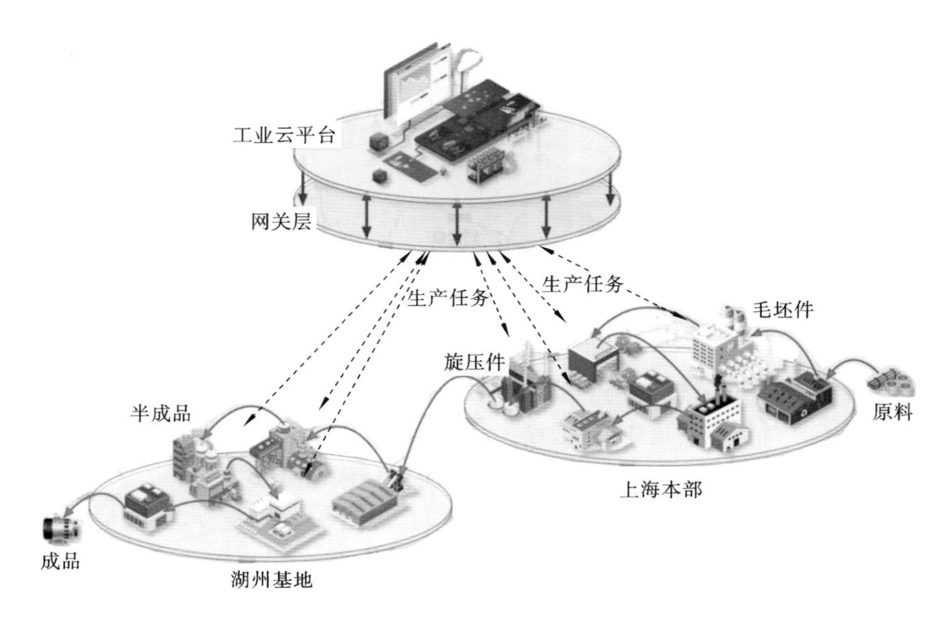

图 7-3 工业物联网背景下航天工业中异地协同生产业务场景

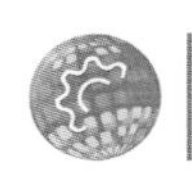

在工业私有云上，由云端统一进行两地生产任务的监督和管理。

以某壳体产品的工业生产流程为例，它包含热处理、强力旋压等生产工序集群，其中每个工序又包含具体的生产步骤细节。如图 7-4 所示，强力旋压工序的具体流程包含制坯、试旋、检验、旋压以及旋压后检验五个步骤。

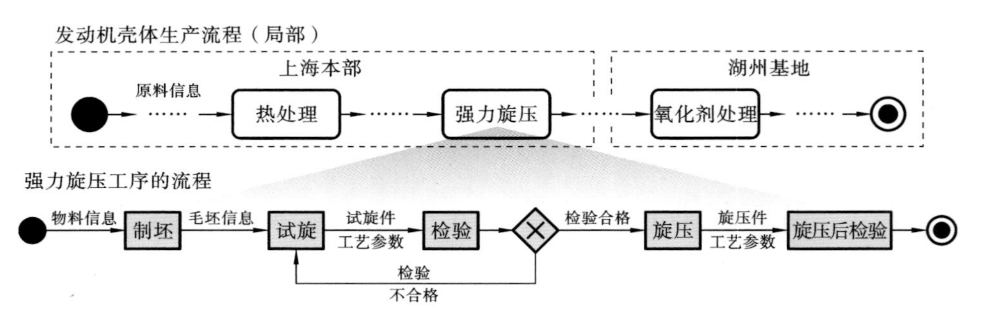

图 7-4　某航天企业壳体产品加工流程图

加工流程中存在异构设备之间通信协议的格式和标准不统一，需要设置网关层对物联设备的通信数据进行统一转换。在生产任务繁重、生产流水线增多的情况下，工业云平台不能即时地进行异地异构设备间协同生产的调控和调度，海量数据的传输占用了大量网络和存储资源，中心化统一管理方式也给云中心的计算能力带来了不小的挑战。针对现有工业生产过程管理中存在的问题，可以引入边缘计算模式，赋能边缘计算节点，使得边缘设备端拥有任务传递和执行的能力，通过将现有工业云的部分决策能力下放到边缘侧，实现云-边-端协同生产管理模式。

本节将以强力旋压工序为例，构造强力旋压边缘计算节点微服务，从而实现该节点的工业软件构造。

7.2.2　信息架构

整个异地协同制造系统可以分为云端、边缘端和设备终端三个层级，如图 7-5 所示。从资源角度来看，云端为边缘端提供云服务和云应用支持，依靠高算力处理边缘端海量数据的复杂计算和响应高精度的处理需求；边缘端是接收云端指令和处理部分业务逻辑的软件载体，接收云端业务指令，并实时响应设备终端请求，以实现初步的逻辑运算，减少过多数据发往云端造成的网络和存储资源浪费；设备终端主要为物联设备，响应边缘端的服务指令调用，并反馈指令执行结果和设备状态信息。

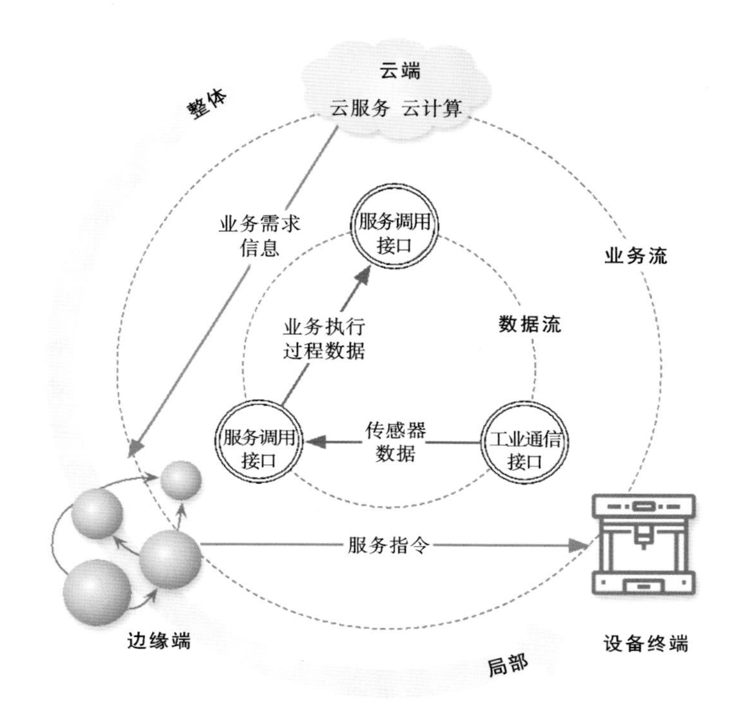

图 7-5 云-边-端协同生产管理模式

从业务角度来看,可以从整体和局部对业务执行过程进行分解。云端从整体的角度提供生产调度策略、制定排产计划,对生产过程进行宏观的调控;边缘端从局部的视角执行局部组织之间的流程协同方法,侧重于完成多个边缘节点之间的通信与数据交互功能;设备终端则只关注自身操作指令的执行及其结果的反馈。

从信息流角度来看,系统通过云端下发业务需求信息,经由边缘端各自处理后发往各节点对应的设备终端,由设备终端执行相应的服务指令。业务执行结果数据则由设备终端执行服务后产生,经由边缘端各边缘计算节点初步处理后再反馈给云端,由云平台进行结果的分析和流程的优化等操作,可以实时地反馈数据给云端,也可以阶段性地进行反馈。

在强力旋压工序中,其所在车间部署了边缘服务器,车间内的旋压机、检验仪器等通过局域网与边缘服务器形成通信链路,边缘服务器与云端的企业数据中心通过企业网络进行连接,从而形成整体资源体系。根据业务和资源分析,我们将物联终端设备(旋压机、检验仪器等)分别封装为微服务,部署于边缘服务器上;同时,在边缘服务器上建立业务处理微服务,完成云端链接和内部调用,从而形成边缘计算节点。

7.2.3 技术架构

根据以上业务和信息分析,在该航天工业异地协同生产的场景下,我们建立了图 7-6 所示的基于边缘计算的异地协同生产管理平台的技术架构。

系统基于 B/S 架构(浏览器和服务器架构)实现,分为数据层、控制层和应用层三层。数据层提供各种底层数据存储服务,包括物联设备产生的生产数据等;控制层负责整个平台核心业务逻辑的实现;应用层为平台管理人员提供设备管理和业务执行流程管理等服务。其中,边缘计算节点的划分基于业务与资源能力分析,节点功能模块的封装采用了容器模式部署的微服务架构。

1. 数据层

数据层为整个平台提供各种底层数据存储服务,包括边缘计算节点中的设备信息模型、设备状态信息以及生产过程中设备生产参数和指令执行结果等数据的存储。

对于边缘计算节点中的设备信息模型,考虑到边缘侧的网络、存储、计算资源有限,并且也只需要记录设备资源信息及其关联,故采用 JSON 格式(这种存储格式易于读写,可压缩并且占用带宽小)文件进行设备信息模型的存储,同时使用文件系统对其进行管理;对于设备状态信息和业务执行过程中的临时数据,考虑到数据的类型和格式不统一,并且数据量庞大,故采用 MongoDB 非结构化数据库进行此类数据的存储和管理。

2. 控制层

控制层从数据层中读取设备属性数据,根据实际生产需要新增、修改、查询或删除设备属性信息,对数据层中的设备静态数据进行增、删、改、查等操作;同时负责设备动态数据的获取和管理,从数据层中读取设备状态数据,根据业务需求处理后通过服务接口在应用层进行状态展示。

控制层还负责处理整个系统的核心计算与业务逻辑,具体涉及边缘计算节点的构建方法和面向边缘侧的流程协同方法两个部分。

边缘计算节点构建是针对边缘端物联设备的软件封装的,主要分为边缘计算节点设备信息模型构建,以及节点内各个功能服务模块的设计与封装。首先,构建基于多视图的节点设备信息模型,对边缘端制造资源信息进行全生命

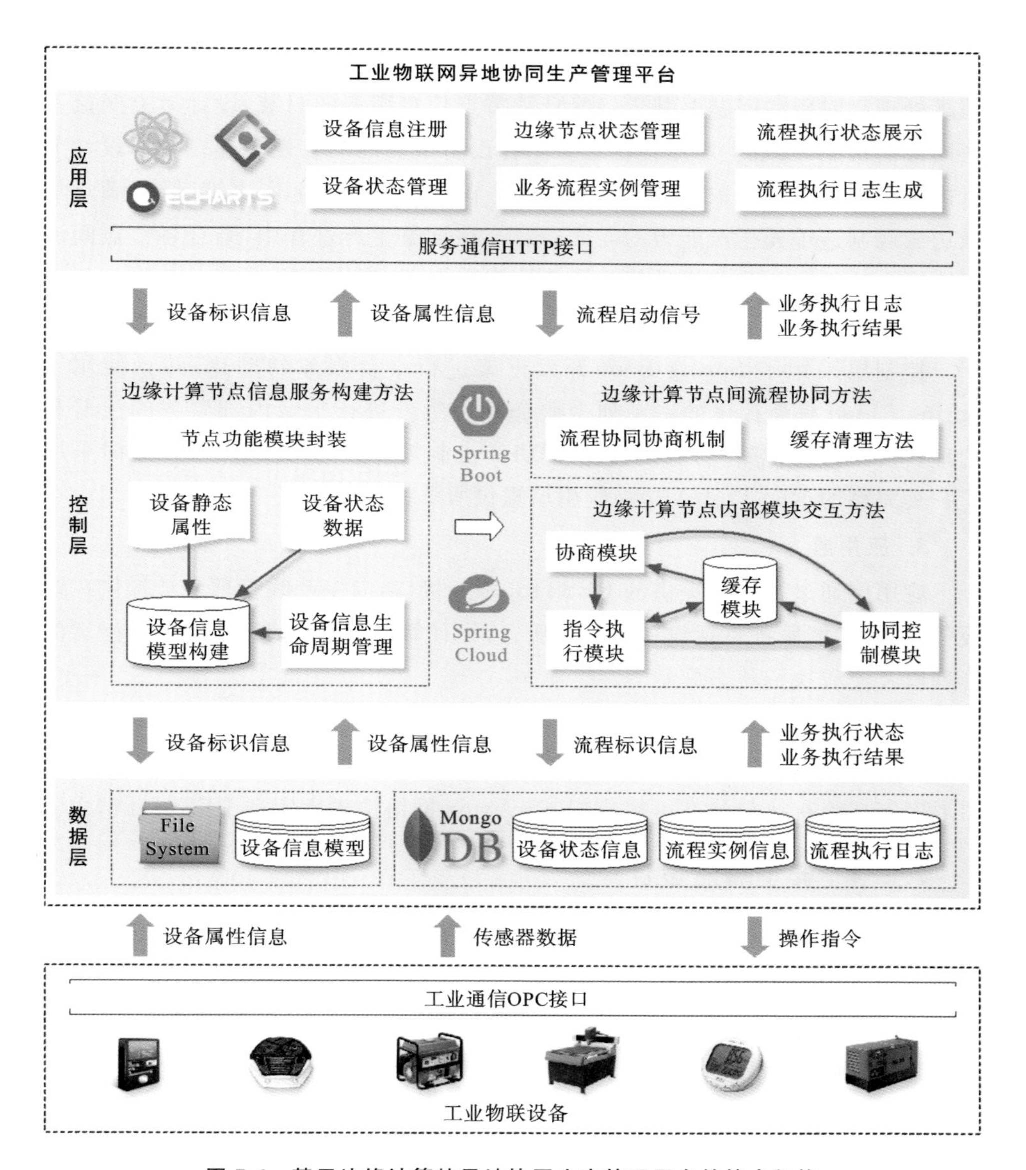

图 7-6　基于边缘计算的异地协同生产管理平台的技术架构

周期的管理，包括设备信息的注册、查询、更新和删除等功能；其次，构建协商模块、协同控制模块、指令执行模块以及缓存模块等功能服务模块，实现边缘节点网络通信、逻辑判断、数据计算和存储的功能；最后，基于微服务容器技术对各边缘计算节点进行系统的封装与部署，并提供 RESTful API 进行节点间的通信交互，以实现设备间的互操作。

边缘侧流程协同方法的实现模块部署于边缘计算节点，主要解决终端设备请求处理高时延的问题。基于边缘计算节点信息服务的封装，设计节点间流程协同协商机制，实现生产流程在边缘侧各设备节点间的自发传递；同时，设计节点内各功能模块间的数据交互方法，实现节点内自治的生产决策赋能，满足加强边缘侧制造单元生产能力的需求；最后，在批量生产过程中，结合各节点间流程协同方法的实施和节点内部各业务流程数据缓存的管理，实现业务实例的批量连续执行。

控制层采用了 Spring Boot 开发框架进行平台服务的搭建，并且使用了 Spring Cloud 框架提供的一系列微服务开发组件进行平台内部服务的注册和管理，包括节点内部各功能模块、协同协商机制等服务的封装和管理，同时采用了一套完整的 RESTful API 为应用层提供服务接口。

3. 应用层

应用层通过控制层提供的 RESTful 服务接口，向生产线管理人员提供在线服务，主要功能服务包括设备信息注册、边缘计算节点状态管理、业务流程实例管理以及流程执行状态展示等。

应用层整体基于 React 前端框架和 Ant Design 前端 UI 框架搭建，基于 ECharts 图形库实现设备信息模型和边缘计算节点状态可视化，基于 bpmn. js 图形库实现流程执行状态可视化，基于 Axios 网络请求库实现 RESTful 请求。

7.2.4 典型算法设计

在本场景中，状态同步与服务间信息交换过程数据的时序特征较为重要，可基于数据流的时序处理解决乱序问题。

在流数据处理领域，消息具有三个时间概念：处理时间、事件时间、摄入时间。其中，事件时间为消息生成的时间，是消息排序的关键依据，存储在消息体中。但是在消息传输过程中，由于不同的消息生产者网络状态不同，消息到达并存储在消息队列中的顺序并不完全与消息生成的时间顺序一致，为消息接收者处理消息带来了困难。

如图 7-7 所示，两个 ECN（ECN1 和 ECN2）都负责工件加工任务，由服务 MS1、MS2 监控加工进度，并且在任务完成后将消息发给 MS3。ECN3 负责对工件尺寸、质量等进行检验，而 MS3 负责接收检测结果。在实际生产过程中，ECN 的消息需要先传输到微服务中，由微服务进行处理并通知其他服务。以

ECN1 为例，工件 1 加工完成时间为 t_1，即消息的事件时间，传输到 MS1 并被接收的时间为 t'_1，MS1 将消息发布并被 MS3 监听到的时间为 t''_1。这当中涉及的网络通信较为复杂，网络延迟等问题可能会导致消息发出顺序与接收顺序不一致。例如 ECN1 先完成工件加工，因此 $t_1 < t_2$，而结果可能是 $t''_1 > t''_2$，即 MS3 先收到工件 2 的完成消息。如果按照消息的摄入时间进行处理，则会导致消息顺序与实际生产过程中的任务执行顺序不符，需要按照消息的事件时间进行重新排序。

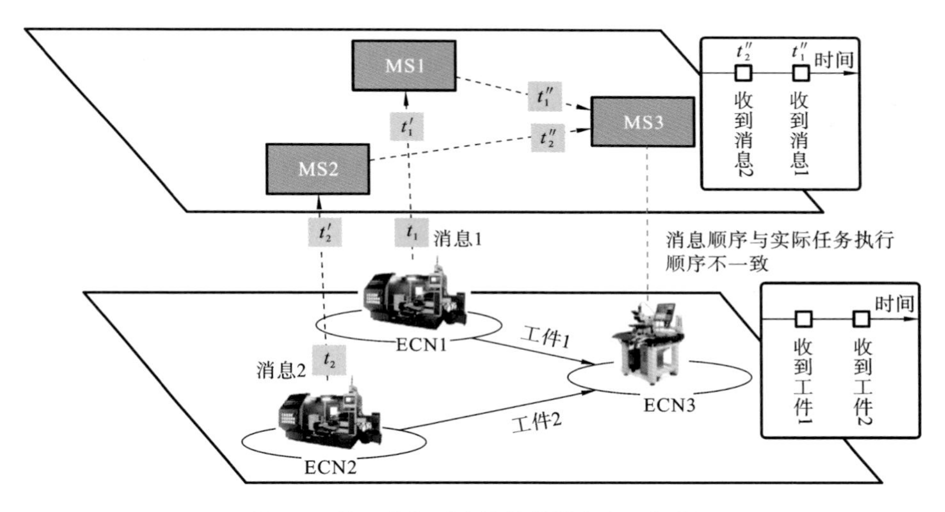

图 7-7　缺乏数据时序调整的服务交互场景

多源时序数据重排分为两步：首先采用 K-slack 技术对单个数据流进行时序调整，并采用自适应的 K 值调整，针对每个数据流特征动态调整缓存区大小，形成部分有序的数据流；然后将多源数据进行合并，生成多源有序数据流并提供给服务进行数据处理[1]。

1. 时序数据流的重排

K-slack 技术是处理数据流乱序问题的一种解决方法[2]，其本质是基于缓存的典型处理方案。K-slack 技术将输入的数据流首先存储在缓冲区，K 是缓冲区大小的松弛因子，当缓冲区满载后，其中的数据会被重新排序，然后释放数据进行后续处理，如图 7-8 所示。

K-slack 方案存在如下一些问题：

(1) K-slack 方案在缓冲区满了后才会释放所有数据，最先到的数据等待了

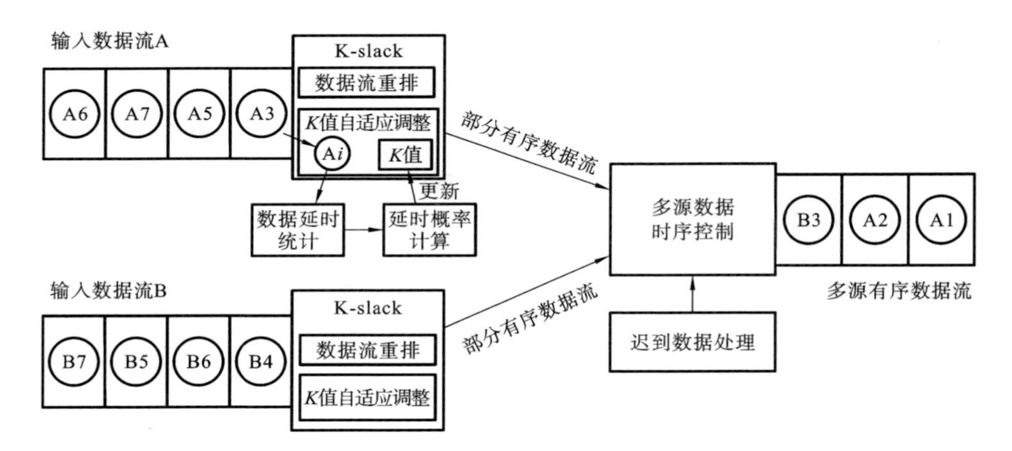

图 7-8　基于 K-slack 的多源时序数据调整方法

K 个时间单位，而最后到的数据等待时间则很短，很有可能存在迟到数据（指未按时间顺序到的数据），即迟到数据的事件时间早于缓冲区释放数据的事件时间；

（2）K 值的设置较为困难。K 值决定了缓冲区的大小，K 值越大，越容易保证数据的顺序，避免前一缓冲区释放后出现迟到数据，提高排序结果准确度。但是 K 值太大则会导致数据缓存时间过长，数据时延高。不同数据的来源不同，通信链路也不相同，从外部为所有的数据流分配一个固定 K 值难以平衡数据处理的效率与准确度。

针对第一个问题，我们对 K-slack 方案进行改进，原方案中数据等待至多 K 个时间单位后被释放，而改进后的 K-slack 方案将在每个时间单位进行检查，并释放缓冲区内超过 K 个时间单位的数据。假设数据每延迟一个时间单位的概率为 θ，并且延迟概率均匀分布，则延迟 K 个时间单位的概率为 θ^K，因此 K-slack 方案改进后，对于每个释放的数据，超时数据出现的概率为 θ^K，即释放的数据仍然为乱序的概率为 θ^K。而对于原方案，释放后的每个数据出现超时数据的平均概率为 $\frac{\theta(1-\theta^K)}{(1-\theta)K}$，当 K 为 1 时，两方案出现超时数据概率相同，但是 K 为 1 表示缓冲区容量只有 1，在实际应用中无法实现排序效果，而对于 K 大于 1 的情况，改进后的 K-slack 具有更高的准确度，即能够减小数据释放后出现超时数据的概率，避免释放的数据出现乱序问题。

针对第二个问题，我们构建 K 值的自适应调整模块，根据数据的特征动态

调整 K 值，避免统一的数据预先设置难以满足不同数据的时延要求，K 值的自适应调整模块包括数据延时统计模块与数据延时概率计算模块。

数据延时统计模块将统计数据的到达时间与生成时间的时延 Δt，即处理时间 t_1'' 与事件时间 t_1 之差，处理时间来源于数据监听器拉取数据的时间，而事件时间来源于数据自带的时间戳。由于网络状态会有波动，Δt 对于不同的数据会动态变化，K 值的选择取决于 Δt 的范围。如果 K 值等于 Δt 的最大值，则可以缓存所有的超时数据，但是随着网络的波动，Δt 的最大值会越来越大，Δt 总是采用最大值将导致缓冲区过大且数据处理时延增大。

数据延时概率计算模块根据 Δt 的分布范围与所需的超时数据出现概率 θ 可以计算得到数值 v，而数值 v 使得超时时长大于 v 的数据出现的概率为 θ，同时更新 K 值的取值。由于时延时长的分布会动态变化，因此数值 v 也会变化。v 的取值可用于更新 K 值。

基于 K-slack 的时序数据流调整包含以下几个步骤。

步骤一：数据延时统计模块计算数据时延 Δt，如果数据的数量少于阈值，则采用 $2\Delta t$ 作为缓冲区范围 K 值；如果数据数量大于阈值，则基于超时数据出现概率 θ 计算得到缓冲区范围 K 值。

步骤二：比较当前缓存区 K 值与计算得到的 K 值，如果相差超过一个时间单位，则更新缓冲区范围 K 值。

步骤三：采用最小堆结构加入新的数据点，按照数据中的事件时间进行排序。

步骤四：检查堆顶的数据的事件时间是否小于当前时间与 K 值的差，如果小于则说明当前数据缓存时间超过 K 值，将其从堆中删除，并释放到后续流程中进行处理。

2. 多源数据顺序控制

数据流经过时序处理后，单个数据流中的数据在较大概率上能够保证有序，但是不同来源的数据时延不同，对于多源数据的融合，还需要考虑数据之间的业务逻辑关系。

复杂的业务流程包含各种串行、并行、聚合等结构，增加了数据一致性控制的难度。版本向量是分布式系统中记录数据修改历史的经典方法，同样也可以用于记录数据的时序关系。每一组相关联的数据将采用同一个 ID 描述，并对应到同一个版本向量。例如，在实际应用中采用同一个任务 ID 标注各个步骤的执行结果，并根据步骤执行情况对版本向量进行累加。串行的执行步骤记录在向量的同一位，此时必须检查是否已经接收到小于该位的向量，否则等待执行。并行的执行步骤记录在版本向量的不同位，在接收数据的时候直接处理。以存在两个并行部分流程的任务为例，当服务收到任务的版本向量为[a1,0]时，服务需要检查接收到的最新任务版本向量是否为[a1-1,0]，如果是则服务将记录新的版本向量，将任务标记为可执行；否则发出异常信息，请求迟到的消息。当收到的任务版本向量为[0,b1]时，同理，服务需要检查版本向量的第二位。当任务聚合时，服务需要检查版本向量，以确保所有的向量都是非 **0** 的，并通过“与”操作生成新的向量。

通过采用版本向量，业务逻辑上有先后顺序关系的每一个步骤都是顺序递增的，当接收到乱序数据时，系统可以高效识别缺失的数据源，通过迟到数据处理模块获取数据信息。对于迟到数据的处理，需要满足流处理中的 Exactly-Once 语义，即消息传输且只传输一次。因此，首先需要根据任务 ID 获取数据源的微服务，查询服务是否成功发送消息。当前的消息中间件都采用 ACK 机制(确认应答机制)为消息生产者反馈发送结果，如果消息发送失败，由服务端进行重发，否则服务返回消息的数据源信息。迟到数据处理模块根据数据源信息查询数据源的 K-slack 模块，触发 K-slack 模块排序并检查缓冲区，释放迟到数据及时间排序更晚的数据。

通常而言，业务信息及关键状态数据(例如设备启动、设备异常)采用版本向量控制顺序，以保证数据的顺序严格有序，避免业务逻辑出错；而物联网数据(例如采集的设备温度)则基于时间戳进行排序，只保障数据在一定概率上有序，以平衡数据处理的正确性与效率。

7.2.5 集成交互方式

单体的微服务封装部署完成后，通过服务的组合即可构建不同的应用程序。在这一过程中，服务的交互机制是工业软件设计开发人员需要重点考虑的问题。

边缘计算架构下，网络通信的需求变大，网络流量增大，为保证高效的感知、传输和计算，需要尽可能地采用轻量、通用的通信协议。REST API 是当前常用的服务通信协议，它基于 HTTP 协议，通过 HTTP 协议中的 GET、PUT、POST、DELETE 请求来实现资源的增、改、查、删操作，对资源通过统一资源标识符(URI)进行标识，并将资源语法进行自包含，从而可以支持不同微服务间的灵活组合。

REST API 以客户端向服务端发送请求的方式进行交互，是信息推拉模式中的“拉”模式。考虑到工业软件应用环境的实时性和事件驱动的特点，在微服务之间建立“推”模式的交互方式同样重要。在“推”模式下，信息的消费端可以是多个方向的，同时消费端需要建立长链接以监听信息。因此，在工业软件中，应用消息、事件机制进行实时信息的广播是关键。考虑到对协议轻量级的要求，MQTT是当前在物联网环境和移动应用环境中常用的解决方案。通过在云端或边缘云服务器建立MQTT Broker，各个微服务可以把自己产生的资源信息主题注册在服务端，其他微服务对主题进行订阅，当服务端接收到发布的资源信息时，已订阅的多个微服务均可以实时地接收并处理，从而实现消息、事件驱动的微服务协同交互。

然而，大量的微服务各自有哪些功能服务，可以形成怎样的应用，是交互设计的首要问题。因此，云端的服务管理中心是当前边缘计算模式下不可或缺的组件。服务管理中心需要读取微服务API文档，形成服务列表，同时提供服务发布、订阅、事件消息总线等功能模块，保障海量的微服务可以被开发人员发现和应用。常用的服务管理中心平台包括用于容器管理的Kubernetes、用于服务发现的Eureka、用于事件消息管理的EMQ等。

随着边缘计算节点微服务数量的增长，云中心模式必然会遇到性能瓶颈，采用去中心化的多边缘节点协同模式成为新的趋势，如图7-9所示。协同交互中，工业云平台为边缘端提供云服务和云计算支持，包括生产调度决策的设计与下发、业务执行状态可视化等功能，通过Web服务接口，向边缘计算节点传递业务信息，从全局的角度指导生产流程的进行。边缘计算节点接收云端业务信息，基于封装后的功能模块实现数据之间的传递，实现业务流程在各节点之间的自发传递与执行。边缘计算节点通过工业通信接口进行工业设备的数据采集、操作指令下发、传感器状态数据获取、智能设备的接入与控制，实现业务流和数据流在云、边、端三个层级以及整体和局部两个视角之间的传递与转换[3]。

在去中心化的协同模式下，需要将边缘端设备数据构建为设备信息模型，并且统一服务通信接口，建立异地多设备之间的标准化通信链路，使得面向边缘端的异地多设备协同生产成为可能；同时，将云平台控制生产线的权限部分下放到边缘端，为各节点构建功能服务模块，设计边缘端流程协同方法，达到业务流程在各边缘设备之间自发执行的目的，实现边缘端自治的流程协同执行模式。这种由边缘端响应和处理业务需求的方式可以缩短设备请求的时延，避免过多原始数据直接发往云端带来的网络和存储资源浪费，提升基于工业物联网

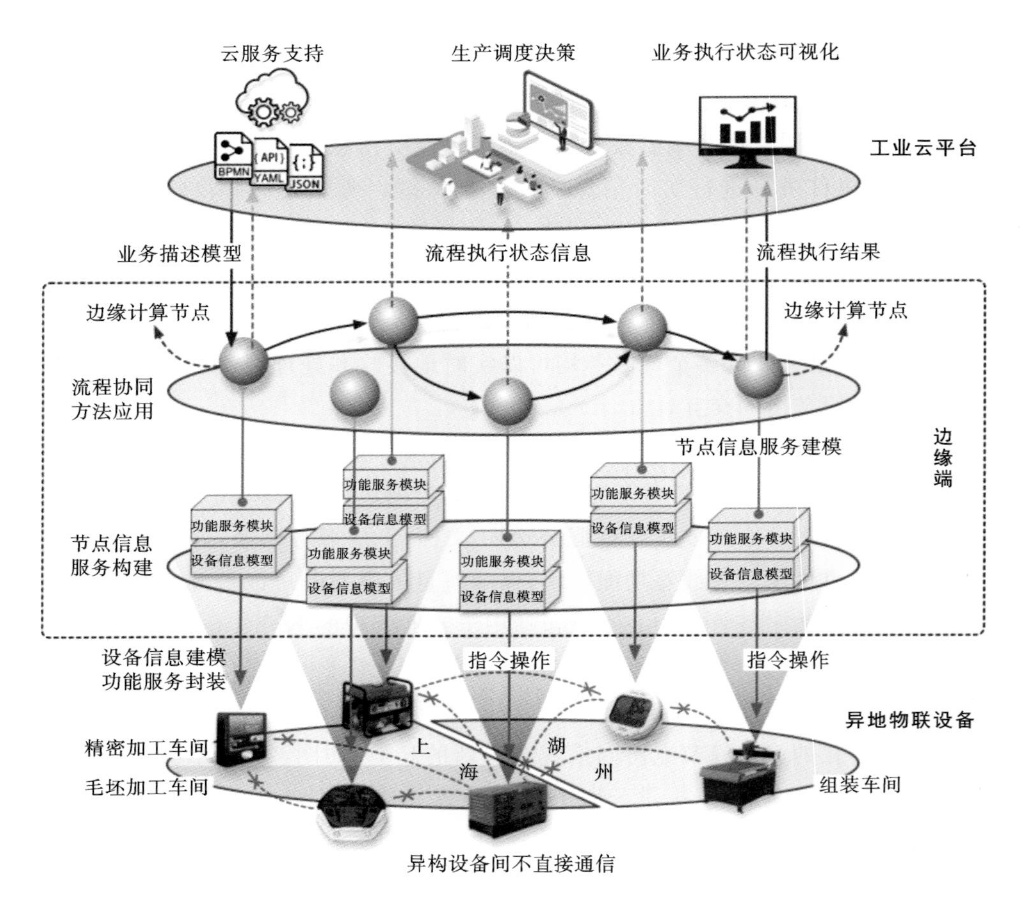

图 7-9　多边缘节点的去中心化协同模式

的生产管理效率。

7.2.6　软件实现

边缘计算节点信息服务构建是边缘计算节点软件实现的首要步骤，主要方法是实现设备制造资源信息的标准描述和边缘端物联设备的划分与功能封装[4]。边缘计算节点信息服务构建如图 7-10 所示。

边缘计算节点是基于传感器、控制器、采集器等物联设备的软件封装，通过工业通信接口和信息录入服务接口进行设备信息数据的采集、节点存储数据的请求，以及设备操作指令的下发。边缘计算节点信息服务构建方法主要分为两个步骤：① 数据封装，即面向边缘计算节点设备信息的多视图建模；② 服务封装，即面向边缘计算节点通信、计算、存储和应用能力的功能模块设计。

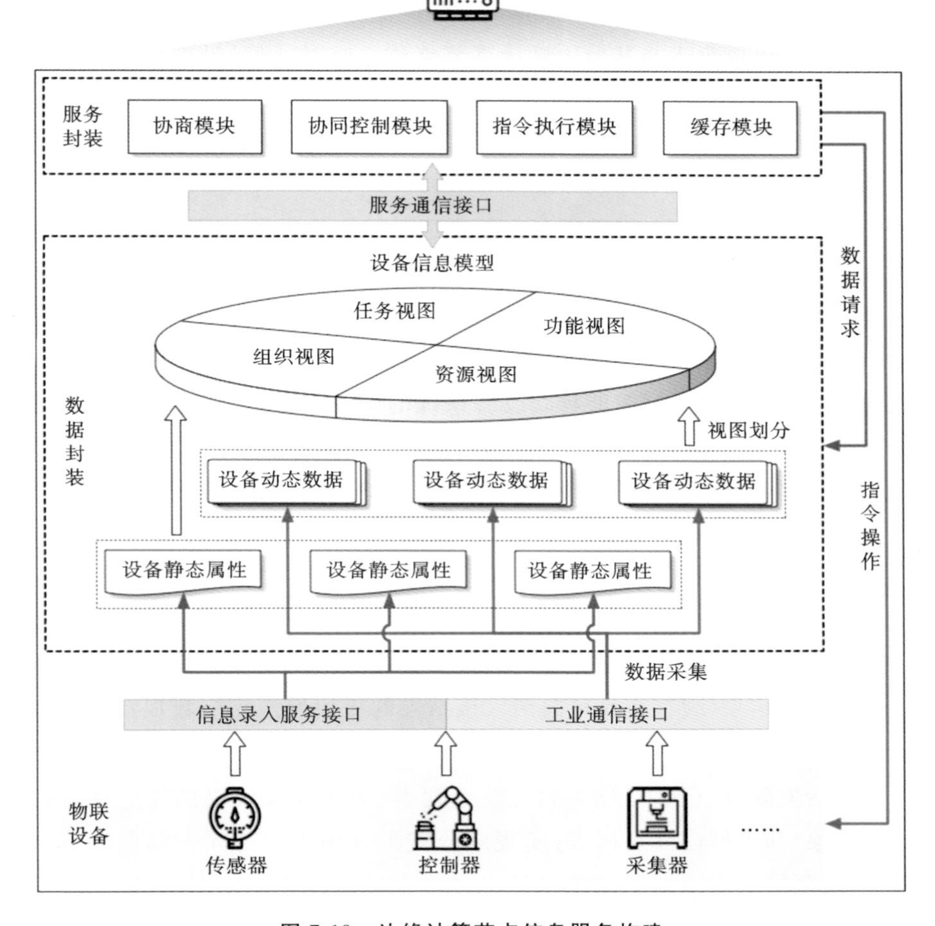

图7-10　边缘计算节点信息服务构建

1. 数据封装

数据封装模块是针对节点中设备信息的建模，基于感知设备，如传感器、控制器、采集器等的工业通信接口，获取设备的实时动态数据，通过信息录入服务接口，采集设备的静态配置参数，共同构建节点设备信息模型，描述设备资源的属性信息和状态变化过程，为边缘侧流程协同方法的实现奠定数据基础。

2. 服务封装

服务封装模块围绕节点中的设备信息模型，负责为边缘计算节点设计实现各个逻辑处理和运算单元，包含协商模块、协同控制模块、指令执行模块和缓存模块，并统一数据通信的服务接口，真正将云端的数据处理与计算能力下放到边缘端，驱动边缘端生产环节中节点间自治的流程执行方式的实现。

（1）协商模块负责与其他边缘计算节点建立临时通信，处理节点之间流程的传递逻辑。对于传入的多项调用请求，对比各业务进程的优先级并接收优先级最高的业务流程输入；对于传出的调用请求，确定业务的传递方向即下一个调用的节点。

（2）协同控制模块负责处理包含复杂逻辑的业务流程，如流程中出现并行、条件判断以及循环执行的情况，该模块对这些情况进行节点内各条子流程数据的分类与管理。按照处理数据的方式，协同控制模块主要分为逻辑判断和数据封装两个部分，且协同控制模块包含节点各自对应的子流程配置文件。

（3）指令执行模块对智能物联设备系统的服务进行封装，基于节点设备信息模型中功能视图的描述，通过服务调用接口与其他各模块进行数据交互。指令执行模块接收协商模块的数据输入作为设备的指令参数，调用设备完成指令操作并返回操作结果到指令执行模块，最终将结果返回给其他请求数据的模块。

（4）缓存模块负责边缘计算节点中临时数据的存储。缓存模块主要保存业务信息和节点信息，且与其他三个模块都有直接的数据交互。业务信息主要包括指令的执行结果（缓存模块可向请求该结果的模块发送相应数据），以及多分支场景中协同控制模块接收的各个分支发送的临时数据和响应信息。节点信息主要包括关联节点列表，分为后继节点列表（为协商模块提供发送执行结果的候选对象）和集群内节点列表（实现多分支汇合场景中与同一集群内节点的通信）。缓存模块需要根据业务场景定时或定量清理缓存数据，以避免过多占用边缘计算节点内部资源，减小节点压力，并且响应实际需求，导出日志文件。

基于以上物联设备的信息建模和功能服务封装，以及模块间通信接口规范，我们集成了工业生产中的网络、计算和物理环境等资源，将边缘计算节点构建成一个边缘端的、小型的、轻量级的信息物理系统，该系统包含感知层（即各类物联设备）、网络层（即通信接口），以及控制层（即设备信息模型和功能服务），引入了网络空间和计算机技术来操作生产设备。

基于对边缘计算节点的抽象，节点之间的通信过程可以理解成多个代理系统之间的协商过程，可以通过定义代理之间的协商机制来定义边缘计算节点之间的消息交换模式，实现对边缘计算节点之间流程协同方式的描述，如图 7-11

所示。

在边缘计算节点信息服务的构建过程中，缓存模块中保存有后继节点列表，为当前节点提供与之通信的对象，两者之间共同履行并遵守边缘端流程协同协商机制。在传递服务执行结果之前，当前节点会依次与列表中的各个节点建立临时连接并发送调用请求，履行“一对一”的流程协同协商机制，其请求的时序过程如图 7-11(a)所示。边缘计算节点 1(ECN1)向后继节点 2(ECN2)发送调用请求，节点 2 被其他进程占用时会拒绝该调用请求，同时节点 1 会继续向列表中其他节点依次发送调用请求；节点 2 空闲且只接收到节点 1 的调用请求时，接受该请求并接收节点 1 发送的数据，开始处理该请求。

当某一后继节点同时接收到来自多条业务流程中节点的调用请求时，需要履行“多对一”的流程协同协商机制，对调用该节点的各个节点所传递的业务流程进行权重的计算与排序，选择最优节点的业务流程并接收其传入的服务数据，其时序过程如图 7-11(b)所示。边缘计算节点 2(ECN2)同时接收到多个节点的调用请求时，如果节点 2 当前被占用则拒绝这些节点的调用请求；如果节点 2 空闲，则计算多个节点请求其处理的业务的权重，结合业务流程的属性和当前节点自身资源状态，计算得到多条业务流程的优先级排序，响应发送最优业务流程的节点的调用请求，接收该节点发送的数据并处理该请求，同时拒绝剩余节点的请求。

定义节点之间的协同协商机制，可以得到边缘侧流程执行过程，基于协同协商机制的节点间流程协同过程如图 7-12 所示，包括节点间建立通信的协商过程、“多对一”场景中选择最优业务流程的择优过程，以及接受前续节点调用请求后当前节点内的服务执行过程。

边缘计算节点间的流程协同协商机制设计限制了节点之间的信息交互方式，其机制应用于决策层提供的调度策略之下。其中，调度策略提供整体的排产计划，流程协同协商机制定义局部节点间的交互模式，两者呈现出一种相互补充、相互督促的关系，以避免出现局部优化的问题。同时，两者也共同组成了云-边-端协同生产管理模式中的关键环节。在生产过程中，由决策者制定并下发生产调度策略，在调度算法执行过程中定义节点之间的通信交互规范，以及节点之间请求出现冲突的协商与处理方法；同时，为应对快速变化、异常突发的生产环境，比如所有后继节点都被占用、请求出现阻塞等问题，流程协同协商机制给决策者发出警告，为制定应急措施提供反馈信息，支撑调度策略的执行。

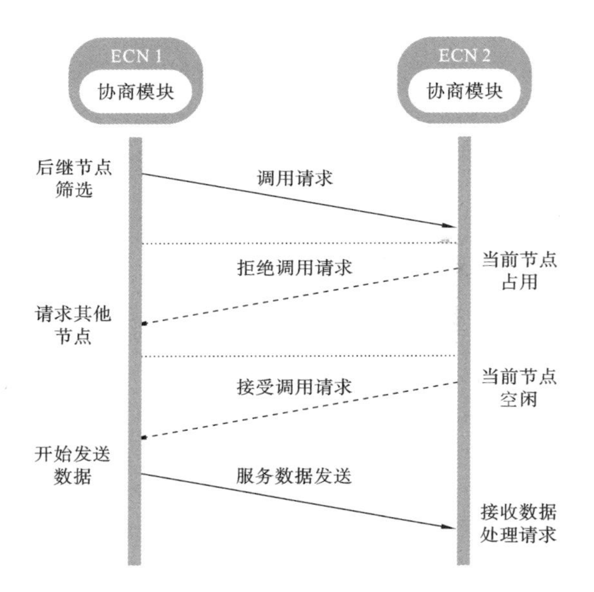

（a）边缘计算节点接收单个调用请求

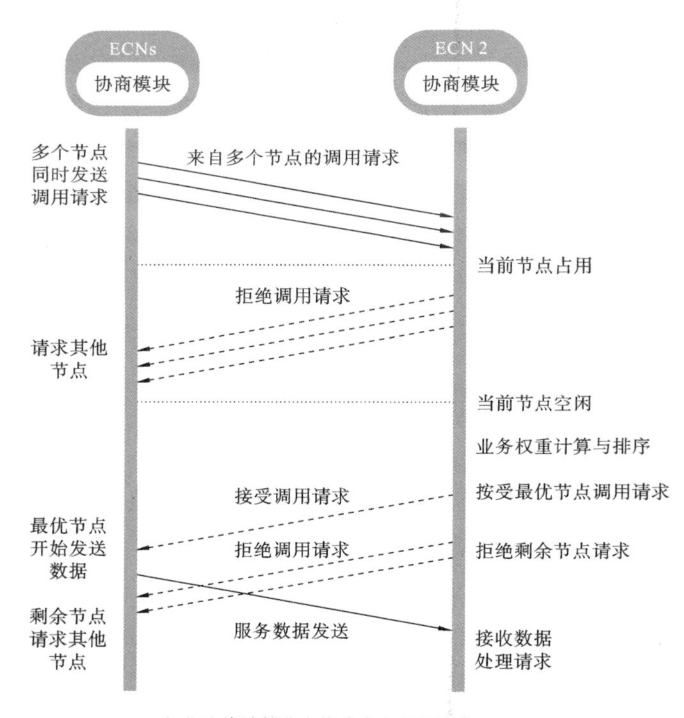

（b）边缘计算节点接收多个调用请求

图 7-11　边缘计算节点间请求协商时序图

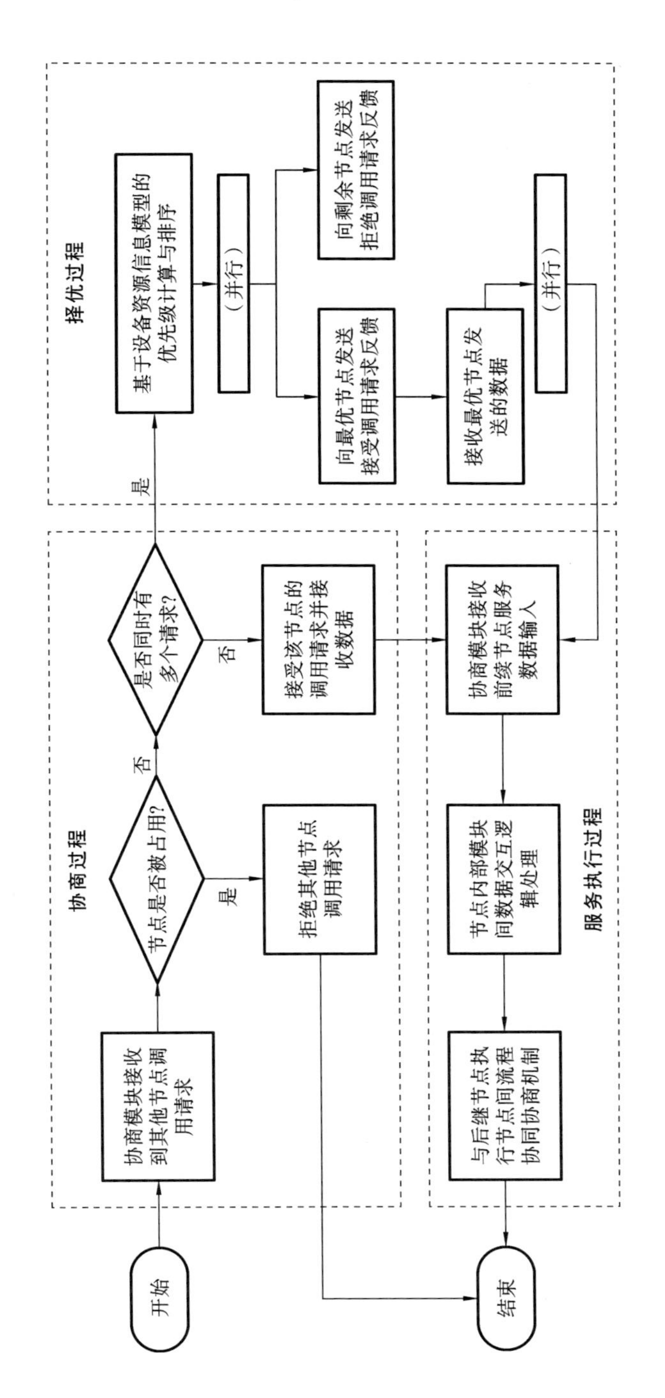

图 7-12 基于协同协商机制的节点间流程协同过程

7.2.7 应用结果

本小节将结合具体航天工艺产品加工流程实例介绍云边协同的工业软件系统的应用结果。图 7-13 展示了航天工业异地协同制造平台中的旋压单元 ECN 场景应用。

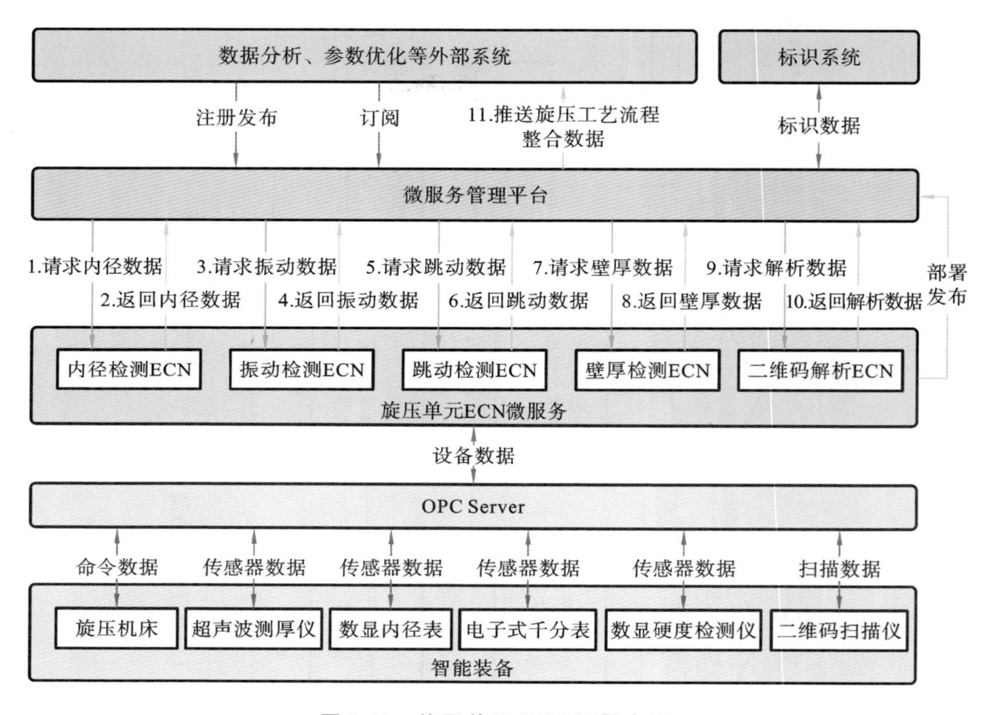

图 7-13 旋压单元 ECN 场景应用

各个旋压单元 ECN 微服务通过部署发布的形式在本平台上注册并对接，同时发布自己的接口供外界调用。各个旋压单元 ECN 微服务基于发布的接口来接收平台的数据请求，从而返回已经请求的数据，如产品内径、壁厚检测结果，二维码解析数据等与业务相关的数据。

其他外部系统，比如数据分析系统、参数优化系统、标识系统等，可以通过服务注册和发布的方式与本平台对接，通过订阅的方式来获得生产数据，并在获取数据后利用自身的算法对数据进行进一步处理，以完成旋压工艺流程的数据分析和参数的实时优化等工作。这样的交互模式可实现数据传输和算法设计之间的解耦和独立。

在具体操作方面，操作人员首先需要将各个旋压单元ECN微服务，例如内径检测ECN、跳动检测ECN等微服务在本平台上部署并发布。此后，操作人员将旋压过程涉及的各个外部系统，例如数据分析系统、参数优化系统、标识系统等，在本平台上注册并发布。在完成部署和注册的工作后，操作人员可以利用BPMN模型来对旋压生产工艺流程进行描述。平台能够解析BPMN模型，并对流程中的各个部分与平台上微服务或外部系统进行对应，从而形成旋压单元ECN微服务之间接口的订阅和交互功能，同时可实现服务组合功能。此外，外部系统也能通过手动的方式对旋压工艺流程产生的整合数据进行订阅。

样例应用主要涉及一种旋压相关工艺的自动化的业务流程，与该流程相关的业务系统包括标识解析系统、质量检测系统以及大数据分析平台。

(1) 标识解析系统为采用Java语言编写的业务系统，其运行文件主要包括一个jar包，提供产品的二维码标识数据上传、存储、解析等功能；

(2) 质量检测系统为采用Python语言编写的业务系统，其运行文件主要包括Python脚本，提供产品生产过程中的内径检测、振动检测、壁厚检测等功能；

(3) 大数据分析平台为打包好的Web服务，其运行文件主要包括一个war包，提供基于产品生产过程中内径、振动、壁厚等数据的数据分析服务。

旋压相关工艺的自动化的业务流程大致如下：开始生产产品前，可在标识解析系统中注册该产品，得到该产品对应的唯一标识；开始生产后，为实现对产品质量的控制，要求周期性地调用质量检测系统中的内径检测、振动检测以及壁厚检测等功能，之后将得到的数据上传至标识解析系统进行更新，同时发送至大数据分析平台用于分析；生产结束后，不再对产品相关数据进行检测，标识解析系统中保留产品生产过程的相关数据，大数据分析平台中保留生产过程的数据分析结果。

在应用中，我们需要将上述流程涉及的相关系统部署到平台上，并通过服务组合的方式实现上述流程的自动执行，具体操作过程主要包括服务相关镜像的构建、服务的部署、服务的注册与发布、数据源的注册、组合服务的设计与启动以及组合服务的运行状态监控。

要将旋压工艺流程相关服务部署到平台上，首先需要构建这些服务对应的镜像，以便后续对服务采用容器模式部署。对于采用Java语言编写、通过jar包运行的服务，可以采用平台提供的“从jar包构建”的方式构建镜像；对于其他服务，可以在本地构建好对应镜像并导出tar包后，采用平台提供的“从tar包构建”的方式在平台上构建对应的镜像。

在完成各个系统的镜像构建以后，可以基于镜像对服务进行部署，在平台上填写服务名称、开放端口、目标镜像以及相关的环境变量并提交，即完成服务部署。完成服务部署以后，可在平台上对已部署的服务进行管理，同时也可以对服务所对应容器的日志进行查看，如图 7-14 所示。

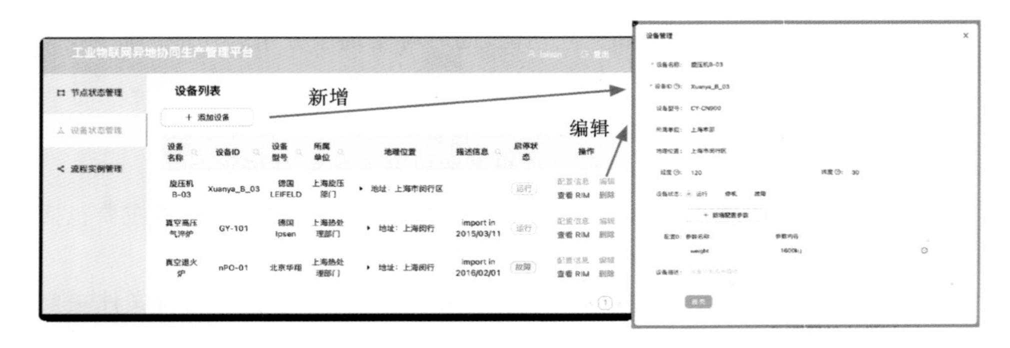

图 7-14　边缘设备信息管理

在完成服务的实际部署之后，需要对服务的相关接口进行注册，并以与服务实例绑定的方式对服务进行发布，发布完成后就可以进行服务调用以及服务组合。用户可在平台上以上传接口描述文件的方式，基于 OpenAPI 描述文件对服务的相关接口进行注册，并在平台上将接口与镜像进行绑定从而完成服务的发布。发布成功后，用户可在平台上查看现有服务以及相关的接口调用方式。

在组合服务设计之前，还需要对驱动整个流程启动的数据源进行设计以及注册。由之前设计的流程可知，每次流程的启动都是针对未完成的产品的，因此数据源中的数据类型即为产品的数据类型。用户可在平台上进行数据源注册。组合服务的设计主要涉及五个步骤，分别为设计 BPMN、绑定服务、绑定数据源、绑定融合规则、绑定转换规则。

在完成上述操作以后，用户可在平台上正式启动设计好的业务流程，并可对流程的运行状态进行实时的监控，当流程被触发时，正在处理的服务以及数据源以高亮的方式显示出来，同时还记录对应的日志数据，如图 7-15 所示。

边缘计算节点业务流程启动后，通过平台软件可以查看当前流程的运行状态以及每个微服务的运行日志，以实现对该边缘计算节点的状态监控与管理。至此，便实现了对旋压单元 ECN 的软件构造。

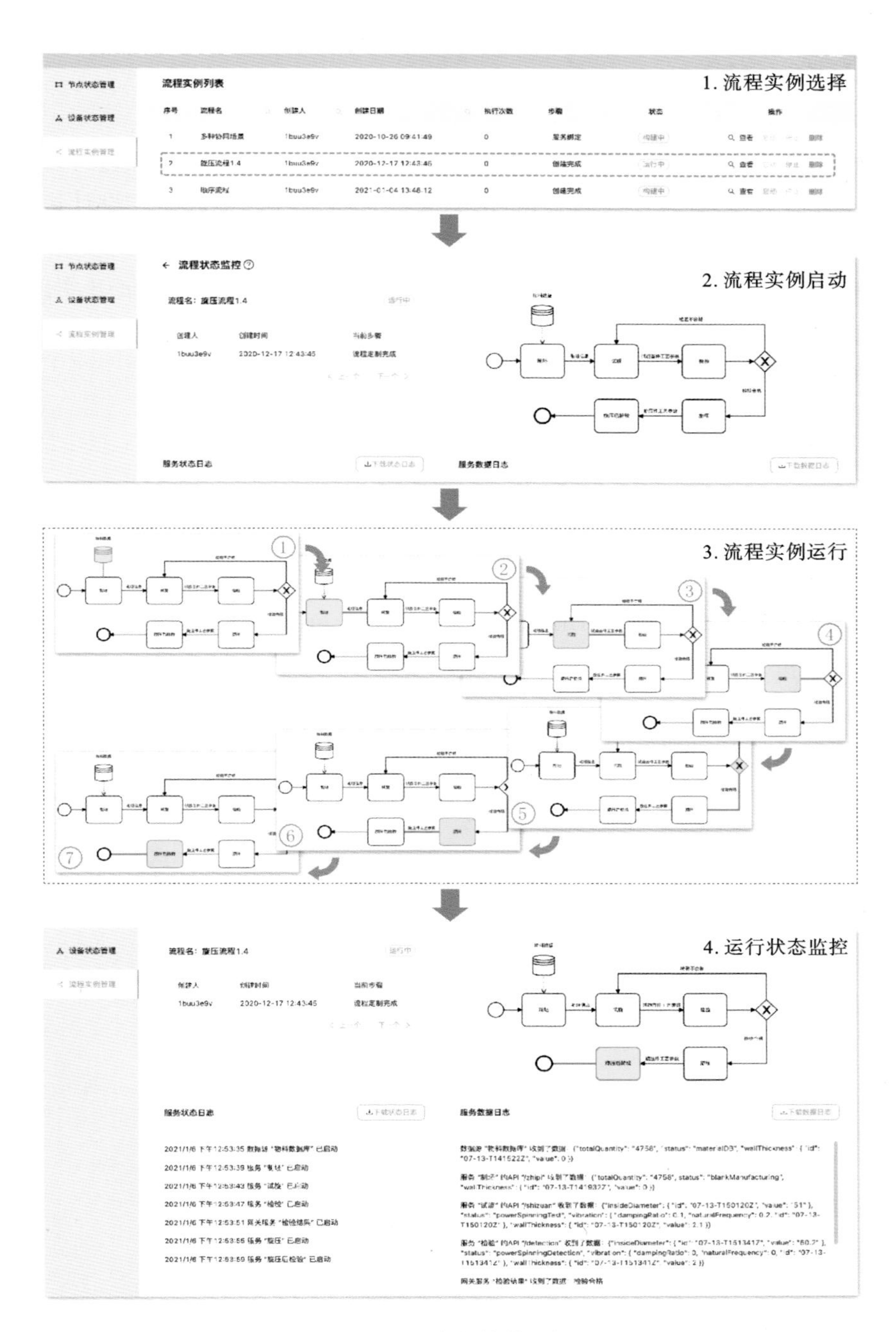
1. 流程实例选择
流程实例列表
2. 流程实例启动
流程状态监控
3. 流程实例运行
4. 运行状态监控
服务状态日志
服务数据日志

图 7-15 流程编排运行

本章小结

● 提出了基于边缘计算的工业软件构造方法，即从业务场景出发，讨论并分析业务需求，然后通过计算架构、信息架构、核心算法、集成模式设计边缘计算节点。

● 以航天工艺产品异地生产制造场景为例，对所提出的框架展开实践，通过边缘计算节点协同实现微服务的灵活组合，为边缘计算模式下的架构设计和工业软件开发提供了参考。

本章参考文献

[1] 周小帆，物联场景中基于流引擎的微服务交互方法研究[D]. 上海：上海交通大学，2021.

[2] MUTSCHLER C，PHILIPPSEN M. Distributed low-latency out-of-order event processing for high data rate sensor streams[C]//2013 IEEE 27th International Symposium on Parallel and Distributed Processing. New York：IEEE，2013：1133-1144.

[3] 周鑫. 基于情境感知的多边缘节点协同机制研究[D]. 上海：上海交通大学，2022.

[4] 雷连松. 工业物联网中基于边缘计算的流程协同方法研究[D]. 上海：上海交通大学，2021.

第8章 应用端工业软件构造及实践

本章面向工业互联网上的应用端专业工业软件构造，从业务场景出发，提出了工业软件专业应用的普遍构造方法和实现过程，并结合航空产品构型变更管理软件以及船舶弯板智能加工系统的构造实践，按信息架构、技术架构、算法设计等逐步展开介绍。

8.1 应用端工业软件构造方法

8.1.1 工业APP的应用模式

工业APP在不同层级和不同工业场景中，将根据工业领域特性的不同，形成不同的工业APP应用模式。典型的工业软件应用模式[1]包括面向高附加值产品的应用模式、面向工业过程改善的应用模式、依托工业软件平台领域知识驱动的应用模式和特定技术领域的应用模式。

1. 面向高附加值产品的应用模式

在高端装备制造业，如轨道交通、航空航天、能源电力等行业，产品数量少，但单台装备价值极高，安全性及抗风险能力等方面对产品质量影响极大。为了保证这些高价值产品能更安全、更有效地完成设计生产与运维活动，企业有意愿加大针对这些产品的工业APP投入，这为面向高附加值产品工业APP提供了明确应用需求和市场空间。由于工业APP为高附加值产品带来的高价值，企业愿意为定制工业APP支付相关费用，从而形成完整的价值链和典型应用模式。

例如，大型水电机组主设备指标监测应用、飞机发动机技术状态与健康管理应用、高铁转向架的健康监测应用、针对飞行器设计的专用工业应用等，都属于这类模式。

2. 面向工业过程改善的应用模式

面向工业过程改善的应用模式既可以通过提高效率来获得利润增长，也可以通过降低持续的消耗，将被消耗的成本转化为利润。每1%的改善与节约，都意味着过去大量被消耗的成本将被转化为企业的利润。对于高重复度连续生产工业来说，1%的改善带来的持续利润让企业有足够的动力去应用这些工业APP，因而也形成一种典型的应用模式。

例如，风电机组性能评估及优化APP可降低新能源企业生产成本、提高运营效率，带动相关企业提升发电量2%以上。

3. 依托工业软件平台领域知识驱动的应用模式

工业软件平台+领域模型是一种典型的知识驱动应用模式，是工业4.0背景下的一种制造业新模式。将领域工业技术、知识和最佳实践通过工业APP进行封装后，由工业APP所承载的工业技术知识驱动工业软件平台，完成特定领域和工业场景的生产任务。这种知识驱动型应用所带来的企业核心知识积累的价值、专家知识带来产品质量提升的价值、高效率与质量稳定性带来的利润增长，可以牵引广大企业应用这类工业APP，从而形成一种典型应用模式。SAP(思爱普)公司的“知识机器人”、北京索为公司的“知识自动化”等都属于领域知识驱动型工业软件平台的应用。通过整合集成各种CAD、CAE、CFD工业软件平台，针对不同的专业领域应用，将专业领域的工业技术知识与最佳实践封装，开发与特定工业软件解耦的工业APP。

例如，针对通用的CAD设计软件，基于工业APP开发平台，将飞机设计的流程、技术、知识与最佳实践封装后，就成为飞机设计的工业APP。如果封装船舶设计的工业技术知识，那么就能得到船舶设计与仿真的工业APP。这些工业APP可以驱动通用CATIA、UG NX、Creo或者其他CAE软件完成产品总体或零部件的设计与仿真工作，是一种知识驱动型设计应用。基于通用ERP系统和MES开发的针对标准件生产企业的领域模型都属于这一模式。

4. 特定技术领域的应用模式

特定技术领域应用模式是一种针对掌握某细分领域核心关键工业技术的企业的有效应用模式。将企业在该细分领域所掌握的核心工业技术进行封装，形成解决该领域问题的应用利器。通常，这种细分领域要具有足够多的企业数量，形成足够大的市场空间；同时，这些企业要面临相同或相似的共性问题。工业APP在该细分领域的同类企业中可以被广泛使用，从而形成一种应用模式。

简而言之，工业APP覆盖了离散行业和流程行业，包括多品种小批量、少品种大批量以及兼具前两种特点的业务应用。工业APP从横向可以应用于产品研发设计、生产制造、运维服务以及经营管理等多工业环节，从纵向可以应用于产品/设备-车间-企业-产业等多层级、多工业场景，例如：在产品/设备层级的设计、仿真、验证、设备监控管理；在车间层级的工艺布局，工艺工装，生产管控，远程运维监控，数据采集，以及效率、质量和能耗改善等管理应用；在企业层级的设计制造一体化、资源、计划、排程，以及服务、人、财、物等管理应用；在整个产业层级的云化应用、产业协同、供应链、营销等经营管理应用。

工业 APP[2] 的核心是将开发成果从纵向多层级与横向多环节应用到工业领域，工业 APP 应用架构如图 8-1 所示。

	研发设计	生产制造	运维服务	经营管理
产品用户	云化设计仿真 柔性化制造	远程协同制造	保险与租赁服务	精准营销 供应链协同 客户关系管理
企业	设计制造一体化	生产人员管理 生产安全管理 能耗排放优化 智慧仓储物流	售后服务	决策支持 财务人力管理
车间	工厂仿真与辅助制造 工艺设计与仿真/产线设计与仿真	物料平衡优化 产品质量优化 生产过程管控 生产工艺优化	备件备品管理 设备设施管理	智能计划排产 生产管理一体化
设备/产品	数字化设计与仿真验证	数据采集 设备健康管理	产品远程监测 设备远程运维	

图 8-1　工业 APP 应用架构

8.1.2　应用端软件开发方法论

应用端工业软件开发主要包括四个部分：业务架构设计、信息架构设计、技术架构设计以及部署运维模式。一般来说，与云平台或者边缘单元的系统不同，应用端的软件更关注专业知识处理，而对交互集成以协同实现则不如其他软件那样重视，因此，应用端软件的架构实现不考虑集成交互方式。

1. 业务架构设计

业务架构设计的目的是控制软件的复杂度与功能需求，其核心便是需求分析与领域驱动设计统一的过程。工业软件是面向工业场景的高度智能应用，是基于实际生产制造业务场景的需求而创造的。如果对需求分析浮于表面，则工业软件功用有限，将有极大概率成为企业转型中的负担。因此，开发工业软件的第一步就是要深入业务场景，明确真实痛点，制定合理有序的功能需求清单，并由实际用户进行核实确认。在云边端架构环境下，应用端工业软件更偏向于服务的使用方，更侧重于用户操作与使用体验，在满足功能完备性的同时也要兼顾便捷性、美观、易上手等非功能需求。

2. 信息架构设计

信息架构设计指的是工业软件所覆盖的业务数据模型构建，以及将涉及的数据以某一形式进行关联，为后续的数据库选型及开发做准备，其目的是控制软件处理的内容。

信息架构的复杂度源于应用端软件的数据规模与结构，核心是数据库设计、数据分析与建模。在云边端架构环境下，应用端软件的信息架构常常需要借助业务场景外的关联信息，比如用户画像、设备操作历史记录等，这些信息不完全由某一次操作流程产生，但却可以影响操作功能的执行效果。

3. 技术架构设计

工业软件的技术架构通常由边缘计算层、基础设施层、平台支撑层、应用服务层组成。开发团队需要分层对具体场景进行技术选型，横向确保每层功能的完整性，纵向满足逐层之间的耦合性，尽可能使高层应用需求能够被底层设备支持。实施计算资源分析，即对工业软件部署及应用场景进行分析及选型，分析其最终部署是采用单机部署、云边部署还是采用其他部署模式，对计算、传输、存储资源进行合理估计，从硬件资源角度分析软件开发的可行性。在云边端架构环境下，应用端软件通常以 API 为主要媒介，作为基于云平台的服务使用方进行开发。

4. 部署运维模式

在业务架构、信息架构、技术架构三种架构的基础上，应用端软件的实际开发运维主要需要考虑如何与远程服务进行合理、便捷的交互。服务能力是应用端软件的核心，需要根据业务场景进行流程建模，考虑是基于任务、数据、事件还是状态来构建服务以形成能力。相应地，项目团队可以确立模型驱动架构，例如基于页面驱动的功能开发架构、流程驱动服务集成架构或者数据驱动服务生成架构。服务的集成模式可以选择集成性强的服务框架，如 SOA(面向服务的架构)或者 ROA(面向资源的架构)，也可以选择灵活的轻量级服务框架，如微服务架构等。

8.2 典型案例 1:基于知识图谱的航空产品构型变更管理软件

飞机构型管理是建立和维护飞机产品的设计需求和构型信息之间的一致性的管理活动,作为系统工程的重要组成部分,贯穿飞机产品的全生命周期。为了适应技术发展、客户要求、供应商输入、适航规范等外部条件的不断演化,构型变更成为飞机产品研制过程中的常态,科学的构型变更控制方法能够为产品设计人员的变更决策提供支持,提高构型变更的效率,控制构型变更的影响范围,从而实现更优的产品研发质量。

针对构型变更控制需求,本案例进行了基于领域知识图谱的航空产品构型变更控制[3]研究,旨在面向海量异构的工程变更数据搭建构型变更知识图谱,并提出基于知识图谱的推理应用方法,构建构型变更管理软件,进而为构型设计的变更控制提供辅助支持。

8.2.1 业务分析

飞机研发项目中的构型控制业务流程可以分为变更申请、变更评估、变更实施和变更审核四个阶段,各个阶段都包含相应的业务活动,如图 8-2 所示。

变更申请阶段通过生成工程更改申请(engineering change request,ECR)文档实现问题的提出和定位,变更申请的输入源有研发部门、设计部门、供应商、客户等;变更评估阶段通过工程更改建议(engineering change proposal,ECP)文档进行变更方案的提出和变更影响的评估,所有相关的设计专业人员都需要进行充分的协调和论证,以保证变更方案的可行性、完整性、合理性;变更实施阶段接收获批的 ECP 文档作为输入,为了保证更改能在规定的时间内合并,管理部门需要给每一份 ECP 文档制定实施计划,并监督设计和制造部门实施;变更审核阶段对实施结果进行合规性和有效性审核,保证实施路线严格遵循既定计划,审核通过后关闭构型控制业务流程。

变更评估阶段是整个构型控制业务流程的核心。面向产品性能要求的提升、新技术的推广应用、适航规范的不断修订等数量庞大的设计需求输入,首先相关专业会修订变更方案以指明本次变更的目标机型、系统、设备及影响的产品特性,并通知受影响专业人员对变更方案进行评估,然后规约出本次构型变更需要修改的零件、图纸、技术文件。由于某个构型零件、图纸或技术文件实体的变更,往往会影响到与之直接或者间接相关的其他实体,从而引发“涟漪效

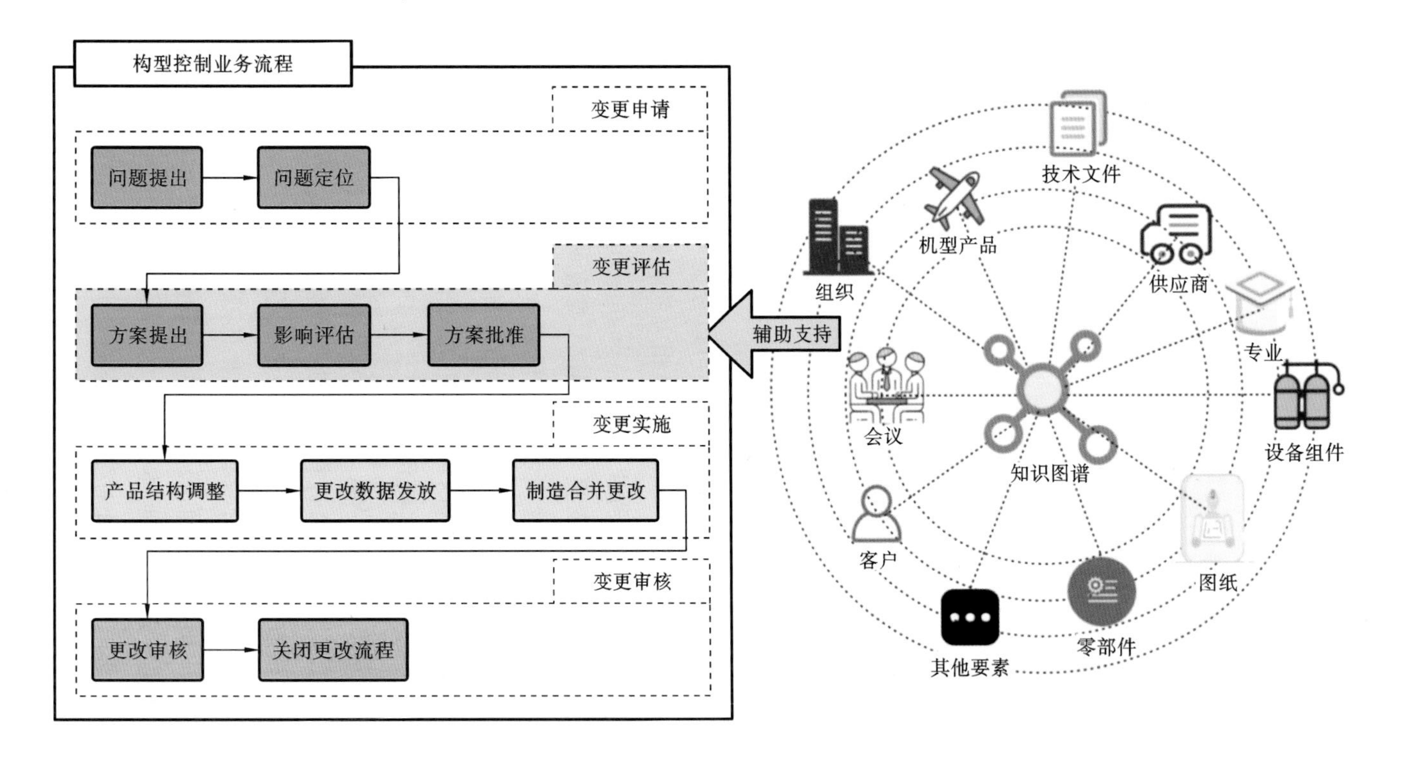

图 8-2 知识图谱在构型控制业务流程中的应用

应”模式的一系列实体修改，例如，某零件生产图纸更改后，需要修改相关组件的安装原理图，进而需要修改相关的技术说明文件等，因此需要通过相关方法划定受影响的实体范围，以作出相应的更改操作，从而保证产品数据的一致性。

从数据方面来说，当前构型变更评估阶段存在以下问题：

第一，不同领域要素之间存在隔离性，无法打通设计需求、业务流程与产品构型等全资源要素之间的语义关联，缺少领域要素的统一融合模型，导致构型变更控制方法缺乏完整性；

第二，飞机产品的构型设计数据数量庞大且结构混杂，数据之间缺乏有序的组织关联模式，且随着飞机产品设计周期中构型变更的频繁发生，新数据也在不断生成，因此需要有针对增量式数据的动态组织与关联方法；

第三，目前的研究更多关注如何对历史设计数据进行规范化的管理和维护，而缺乏对其进行有效分析运用的方法，难以为新的构型变更决策提供先验知识支撑，缺乏自动化、智能化的决策辅助手段。

针对这三个问题，本案例基于海量异构的历史构型变更数据，挖掘构型变更流程涉及的各要素间的关联，构建构型变更知识图谱。针对用自然语言描述的设计构型变更需求输入，可以基于知识图谱进行相应的推理操作，输出针对该设计构型变更需求需要发生变更的零部件实体集合，以及受到构型变更影响的其他领域实体，从而为构型变更控制活动提供辅助支持。

飞机构型变更往往由飞机产品的约束演化造成，包括下游客户需求调整、上游供应商输入变化、设备结构优化等若干场景。由于飞机构型是不同专业关联协同的复杂工程，因此由发起专业提出的构型变更方案可能会影响其他专业的指标表现，需要通知相关专业人员对变更方案进行评估，以保证本次构型变更方案合理可行。

在飞机研制过程中，构型变更活动涉及的要素和变更情况非常复杂。每一个微小的设计更改都会对多个相关专业造成影响，例如安装飞机吊挂排液管路会影响到总体布置室、重量室、机身后段室等诸多专业，需要及时通知相关专业的设计人员对变更影响进行评估。并且由于飞机产品的结构设计十分复杂，设计模块之间存在广泛依赖，因此构型更改牵一发而动全身，一个微小的设计更改可能会引发多个关联更改。而在产品的设计周期中，这样的变更过程是频繁发生的。

影响比较小的变更可能仅涉及技术文件、图纸结构等的修改，对产品的基本特性影响有限。更大的更改可能会直接影响产品的整体特性，例如重量、外

形、接口兼容性、互换性等,关系到交付架次的客户满意度。由此可见,飞机产品的构型变更是一个复杂任务,如何保证构型变更能被有效地提出、高效地处理、合理地评估,进而实现工作流的高效管理是构型变更控制的重点和难点。

对 ECP 文档进行结构分析和语义梳理,将复杂的构型变更活动抽象为图 8-3 所示的业务流程,包含设计需求输入、构型变更发起、变更实体规约和变更传递预测共四个环节。

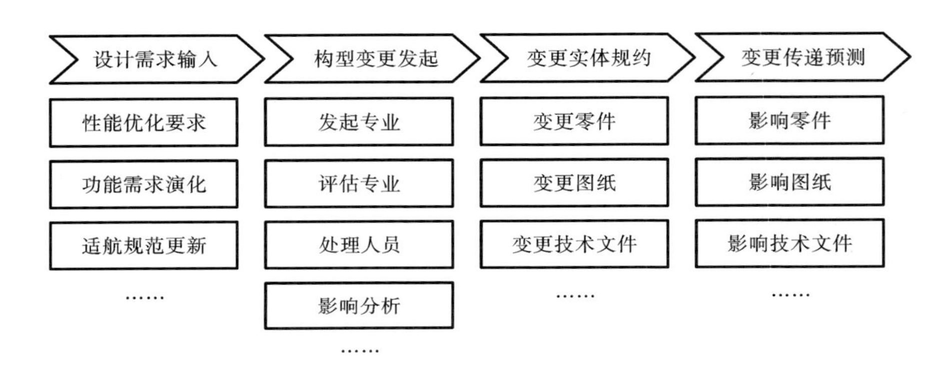

图 8-3　产品构型变更流程

设计需求输入环节是构型变更流程的开端,可以由设计部门、客服中心、供应商、客户等多类组织提出变更请求,该变更请求可能出于性能优化要求、功能需求演化、适航规范更新等,变更请求会提交至构型管理委员会,由构型管理人员进行可行性审批。设计需求输入环节会定义和记录问题的收集协调与必要性讨论。

在构型变更发起环节,由相关专业的设计人员根据变更请求的审批结果发起构型变更,定义该变更可能影响的飞机产品特性,以及通知受到该变更影响的专业和人员对变更进行评估。

在变更实体规约环节,设计人员会制定工程变更方案并提出新的产品结构规划,包括划定更改的目标零件、图纸、技术文件清单,记录其变更前后的件号、版本号、有效性变化,并对具体的变更操作进行详细说明,作为后续审批的依据。

在变更传递预测环节,相关评估专业及人员会针对更改目标清单,组织影响规约活动,根据飞机产品的零部件设计结构推算变更目标对其他设计模块的影响,决策是否对受影响的零部件、图纸、技术文件等目标实施相应的更改,完善发起专业提出的构型变更方案。

8.2.2 信息架构

在飞机产品构型变更控制的过程中,工程更改建议(ECP)文档是对历史构型变更案例的记录,涵盖了对变更原因,目标机型,发起/影响专业,受理人员,影响图纸、零件、技术文件等关键流程要素的描述。ECP文档的组织结构如图8-4所示,文档内容主要通过表单结构进行组织,文本数据均为非结构化的自然语言。表单中记录了时间、编号、受理人员、机型、架次等方便结构化表示的信息,其特点是文本长度较短,结构简明且按规则有序排列。

在ECP文档的自由文本中,还有很多供设计人员编写、参考的内容,比如变更原因、变更方案、变更影响评估等由自然语言描述的信息,这部分内容包含更多的业务细节,可以为变更传递预测提供更深层次的信息支撑。因此,对ECP文档内容进行语义分析,可以提取出飞机产品构型变更流程涉及的信息。

为了挖掘ECP文档数据中包含的设计经验知识,项目团队对文档数据进行结构语义分析并给出抽象的构型变更流程,设计了构型变更知识图谱的层次化数据模型。如图8-5所示,知识图谱数据模型分为概念层与实体层。概念层主要由概念及概念间关系组成,概念是对领域中机型、设备、零件等实体对象的抽象,概念之间具有上下位关系、包含关系等多种关系类型。实体层由实体及实体间关系组成,每个实体都能唯一映射到概念层的一个概念,实体间关系也与概念层中的概念间关系相匹配。

概念层定义了知识的表示模型与边界范围,为实体层的实体识别及关系抽取提供指导与约束,使抽取到的实体及实体间关系具有明确的归类和层次性。而实体层按照概念层的约定模式,从杂乱无章的领域数据中抽取结构化的知识,形成规模化的知识网络,这些是构型变更知识图谱的主要数据组成与价值载体。

1. 概念层

通过对ECP文档数据进行语义特征分析,面向构型变更流程中设计的关键要素,本案例设计了构型变更知识图谱的概念层,如图8-6所示。

构型变更知识图谱概念层包含业务域和构型域:

(1) 业务域是构型变更流程的主体、活动、产物等相关概念的集合,例如变更发起的专业和人员、不同组织及部门间召开的会议以及与变更相关的规范文件等,因此业务域是对构型变更流程从业务角度上的描述;

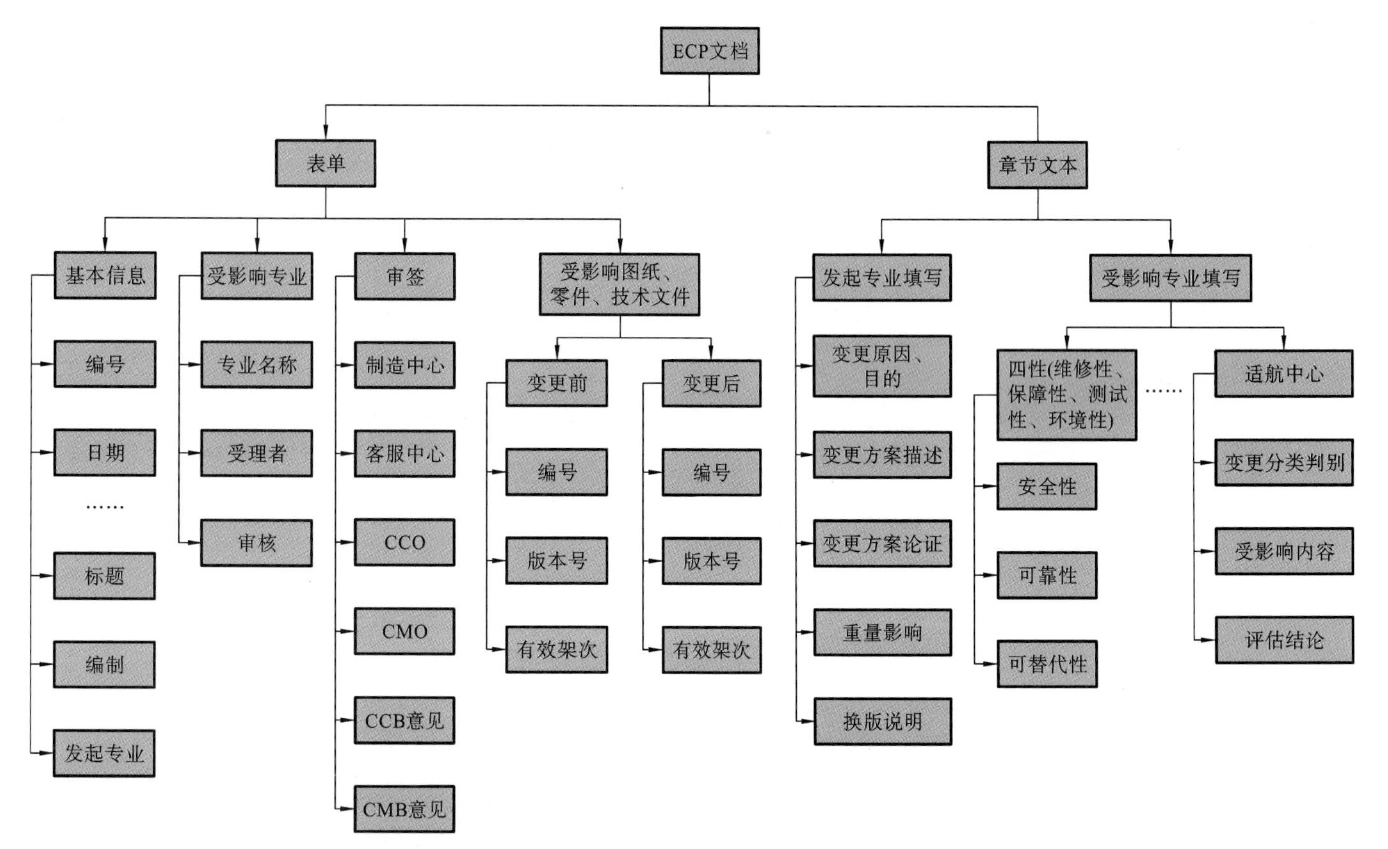

图 8-4 ECP文档的组织结构

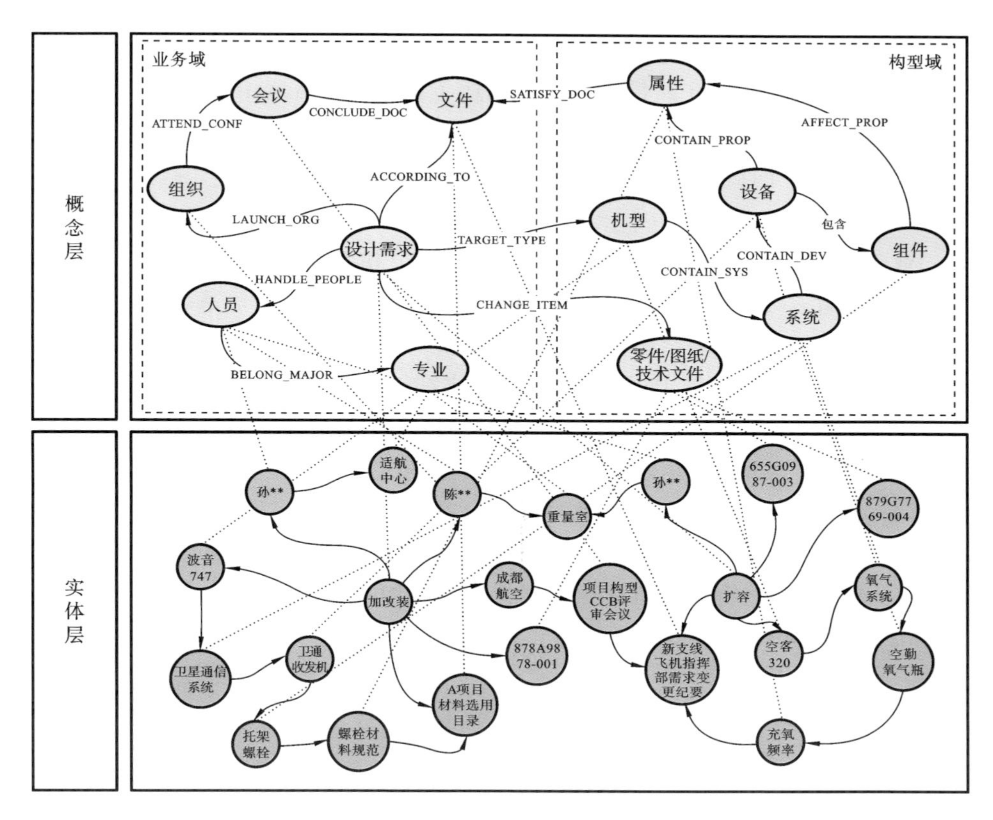

图 8-5　构型变更知识图谱数据模型

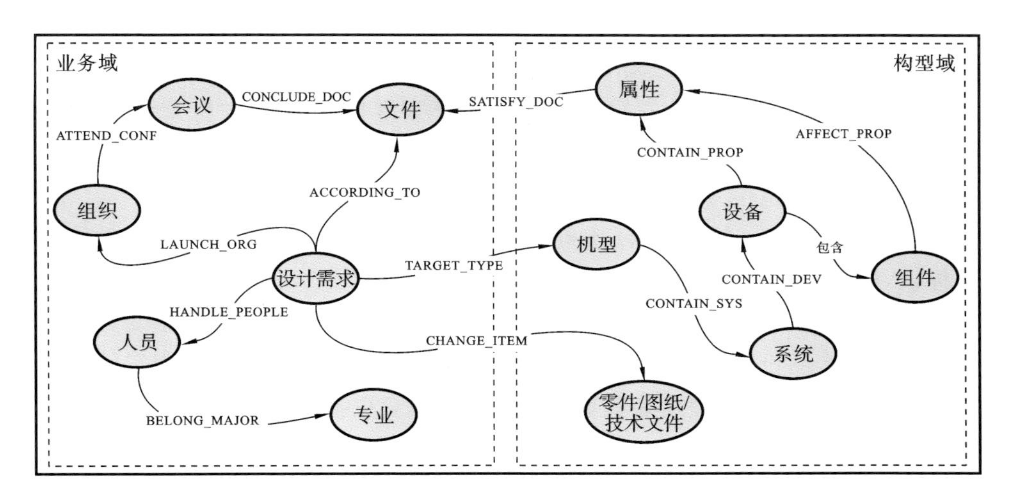

图 8-6　构型变更知识图谱的概念层

（2）构型域是与飞机产品构型设计相关的概念集合，例如飞机型号、系统、设备、零件、图纸等，从产品设计的角度描述了构型变更流程中的变更目标。

业务域的变化是构型域发生变更的原因，构型域变更也需要依赖业务域作为操作主体。不同域的概念之间存在特定的关联特征，形成统一融合的构型变更领域模型。

业务域包含设计需求、组织、会议、文件、人员和专业共六个概念类。

（1）设计需求：客户对飞机产品的预期描述，例如加装通信系统等。

（2）组织：由诸多要素按照一定方式相互联系起来的机构，一般作为产品的客户或供应商等，例如中国民用航空总局、成都航空有限公司、中国航空发动机集团等。

（3）会议：飞机产品需求商讨的媒介活动。

（4）文件：需求调研会议形成的会议纪要。

（5）人员：受理变更影响评估的人力资源，人员有各自所属的专业。

（6）专业：负责协调飞机某项功能特性的组织，例如通信室、导航室等。

构型域包含机型、系统、设备、组件、属性、零件/图纸/技术文件共六个概念类。

（1）机型：将飞机按照设计制造形式的不同而分出的类别，以设计部门或使用部门给定的编号表示。

（2）系统：飞机上某一特定功能模块的设备集合，如卫星通信系统、厨房系统、导航系统等。

（3）设备：能够向外提供特定服务的集合体，由零部件按照特定模式组装而成，如驾驶员座椅、旅客阅读灯、卫通收发机等。

（4）组件：组成飞机设备的零部件，例如托架螺栓、卫通收发机天线等。

（5）属性：对飞机设备性能的评估标准，例如线缆设备的安装可靠性、卫通收发机接收的卫星信号等级等。

（6）零件/图纸/技术文件：飞机构型变更中的基本目标单元，有唯一性的编号标识，如卫星通信设备的安装图纸编号等。

构建业务概念与构型概念融合的领域模型，考虑设计需求与构型变更发起专业、人员、产品设计结构等多要素之间的关联特征，可以为知识图谱实体层的构建提供指导，同时为后续基于知识图谱的构型变更推理应用提供概念层面上的关联依据。

2. 实体层

构型变更知识图谱实体层是知识图谱的主要数据载体，每个知识图谱实体都唯一对应于概念层中的一个概念类，每条知识图谱实体间关系也同样对应于唯一的概念关系类型，且关系的起点和终点均为一个知识图谱实体。

8.2.3 技术架构

针对本案例应用场景，项目团队提出了构型变更知识图谱构建与应用框架，如图 8-7 所示。

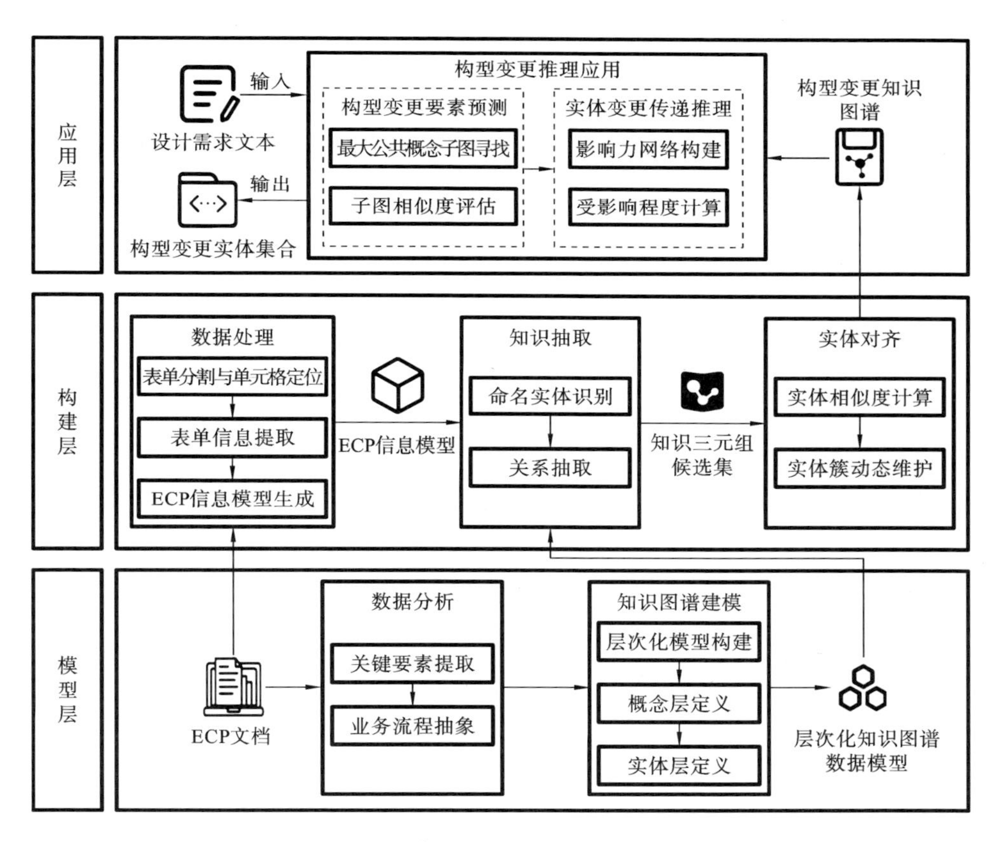

图 8-7 构型变更知识图谱构建与应用框架

本案例应用框架包括模型层、构建层和应用层。

1. 模型层

知识图谱模型层主要对文档数据特征进行结构及语义分析，提取构型变更中涉及的关键要素，并抽象出构型变更业务流程，然后基于以上分析结果设计构建层次化的构型变更知识图谱数据模型。

2. 构建层

知识图谱构建层首先对领域业务数据进行分析与提取，得到结构化的ECP信息模型；然后基于信息模型中的数据执行命名实体识别和关系抽取，得到知识三元组的候选集；最后针对候选集及知识图谱中已有的实体，通过实体相似度计算及实体簇动态维护实现实体对齐，将对齐后的知识三元组加入知识图谱中，实现构型变更知识图谱的增量式构建。

3. 应用层

知识图谱应用层对构型变更知识图谱进行应用，探索其在实际构型变更业务场景中的实用性。对于输入的设计需求文本，采用自然语言分析方法提取其中的变更需求实体，并基于知识图谱进行对照和匹配，关联查询其直接影响的专业、系统、设备等实体对象。由于零件、图纸和技术文件实体之间存在变更传递现象，因此分析实体之间的频繁共现关系，利用实体间变更传递的路径及推理方法，获得受变更传递影响的实体，并对实体受影响程度进行打分排序，提供给构型变更管理人员参考。

8.2.4 典型算法设计

为了分析处理飞机产品研发项目中产生的海量工程更改建议（ECP）文档，为不同类型的异构数据构建统一的关联表示，以辅助构型变更管理活动，系统提供了知识图谱增量式构建、构型变更要素预测、实体变更传递推理三个功能。

（1）知识图谱增量式构建功能：系统对工程更改建议（ECP）文档依次进行数据预处理、知识抽取、实体对齐的操作，将文档数据转化为知识三元组，实现构型变更知识图谱的自动化增量构建；

（2）构型变更要素预测功能：系统先将设计人员输入的设计需求文本转化为对应的语义查询图，然后从图结构和语义两个维度评估语义查询图和知识图谱各个需求子图的相似度，最后给出推荐的构型变更要素预测结果；

（3）实体变更传递推理功能：系统首先在知识图谱的指导下进行实体影响关系发现和影响力计算，构建实体的影响力网络，然后基于实体影响力网络对设计人员输入的初始变更实体集合进行运算并输出受影响的实体集合。

通过提供以上功能，本系统对飞机产品研发过程中形成的海量构型变更文档数据进行了有效的组织和运用，提升了设计人员的工作效率，降低了构型变更决策遗漏的可能性。

8.2.5 软件实现

1. 原型系统架构

原型系统基于 B/S 架构开发,整体架构由底至顶分为数据层、控制层和应用层,如图 8-8 所示。

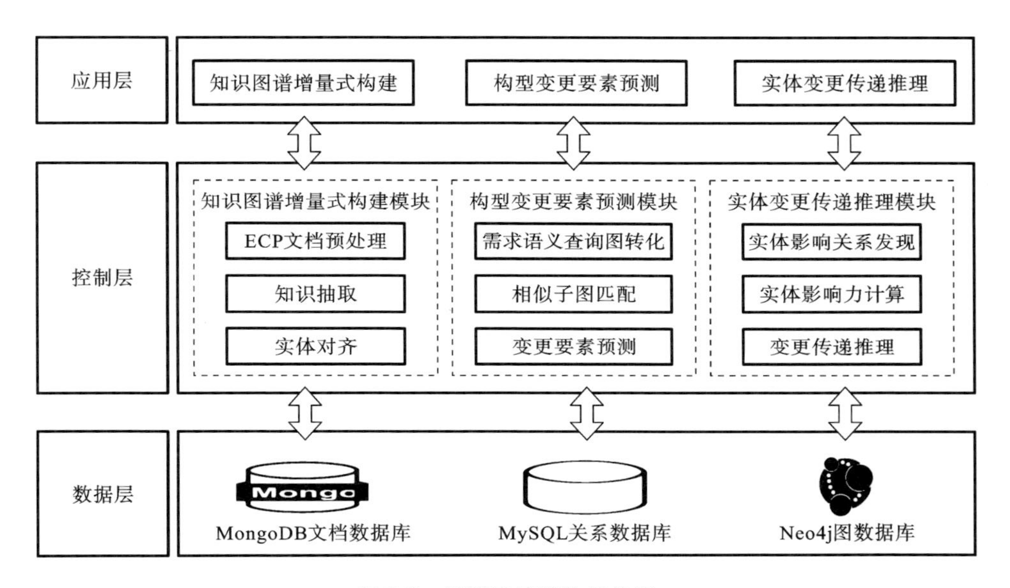

图 8-8 原型系统整体架构图

(1) 数据层。

在原型系统中,数据层提供数据存储和管理功能,包括知识图谱以及中间计算结果的存储与维护。

数据层一共使用了 MongoDB、MySQL 和 Neo4j 三种数据库作为数据存储介质。其中,文档数据库 MongoDB 支持松散的数据结构,用来保存从 ECP 文档中提取的信息模型;关系数据库 MySQL 使用表结构记录实体之间的对齐关系,动态更新维护实体簇;图数据库 Neo4j 使用节点和关系表示的图结构存储构型变更知识图谱,以支持对知识三元组的快速存储与检索操作。

(2) 控制层。

控制层是原型系统的核心,是本案例所提框架的实现载体。它基于数据层输入的源数据构建构型变更知识图谱,并基于知识图谱实现一系列推理应用方法,以支撑上层应用。

控制层包含知识图谱增量式构建模块、构型变更要素预测模块、实体变更传递推理模块。

在知识图谱增量式构建模块中，系统首先接收工程更改建议（ECP）文档，对其解析后构建 ECP 信息模型，对模型中的自由文本分别进行实体识别与关系抽取，得到候选知识三元组，接着与知识图谱中现有实体进行对齐，得到最终的知识三元组并将其导入 Neo4j 图数据库中存储。

在构型变更要素预测模块中，系统使用知识抽取方法将设计人员输入的设计需求文本转化为语义查询图，然后基于图结构相似度和节点语义相似度匹配知识图谱中的子图，给出构型变更要素预测结果。

在实体变更传递推理模块中，系统首先基于构型变更知识图谱进行实体影响关系发现和影响力计算，构建实体影响力网络，然后针对设计人员输入的初始变更实体集合，在实体影响力网络上运行变更传递推理算法，给出受影响的实体集合。

在技术选型上，控制层采用 Java 作为后端开发语言，使用 Spring Boot 及其衍生模块作为开发框架。

（3）应用层。

应用层通过控制层提供的服务接口，基于构型变更知识图谱向飞机产品设计人员提供构型变更控制的相关功能应用，设计人员通过应用层与原型系统直接交互。

用户可以上传 ECP 文档，系统会抽取出对应的 ECP 信息模型，并提供 ECP 信息模型的管理接口。用户可以选中 ECP 信息模型执行知识抽取和实体对齐，进而增量更新知识图谱。用户输入设计需求文本，系统输出构型变更实体的推荐集合。对于实体变更传递推理功能，用户输入初始变更实体集合，系统输出受变更影响的实体集合。

在技术选型上，应用层采用 React 框架进行前端搭建，使用 ECharts 可视化工具实现相关展示。

2. 基于原型系统框架的软件实现

下面将基于原型系统整体框架，展开阐述系统中数据层、控制层和应用层的详细设计与实现过程。

（1）数据层实现。

数据层负责原型系统中的数据存储，其最核心的任务是存储和维护构型变更知识图谱，在技术选型上使用 Neo4j 图数据库作为存储介质，图 8-9 展示了图数据库中的主要数据实体以及实体间关系。

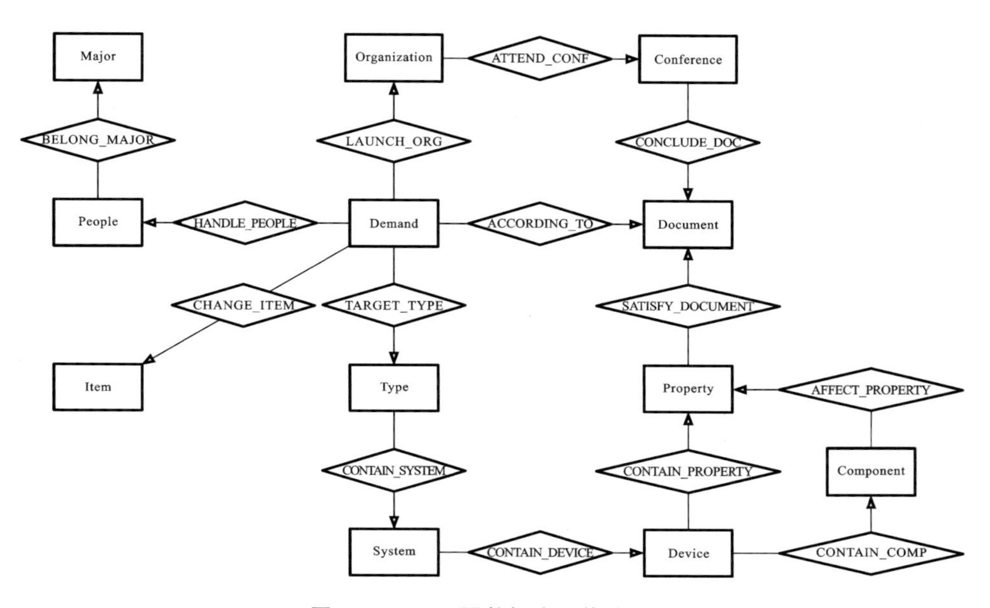

图 8-9 Neo4j 图数据库实体关系图

Neo4j 图数据库模型以节点和关系来体现，节点之间通过关系相连，形成关系型的网状结构。原型系统的数据库模型一共包含 12 种节点类型与 14 种关系类型，其中设计需求(Demand)是中心节点，其与组织机构(Organization)、处理人员(People)、规范文件(Document)、目标机型(Type)和引起变更的零件/图纸/技术文件(Item)通过对应的关系类型直接相连。处理人员属于特定的专业(Major)。组织机构参与特定的需求研讨会议(Conference)，会议的纪要形成构型设计的规范文件。目标机型与系统(System)、设备(Device)、零组件(Component)形成链式的包含关系。设备均具有各自特有的属性(Property)，属性会被零部件所影响，并作为构型设计规范文件的关注指标。

(2) 控制层实现。

控制层负责处理整个系统的核心业务逻辑，分为模型层和业务层，如图 8-10 所示。

在模型层，使用实体(Entity)类、关系(Relation)类和知识图谱(KnowledgeGraph)类分别映射图数据库中的节点、关系与知识图谱对象。Entity 类包含知识图谱实体节点的命名、类型、嵌入向量等属性；Relation 类包含知识图谱

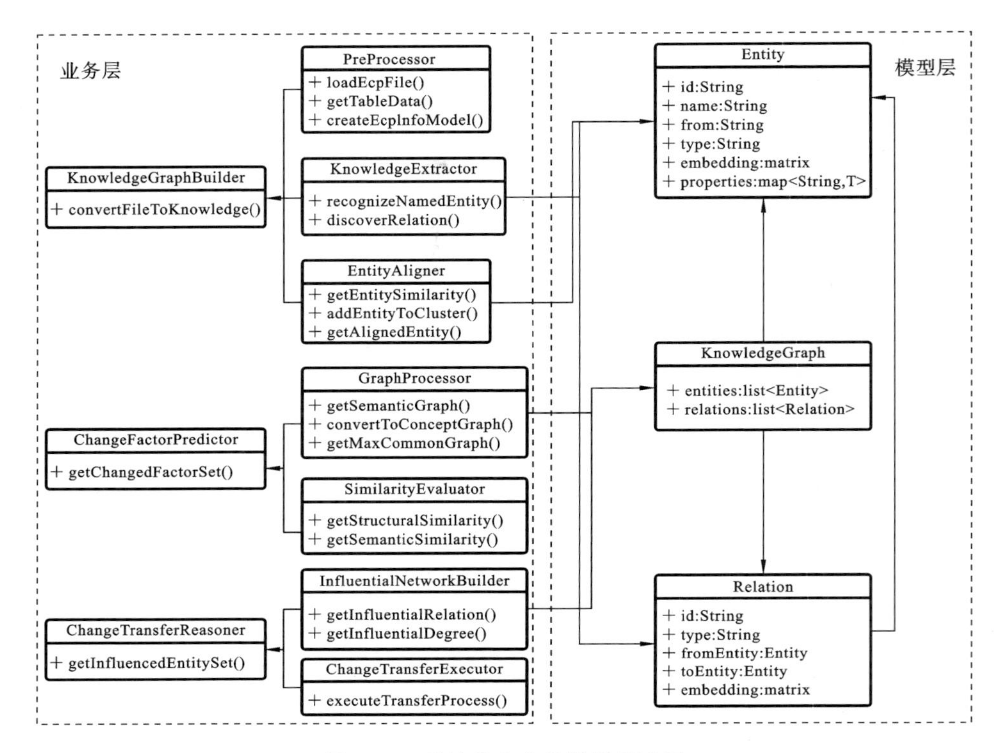

图 8-10　系统核心业务逻辑示意图

中关系边的类型、起点实体、终点实体等属性；KnowledgeGraph 类通过维护实体和关系的集合来表示构型变更知识图谱。

业务层包含三个核心类：知识图谱构建（KnowledgeGraphBuilder）类、变更要素预测（ChangeFactorPredictor）类和变更传递推理（ChangeTransferReasoner）类。其中，KnowledgeGraphBuilder 类通过调用数据预处理（PreProcessor）类、知识抽取（KnowledgeExtractor）类和实体对齐（EntityAligner）类实现知识图谱构建的业务逻辑；ChangeFactorPredictor 类通过调用子图处理（GraphProcessor）类和相似度评估（SimilarityEvaluator）类实现构型变更要素预测的业务逻辑；ChangeTransferReasoner 类通过调用影响力网络构建（InfluentialNetworkBuilder）类和变更传递执行（ChangeTransferExecutor）类实现实体变更传递推理的业务逻辑。

（3）应用层实现。

应用层负责与用户直接交互，通过将控制层的计算结果显示在用户交互界面上以响应用户请求。应用层涉及知识图谱增量式构建、构型变更要素预测和实体变更传递推理三个功能用例。

知识图谱增量式构建用例的时序图如图 8-11 所示，用户在 build. html 页面上传 ECP 文档，点击页面按钮向原型系统控制器(ConfigurationController)发送请求，控制器将请求转发到 KnowledgeGraphBuilder 类处理。KnowledgeGraphBuilder 类是负责知识图谱自动构建的服务类，它分别请求 PreProcessor 类、KnowledgeExtractor 类、EntityAligner 类进行 ECP 文档预处理、知识抽取和实体对齐，并将得到的知识三元组融合到现有知识图谱中，同时返回给控制器，控制器响应用户请求，在 build. html 页面上将用户上传的 ECP 文档的知识三元组抽取结果以图结构可视化地展示出来。

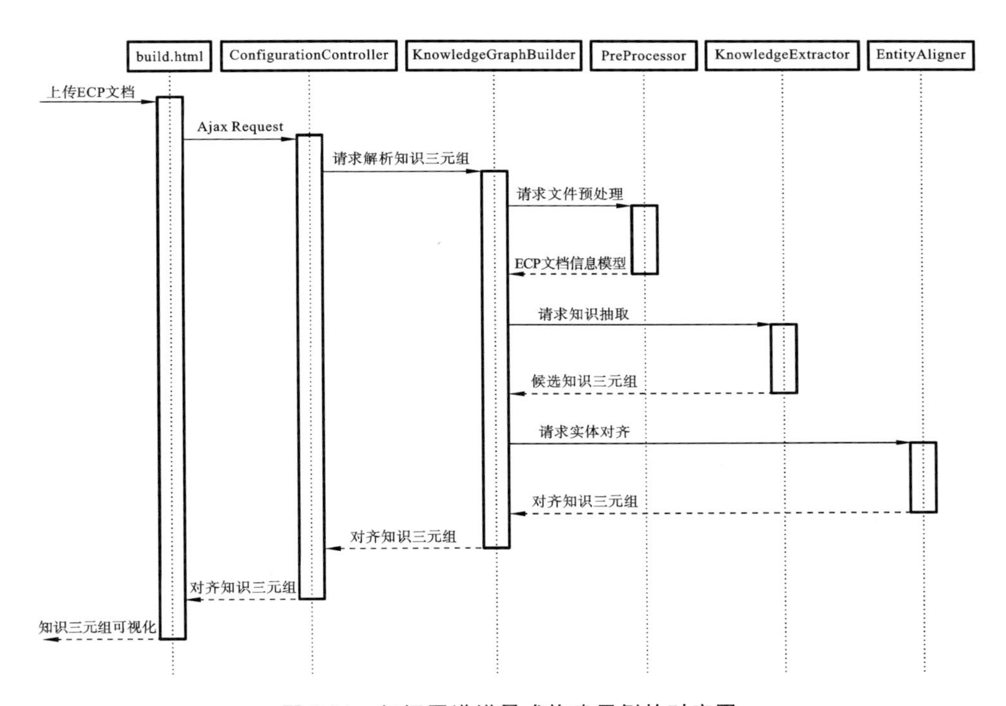

图 8-11　知识图谱增量式构建用例的时序图

构型变更要素预测用例的时序图如图 8-12 所示，用户在 predict. html 页面上输入设计需求文本，点击“提交”按钮向原型系统控制器(ConfigurationController)发送请求，控制器将请求转发到 ChangeFactorPredictor 类处理。ChangeFactorPredictor 类是负责构型变更要素预测的服务类，它分别请求

GraphProcessor 类、SimilarityEvaluator 类进行语义查询图转化和子图相似度计算，然后对待变更要素进行推荐打分，并将打分结果返回给控制器，控制器响应用户请求，在 predict.html 页面上将用户输入的设计需求文本对应的语义查询图和变更要素推荐打分结果可视化地展示出来。

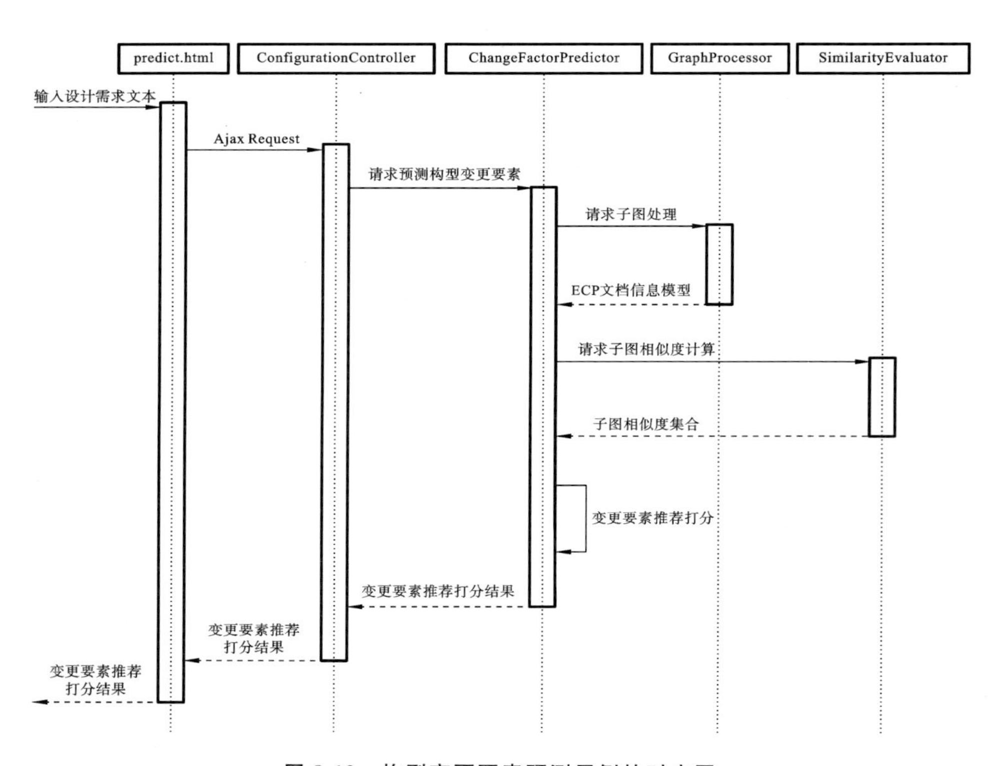

图 8-12　构型变更要素预测用例的时序图

实体变更传递推理用例的时序图如图 8-13 所示，用户在 reason.html 页面上选择初始变更实体，点击“提交”按钮向原型系统控制器(ConfigurationController)发送请求，控制器将请求转发到 ChangeTransferReasoner 类处理。该类是负责执行实体变更传递推理的服务类，它分别请求 InfluentialNetworkBuilder 类、ChangeTransferExecutor 类进行实体影响力网络构建和变更传递计算，并将计算结果返回给控制器，控制器响应用户请求，在 reason.html 页面上将基于当前知识图谱构建的实体影响力网络以及实体受影响程度打分结果可视化地展示出来。

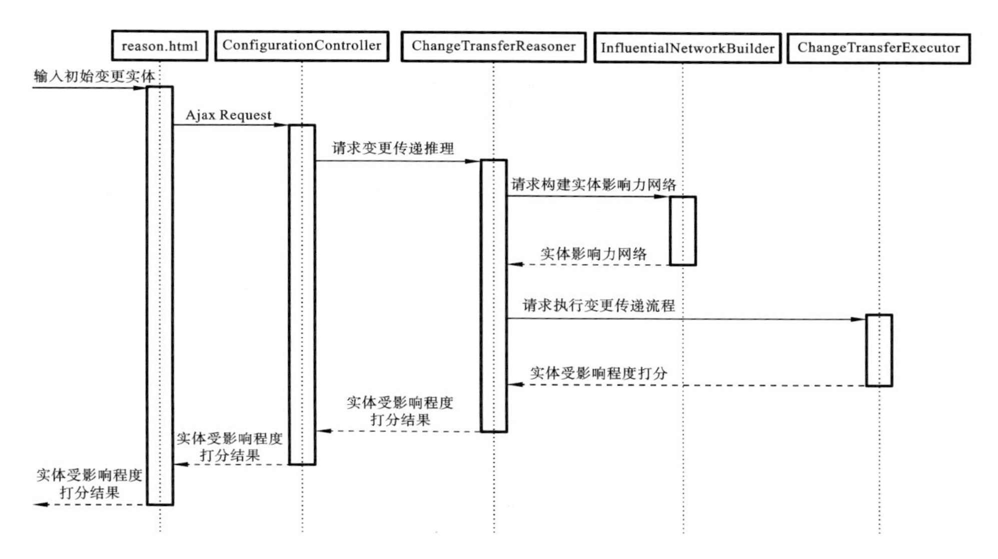

图 8-13 实体变更传递推理用例的时序图

8.2.6 应用结果

本系统实现了基于工程更改建议(ECP)文档的构型变更知识图谱增量式构建,并且在知识图谱的基础上进行构型变更要素预测与实体变更传递推理应用,从而为构型变更业务活动提供辅助支持。本小节将对系统功能进行展示,以验证构型变更知识图谱在实际业务场景中的可行性与实用性。

1. 知识图谱增量式构建

在知识图谱增量式构建的功能模块中,输入是工程更改建议(ECP)文档,输出是从该文档中抽取并与当前构型变更知识图谱对齐后的知识三元组,以图形化的形式展示在用户交互界面,同时增量更新到现有知识库中。

对于用户上传的 ECP 文档,控制层会对其进行预处理,首先使用开源的 Java 包 ICEpdf 将 PDF 页面转化为二值图,在此基础上进行表单分割和单元格定位,并利用 Java 类库 PDFBox 识别单元格中的文本,然后对不同模式的表格定义适配的匹配算法进行表头与内容的匹配,进而构造 ECP 信息模型,保存在 MongoDB 数据库中。图 8-14 所示是 ECP 信息模型在数据库中的存储结构,包含模型编号(number)、标题(title)、发起专业(initiator)、产品名称(product)、更改原因(cause)、目标更改实体列表(target)、受影响专业及人员列表(AMP)、受

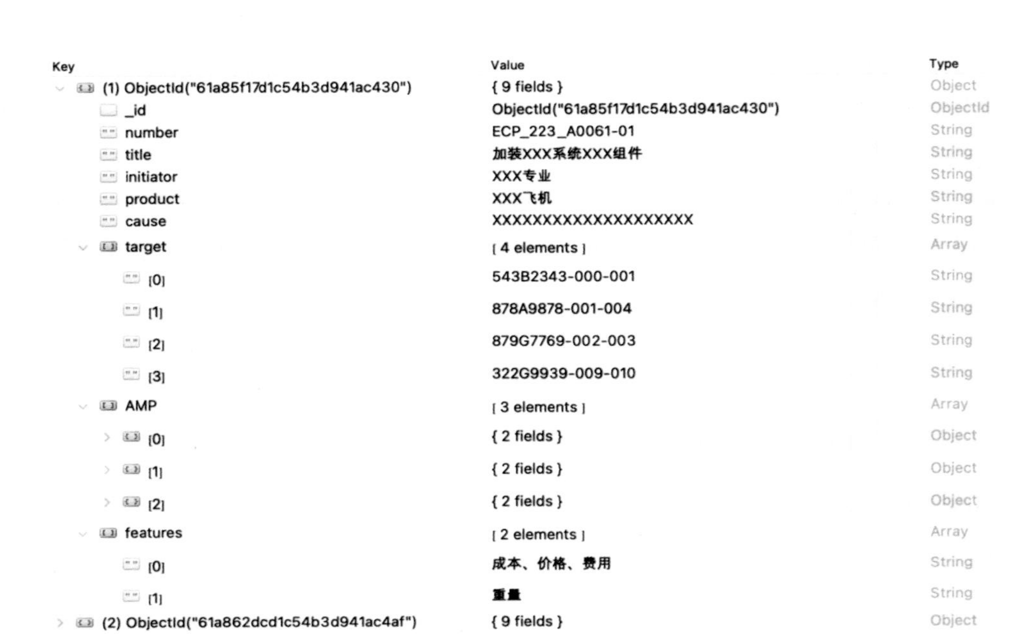

Key	Value	Type
(1) ObjectId("61a85f17d1c54b3d941ac430")	{ 9 fields }	Object
_id	ObjectId("61a85f17d1c54b3d941ac430")	ObjectId
number	ECP_223_A0061-01	String
title	加装XXX系统XXX组件	String
initiator	XXX专业	String
product	XXX飞机	String
cause	XXXXXXXXXXXXXXXXXXXX	String
target	[4 elements]	Array
[0]	543B2343-000-001	String
[1]	878A9878-001-004	String
[2]	879G7769-002-003	String
[3]	322G9939-009-010	String
AMP	[3 elements]	Array
[0]	{ 2 fields }	Object
[1]	{ 2 fields }	Object
[2]	{ 2 fields }	Object
features	[2 elements]	Array
[0]	成本、价格、费用	String
[1]	重量	String
(2) ObjectId("61a862dcd1c54b3d941ac4af")	{ 9 fields }	Object

图 8-14 ECP 信息模型在数据库中的存储结构

影响产品特性列表(features)共 8 个属性,囊括了后续知识抽取阶段所需的关键信息。

用户可以在图 8-15 所示界面对系统中存储的 ECP 信息模型进行管理,模型具有“已融合”和“未融合”两种状态。前者表示该 ECP 文档中包含的知识三元组已经融合到构型变更知识图谱中,而后者则相反。

在对每个 ECP 信息模型进行知识抽取时,本系统采用了 BiLSTM-CRF 模型对信息模型的长文本属性进行命名实体识别。为了构造模型的训练集,使用在线语料标注平台 doccano 对自由文本进行人工标注。调用训练的 BiLSTM-CRF 模型,可以实现对 ECP 信息模型长文本属性的自动实体识别,得到 ECP 扩展信息模型,在 ECP 扩展信息模型上运行基于规则的关系抽取算法,获得候选知识三元组。

为了实现实体对齐功能,系统采用图 8-16 所示的数据库表来维护对齐实体簇。表中每一行表示一个实体,具有实体名(name)、对齐实体名(align_name)以及对应知识图谱中的主键值(id_in_graph)三个属性。由于每个实体簇中只有一个对齐实体,且只有这个对齐实体会被记录于知识图谱中,因此只有对齐实体的 id_in_graph 值是存在的,其他实体的该属性值为空。属性 align_name

图 8-15　ECP 信息模型管理界面

id	name	align_name	id_in_graph
0	卫通系统	卫星通信系统	null
1	卫星通信系统	卫星通信系统	25
2	随机通信卫星系统	卫星通信系统	null
3	卫星通讯系统	卫星通信系统	null
4	移动卫星通讯系统	卫星通信系统	null
5	移动卫通系统	卫星通信系统	null
6	随机卫通系统	卫星通信系统	null
7	中航	中国民航局	null
8	中航局	中国民航局	null
9	民航局	中国民航局	null
10	中国民航局	中国民航局	207
11	中航总局	中国民航局	null

图 8-16　维护对齐实体簇的数据库表

值相同的所有实体属于同一个实体簇。对于任意 ECP 信息模型的知识抽取结果，控制层会计算每个候选实体与各实体簇中对齐实体的相似度，并给出相似度最高的 5 个对齐实体，用户可以选择确定的实体并与之对齐。对于有新实体加入的实体簇，系统会计算该实体簇中每个实体的中心度，以更新该实体簇的对齐实体。

完成了候选知识三元组与现有知识图谱的实体对齐后，控制层会将其扩充到现有知识图谱中，实现构型变更知识图谱增量式构建，以支撑后续的推理应用。构型变更知识图谱的构建效果如图 8-17 所示。

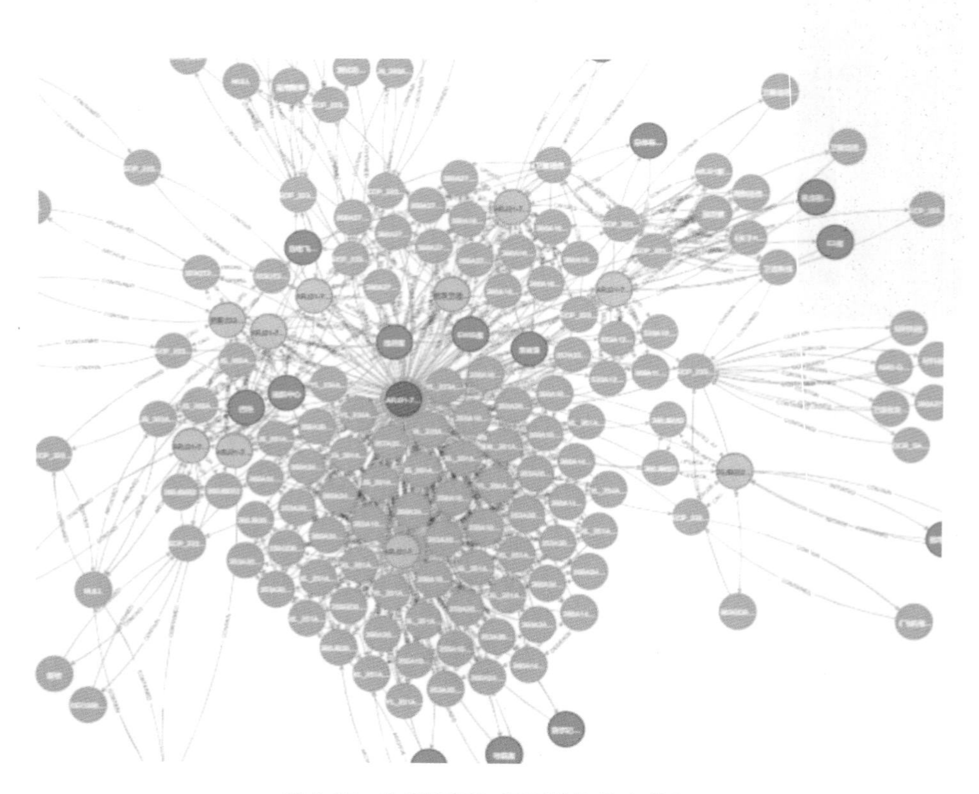

图 8-17　构型变更知识图谱的构建效果

为了给用户提供知识图谱增量式构建功能的交互接口，应用层给出了图 8-18 所示的增量知识入库界面。对于不同实体，可以根据其所属概念类别设定颜色，并可根据所属概念类别进行可视内容的筛选，以便设计人员快速识别感兴趣的信息。

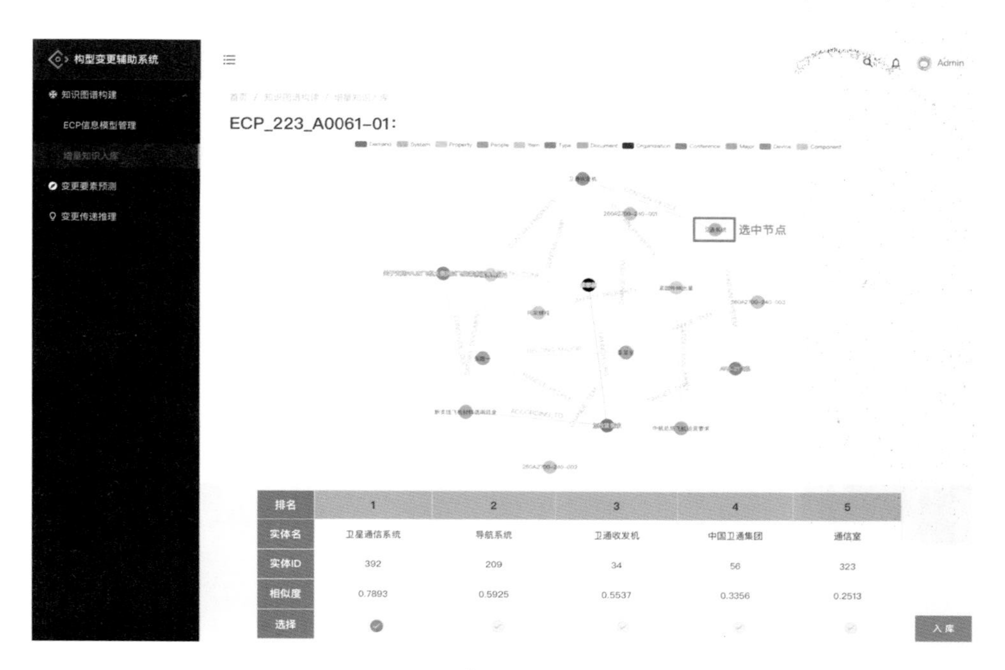

图 8-18　增量知识入库界面

当选中可视化知识三元组中的某个实体时，界面下方会显示当前知识图谱中与该实体相似度最高的 5 个实体及对应的相似度值，用户可以从中选择任一实体与之对齐，然后点击“入库”按钮，将对齐后的知识三元组融合到现有知识图谱中，完成知识图谱增量式构建。

2. 构型变更要素预测

在构型变更要素预测的功能模块中，输入是一段设计需求文本，输出是该设计需求可能导致变更的零件/图纸/技术文件实体推荐列表，该推荐列表包含每个零件/图纸/技术文件实体的编号及对应的推荐分值。控制层首先按照上述知识抽取方法，将输入的设计需求文本以及当前所有已融合的 ECP 信息模型转化为对应的语义图，每个已融合的 ECP 信息模型语义图都是构型变更知识图谱中的一个子图。在此基础上，控制层对输入语义图与各个知识图谱子图进行相似度计算。

为了给用户提供构型变更要素预测功能的交互接口，应用层给出了图 8-19 所示的变更要素预测界面。

图 8-19　变更要素预测界面

3. 实体变更传递推理

在实体变更传递推理的功能模块中，输入是初始变更的实体集合，输出是可能受影响实体推荐列表，该推荐列表包含每个零件/图纸/技术文件实体的编号及对应的推荐分值。

控制层接收到用户输入后，会基于构型变更知识图谱构建零件/图纸/技术文件实体的影响力网络，具体实现过程如下：首先在知识图谱上执行算法，基于广度优先搜索思想发掘可连通的零件/图纸/技术文件实体对，进而得到影响力网络的节点集和边集；然后采用开源知识图谱嵌入工具 OpenKE，通过训练 TransE 模型，将知识图谱中的节点和边表示到向量空间，通过计算零件/图纸/技术文件实体的嵌入向量相似度，得到实体对之间的初始影响力；最后基于共现分析思想，对实体对间的影响力进行双向调整，构建得到有向图结构的实体影响力网络，在实体影响力网络的基础上，使用实体变更传递推理算法，计算得到最终的受影响实体推荐表。

为了给用户提供实体变更传递推理功能的交互接口，应用层给出了图 8-20 所示的变更传递推理界面。

简而言之，基于知识图谱的构型变更管理系统，实现了面向复杂产品结构的海量异构信息的抽取、融合、推理，结合 RPA 等自动化技术，可以提供构型变更管理的智能技术支撑。

图 8-20　变更传递推理界面

8.3　典型案例 2:基于三维点云的船舶弯板智能加工系统

金属板材弯压成形是高端装备制造中的重要工序。板材弯压成形工序的关键步骤是基于 CAD 模型的设计数据计算生成弯板加工参数,然后使用三维数控弯板机对板材进行多点冷压,从而使板材形成特定的几何形状。但是,由于金属板材回弹的不确定性,目标形状与板材弯压后的实际形状之间存在偏差[4],因此,在实际生产过程中,技术人员只能采用逐步逼近法,通过多次修改加工参数并对板材进行多次弯压来逐渐减小偏差。这种方法较为低效,耗费大量的人力物力,且仍然不能保证板材成形精度。

板材弯压成形精度和效率将直接影响装备板材部件的质量和生产周期。为了提高板材弯压成形精度,最有效的方法是通过考虑板材的回弹来计算弯板加工参数。这样,板材弯压成形结果可以同时满足几何形状和成形精度的工程要求。在板材弯曲加工时,我们需要从 CAD 模型中计算加工点的最佳配置参数,以获得合格的弯压成形结果。

然而,从 CAD 模型到弯板加工参数的映射关系是非线性且难以预测的,因为材质、厚度、几何形状等在内的许多因素都可能导致回弹和板材表面变形。同时,设计曲面、加工曲面和成形曲面的映射关系是非线性的,因此很难描述物理实体和几何模型的映射关系。

将机器学习引入计算方法是复杂非线性映射问题的重要解决方案。但是，在生成三维弯板加工参数时还有两个额外的挑战：

第一个挑战是训练回弹计算的数据少。一般来说，高端装备制造业（如造船）没有大量的样本，这将影响机器学习结果的准确性，因此需要新的方法来充分利用现有的样本，同时确保机器学习结果的准确性。

第二个挑战是计算弯板加工参数的模型不适用。要采用基于机器学习的解决方案，需要将CAD模型转换为适用于机器学习的模型。然而，CAD模型通常由大量的点、线和面组成，具有存储空间成本高、计算效率低、变形后一致性差的特点，因此难以转换。此外，实际上每个CAD模型中的尺寸、位置、姿态和表面上点的分布都有差异，这增加了机器学习的难度。

本案例通过研究造船业马鞍形船板加工的现状，采用点云表示CAD模型，提出了一种基于点云模型的三维弯板加工参数生成智能深度学习方法[5]和一个多模型融合弯板加工参数生成（multi-model fused bending parameter generation，MMFBPG）软件框架，通过数据预处理和加工参数生成将所提出的方法应用于实际生产，并通过案例相似度计算提取模型特征，以提高模型参数映射的准确性，同时在实际生产过程中验证了所提软件框架和算法的可行性和实用性。

8.3.1 业务分析

多点成形技术[6]广泛应用于弯板加工，是曲面零件柔性成形的主流技术。三维数控弯板机具有上模具群和下模具群，两者中的每一个都包含多个离散排列的压头[7]，如图8-21所示。

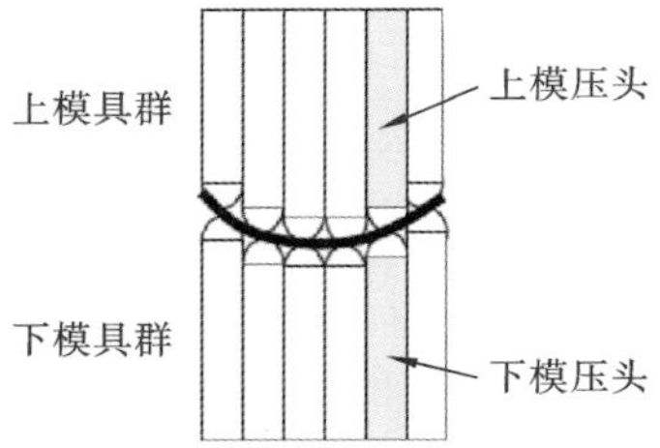

图8-21 三维数控弯板机模具群

通过调整上、下模具群中各个压头的高度，三维数控弯板机形成与目标曲面形状相对应的包络面，然后通过多点压制成形方法弯曲板材。实践中，在一次弯曲后，需要根据曲板的测量误差调整上、下模具群中各个压头的高度，以形成新的包络面，然后再进行一次弯曲以接近目标曲面形状。

为了便于理解，表8-1列出并解释了与三维板材弯曲工艺相关的术语。

在板材弯曲过程中，回弹是不可避免的。板材的弯曲通常具有弹性变形。当弯板机压头的负载卸荷时，板材的弹性变形将恢复，导致与弯曲方向相反的变形，变形的程度由回弹量决定。由于回弹与成形形状和材料特性等许多因素密切相关，因此消除或预测回弹对板材弯曲的影响是困难而复杂的。

表 8-1 三维板材弯曲工艺术语

名词	解释
上模具群和下模具群	位于三维数控弯板机的上、下两侧，可以形成各种形状的包络面
压头	上、下模具群中离散排列的基元，其高度可以在一定范围内调节。上模具群和下模具群中的压头数量通常在 400 个（20×20）左右
加工参数	包括上模具群和下模具群中每个压头的高度
CAD 模型	在实际生产中，曲面板的目标形状通常以 CAD 模型的形式给出
点云模型	使用的模型格式，而 CAD 模型是坐标系中点的集合，包含点的位置、颜色等信息
模具组	包括三维数控弯板机上侧或下侧的所有压头

面向船舶三维弯板的工艺参数智能计算系统，我们分析了系统的功能性需求，并通过用例图对系统的功能性作出详细的说明。如图 8-22 所示，系统的功能性需求主要为原始设计数据预处理、基于案例式推理（case based reasoning，CBR）的工艺配置文件推荐、基于神经网络的工艺配置文件生成和三维数据可

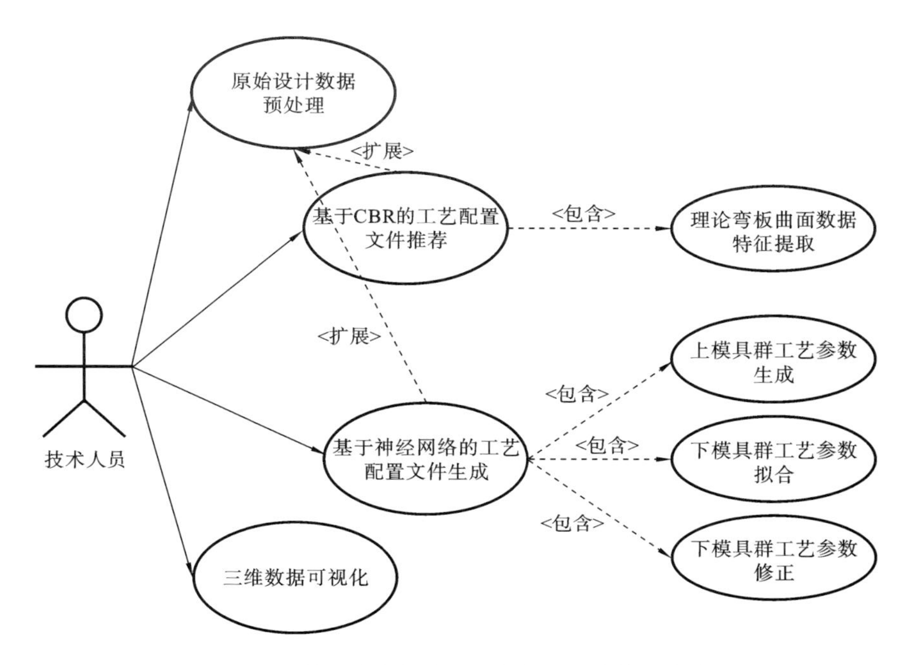

图 8-22 面向船舶三维弯板的工艺参数智能计算系统的用例图

视化。用户上传原始设计数据后，系统会进行原始设计数据预处理。在完成原始设计数据预处理的前提下，用户可以通过两种方式得到工艺配置文件：① 基于 CBR 的工艺配置文件推荐，包括理论弯板曲面数据特征提取；② 基于神经网络的工艺配置文件生成，包括上模具群工艺参数生成、下模具群工艺参数拟合和下模具群工艺参数修正。同时，系统会将每个步骤的结果通过三维可视化处理后提供给用户。

表 8-2 详细描述了各个用例的主要内容。

表 8-2　面向船舶三维弯板的工艺参数智能计算系统用例说明

用例名称	用例说明
原始设计数据预处理	用户上传原始设计数据，系统对原始设计数据进行坐标变换，得到理论弯板曲面数据
基于 CBR 的工艺配置文件推荐	系统提取理论弯板曲面的特征向量，通过计算特征值之间的相似度找到相似案例
理论弯板曲面数据特征提取	系统通过已经训练好的神经网络模型和基于规则的特征提取模型，得到理论弯板曲面数据的特征值
基于神经网络的工艺配置文件生成	系统使用已经训练好的神经网络模型，拟合得到新的工艺配置文件
上模具群工艺参数生成	系统根据生成的下模具群工艺参数和弯板机压头厚度，计算出压头的倾斜角度，从而得到上模具群工艺参数
下模具群工艺参数拟合	系统使用已经训练好的神经网络模型，由理论弯板曲面数据生成下模具群工艺参数
下模具群工艺参数修正	系统根据目标案例与相似案例的工艺参数拟合结果，对下模具群工艺参数进行修正
三维数据可视化	对理论弯板曲面数据和工艺配置文件进行可视化

基于业务场景的描述，在非功能性需求方面，主要考虑的是模型的效率和资源使用情况，以及系统的易用性。

8.3.2　信息架构

船板设计数据与工艺配置文件分别是整个系统的输入和输出数据，本小节对设计数据和工艺参数的数据模型构造，以及系统所用数据的储存进行详细介绍。

1. 设计数据

设计数据是由曲面 CAD 模型直接导出的点云数据，包含在曲面边界和曲面表面上的点的空间位置信息。曲面边界上的点用 LIMIT_DATA 表示，曲面表面上的点用 SURFACE_DATA 表示，点的空间位置信息包括点的 x、y、z 值。图 8-23 展示了设计数据的部分选段。船板曲面一般为四边曲面，每一条边上的点的空间位置信息被分段记录在 LIMIT_DATA 中；而曲面内部表面上的点则沿着某条边分段排列，被分段记录在 SURFACE_DATA 中。

```
LIMIT_DATA
NO: 1
 131750, 12866.115763, 7542
 131750, 12786.795795, 7213.580202
 131750, 12693.946901, 6862.8848424
 131750, 12548.975952, 6378.7074312
 131750, 12380.925087, 5902.1992528
 131750, 12367.213915, 5867.2137566
 131750, 12353.312033, 5832.3031961
 131750, 12148.955697, 5367.2570531
 131750, 11913.536514, 4917.12788
 131750, 11784.629886, 4696
NO: 2
 131750, 11784.629886, 4696
 132123.79253, 11681.246944, 4696
 132547.01317, 11562.498344, 4696
 132968.02967, 11442.266327, 4696
 133388.51652, 11320.194236, 4696
 134017.7647, 11134.05954, 4696
 134645.97896, 10944.46197, 4696
 135065.121, 10816.080416, 4696
 135455.98876, 10695.142993, 4696
 135846.55183, 10573.224907, 4696
```

（a）LIMIT_DATA

```
SURFACE_DATA
NO: 1 BEGIN
 131750, 11784.629886, 4696
 131750, 11974.915849, 5027.5911647
 131750, 12149.232102, 5367.831936
 131750, 12305.955479, 5716.524859
 131749.98247, 12444.694389, 6072.757125
 131750, 12566.833038, 6435.0288589
 131750, 12676.56297, 6801.2700578
 131750, 12775.937448, 7170.4542261
 131750, 12866.115763, 7542
NO: 1 END
NO: 2 BEGIN
 133158.14588, 11387.310256, 4696
 133158.14588, 11577.3576, 5022.7966476
 133158.14588, 11753.794968, 5357.0885507
 133158.14588, 11911.623298, 5700.5614941
 133158.14588, 12050.165814, 6052.2641914
 133158.14588, 12172.592388, 6419.690879
 133158.14588, 12281.282228, 6791.4421815
 133158.14588, 12380.941178, 7165.7161869
 133158.14588, 12472.740993, 7542
NO: 2 END
```

（b）SURFACE_DATA

图 8-23　设计数据

设计数据三维可视化如图 8-24 所示，曲面的边界线由 LIMIT_DATA 中的点依次连接所得，曲面内部上的点即为 SURFACE_DATA 中的数据。设计数据中点云上的点分段按序排列，具有一定的规则性。

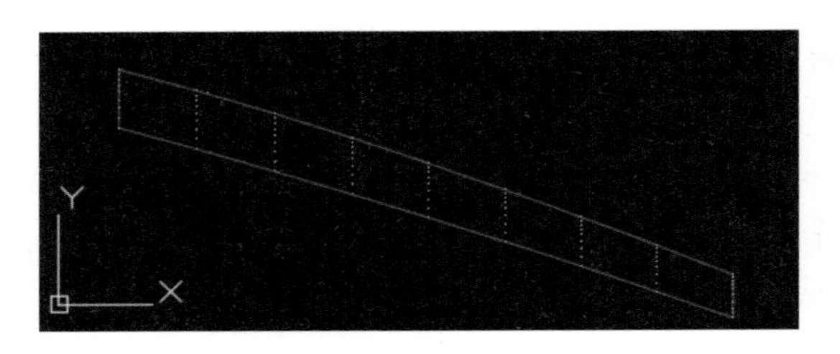

图 8-24　设计数据三维可视化

2. 工艺参数

船舶三维数控弯板机的上、下模具群压头水平错位对称排列[7]，故工艺配置文件有四个参数，分别为模具群压头所在的行和列、下模高度（下模具群工艺参数）及上模偏差（上模具群工艺参数），我们将其表示为 x、y、z 和 z'，x 与 y 为加工时模具群压头的行号和列号，如 1 排 2 列，z 为下模具群压头的高度，z' 为上模具群压头相较于下模具群的水平错位偏移量，示例如图 8-25 所示。下模具群工艺参数形成的曲面是与船板的曲面相匹配的，上模具群工艺参数是上模位置相对于下模位置的偏移。目前较为大型的船舶三维数控弯板机的模具群的行、列数均在 23 左右。

1排,1列,279.93,0.30　　23排,12列,211.84,0.96
1排,2列,279.08,0.31　　23排,13列,212.83,0.95
1排,3列,278.09,0.32　　23排,14列,213.72,0.95
1排,4列,276.96,0.33　　23排,15列,214.49,0.94
1排,5列,275.68,0.34　　23排,16列,215.16,0.94
1排,6列,274.26,0.35　　23排,17列,215.72,0.93
1排,7列,272.69,0.36　　23排,18列,216.16,0.93
1排,8列,270.98,0.37　　23排,19列,216.50,0.93

图 8-25　工艺参数示例

3. 数据储存

数据储存分为案例储存和模型储存。案例库包含理论弯板曲面数据与工艺配置文件，以及理论弯板曲面数据对应的特征值。在 MongoDB 中创建一个名叫 shipboard_management 的数据库，建立 TheoreticalDoc、ProcessingDoc、TheoreticalFeature 三个集合分别储存理论弯板曲面数据、弯板工艺数据和理论弯板关键特征三种数据，其中 ProcessingDoc 保存有理论弯板曲面数据的 ID，TheoreticalFeature 保存有理论弯板曲面数据和工艺配置文件的 ID。

在训练 PointNet++模型的过程中，每一个 epoch 将会临时保存一个模型，最终将保存分类表现最好的模型。在训练 DeepFit 模型的过程中，由 CAD 导出的三维点云模型文件将保存最终的模型。保存模型时，将保存其整个网络和参数优化数据。PointNet++模型和 DeepFit 模型以文件的形式储存在服务器上。

8.3.3 技术架构

本系统由云端、边缘端和执行终端构成，系统架构如图 8-26 所示。

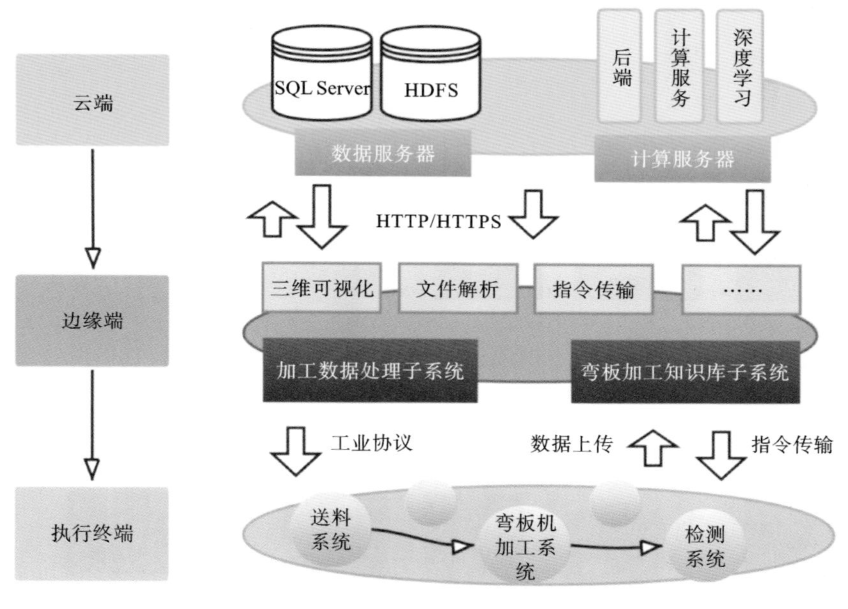

图 8-26 系统架构

云端使用数据服务器储存工艺全过程数据和深度学习模型，使用计算服务器运行后端，包括深度学习的训练与推理。边缘端支持系统的交互界面以及实现简单的功能，包括三维可视化、文件解析、指令传输等，并通过 HTTP/HTTPS 向云端发送服务请求和数据请求，从而调用计算服务和获取数据。执行终端对接生产环境中的各硬件系统，主要包含送料系统、弯板机加工系统和检测系统等，执行终端解析并执行边缘端命令，同时基于工业协议传送数据至边缘端。

系统技术架构中数据相关部分主要考虑以下设计方案。

1. 数据框架

作为加工数据存储和管理的数据库，需要储存加工过程中的多种数据和模型，三维板材加工工艺数据库的信息模型结构如图 8-27 所示。

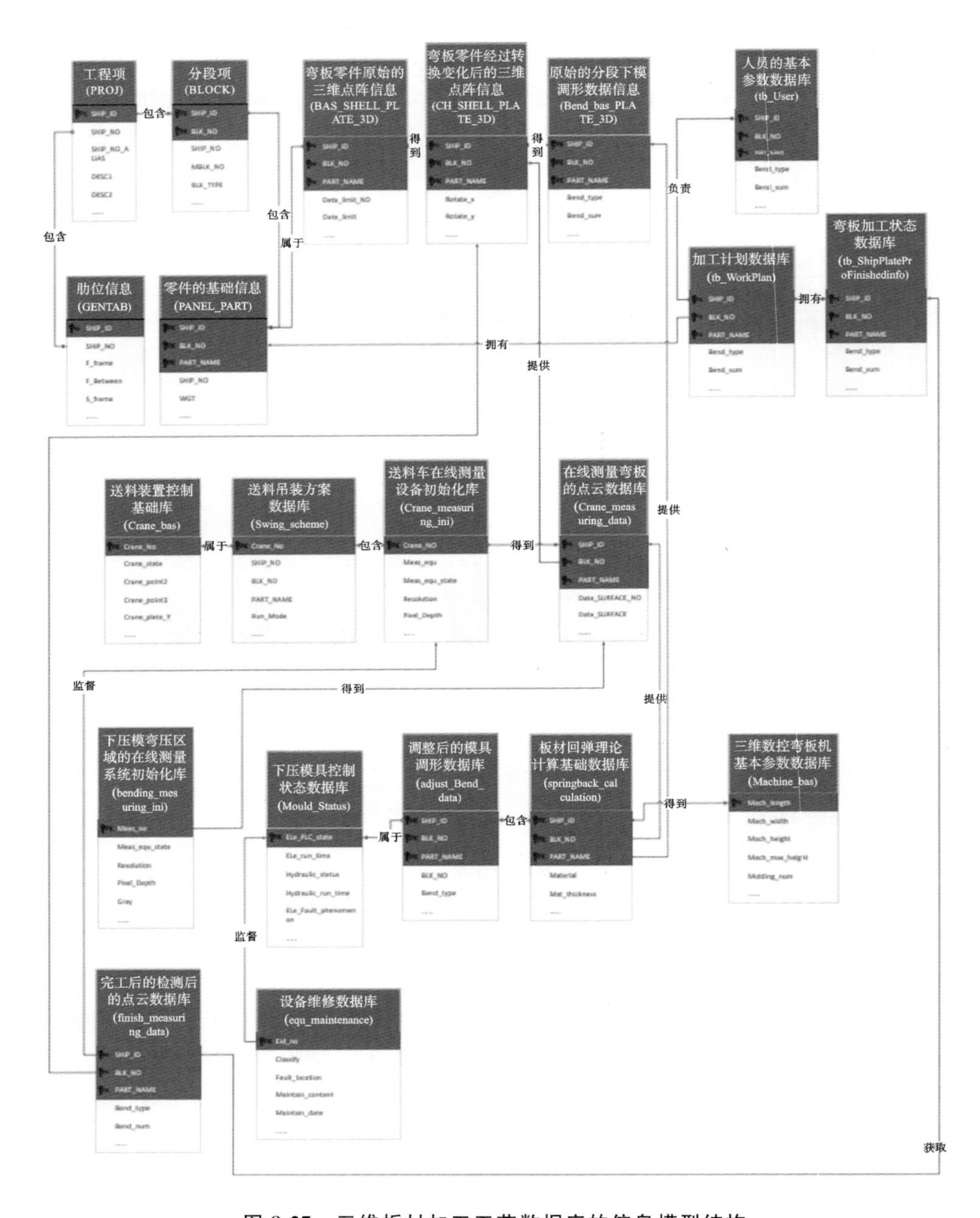

图 8-27　三维板材加工工艺数据库的信息模型结构

2. 功能框架

数据层由信息管理与集成模块,以及各个数据库组成。数据层的主要目标是整合弯板智能加工过程中所有系统产生的数据,并形成统一的数据访问标准和接口,为应用层提供数据支持。其功能框架如图8-28所示。

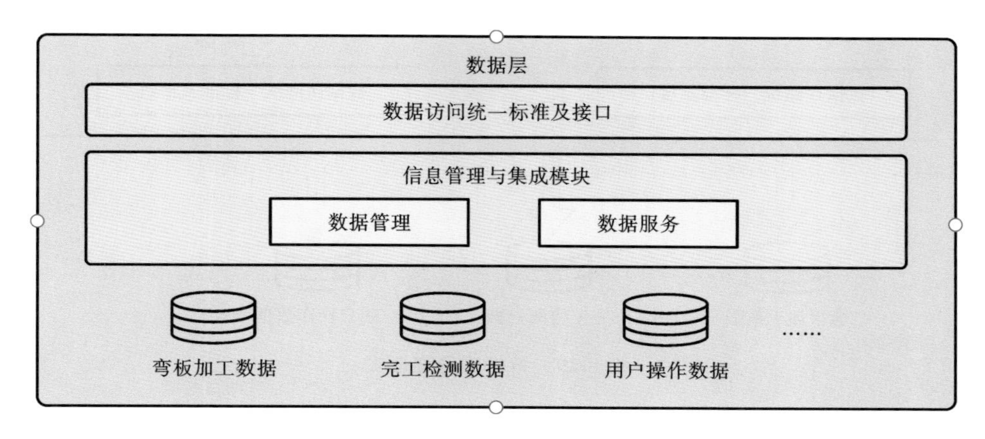

图8-28 数据层功能框架

在总体功能需求方面,数据层需要针对加工过程中产生的各种数据进行建表建库,并对这些数据进行汇聚、计算、存储、加工,同时统一标准和口径,形成标准数据和数据资产,进而为用户提供高效服务。

在细分功能方面,数据层需要实现:系统可以通过数据服务从弯板加工数据、完工检测数据、用户操作数据等数据库中抽取相关数据,支持系统内的加工区域划分、弯板匹配、曲面偏差计算、工艺参数推荐等模块功能;同时,系统可以通过数据服务把系统内的相关数据同步到数据层中;支持对大型点云数据进行集中存储,为后续的加工建模做准备。

3. 数据呈现形式

基于以上设计,数据层在数据流方面的整体呈现形式如图8-29所示。

整体的数据流向为:针对外部不同系统的不同类型的数据,数据层利用统一的数据访问与存储标准,提供不同的访问与存储接口。

8.3.4 典型算法设计

1. 算法处理流程

为了实现智能回弹计算,我们提出了一个多模型融合的弯板加工参数生成

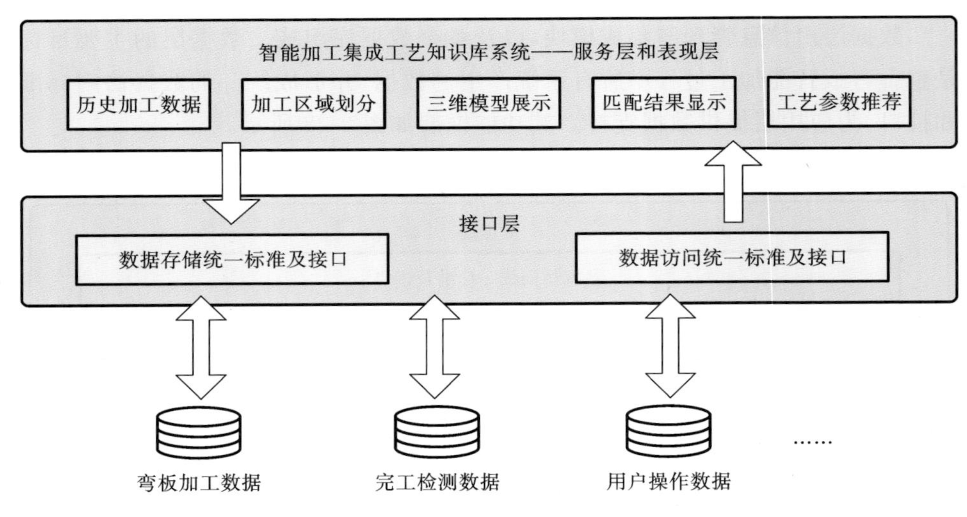

图 8-29　数据流呈现形式

框架，以解决弯板加工参数生成中的非线性映射问题。

如图 8-30 所示，整个框架包含四个部分，包括基于规则的数据预处理、基于案例式推理（CBR）的曲面模型匹配、基于机器学习的加工曲面生成和弯板机加工参数生成。

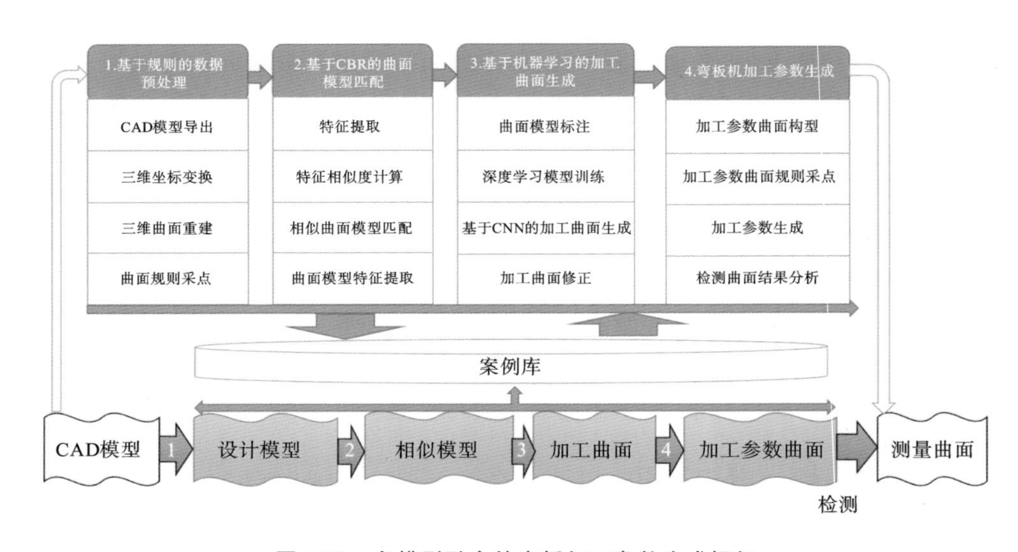

图 8-30　多模型融合的弯板加工参数生成框架

在此框架中，基于 CBR 的曲面模型匹配和基于机器学习的加工曲面生成过程共同实现了智能回弹计算方法，称为多模型融合[8]。

除了多模型融合外，我们还采用了基于规则的数据预处理和弯板机加工参数生成两个步骤，以满足实际生产中的需求。

在基于规则的数据预处理中，重构弯板的点云模型，以获得统一的空间约束，便于后续模型匹配和机器学习。在弯板机加工参数生成中，由点云模型重建弯板的三维表面，并根据三维数控弯板机中上模具群和下模具群的位置生成加工参数。

使用此框架，生成的加工参数可以直接应用于三维数控弯板机。

(1) 基于规则的三维曲面数据预处理。

在实践中，不同的 CAD 模型的大小、空间状态（位置和姿态）以及表面上点的分布情况都可能不同，但它们的形状可能相似。因此，为了确保机器学习的准确性，需要进行数据预处理来生成统一的坐标和点分布的模型，以供案例式推理使用。

我们提出了一种基于规则的模型增强方法，用于三维曲面数据预处理，以建立统一的空间约束，包括三维坐标变换、三维曲面重建和曲面规则取点，如图 8-31 所示。

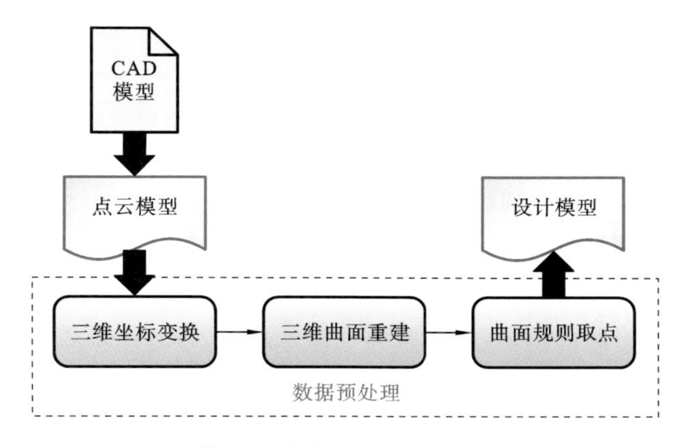

图 8-31　基于规则的三维曲面数据预处理过程

将 CAD 模型导出为点云数据后，三维坐标变换功能将平移、旋转和缩放原始点云数据，以生成统一的点云模型。具体而言，首先计算点云模型的定向包容盒子(oriented bounding box，OBB，又称包围盒)边界框，描述模型的空间位置和姿态，然后在边界框上识别八个顶点的坐标。基于八个顶点，我们可以重新定义图 8-32 所示的曲面坐标。具体来说，根据边界框的表面区域，我们选择面积最大且靠近 xy 平面的面作为 $x'y'$ 平面，以确保点云上所有点的 z 坐标均为非负值，并将弯板对应定向包容盒子的两侧中点连接，作为 x' 轴，方向由左指向右。因此，我们重新选择了 z' 和 x' 轴。坐标变换后，点云按比例放大或缩小，使 $x'y'$ 平面上的表面投影的纵向长度在 1600～3200 mm 内。

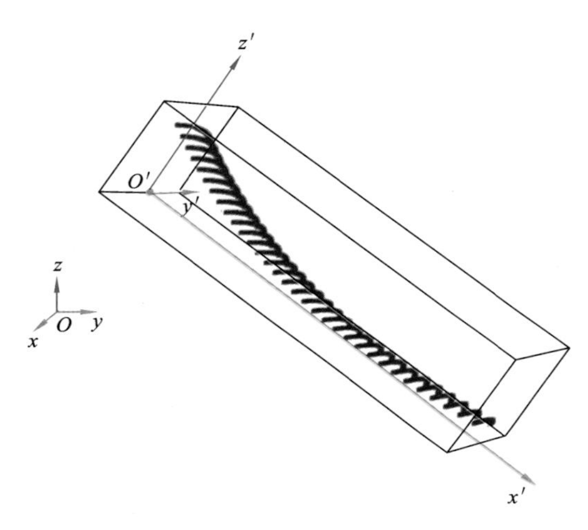

图 8-32　从 O-xyz 到 O'-$x'y'z'$ 的坐标系转换

接下来，将点云模型由一系列点重建为光滑曲面。我们采用非均匀有理 B 样条(non uniform rational B-spline，NURBS)曲面重构方法[9]，并以交互方式选择点来重构 NURBS 曲线。

由于用于回弹计算的神经网络输入需要相同比例的点云模型，因此有必要重新对点进行采样，以确保每个点云模型上的点数相同。同时，为了避免在点的采样过程中忽略曲面信息，从表面统一检索点。因此，在最后，我们将点云描述的曲面投影到 xy 平面上，在 x 轴和 y 轴方向上收集 100 个等距划分的部分，然后在曲面上采样相应的点，形成 100×100 的点云模型。

(2) 多模型融合加工曲面生成。

在检索到处理后的设计数据后，我们采用基于 CBR 的回弹计算方法获得加工表面，该方法依靠相似案例和目标案例的对比来预测点云模型中每个点的回弹。在使用基于案例式推理(CBR)的模型之前，我们需要构建一个统一的案例库。

历史案例最重要的知识包括板材的类型、厚度和材料，因为它们与弯板的回弹密切相关。同时，提前计算历史板材数据的特征向量可以实现快速检索。系统将上述知识转换为数据并存储到统一的案例库中。统一案例库的架构如图 8-33 所示。

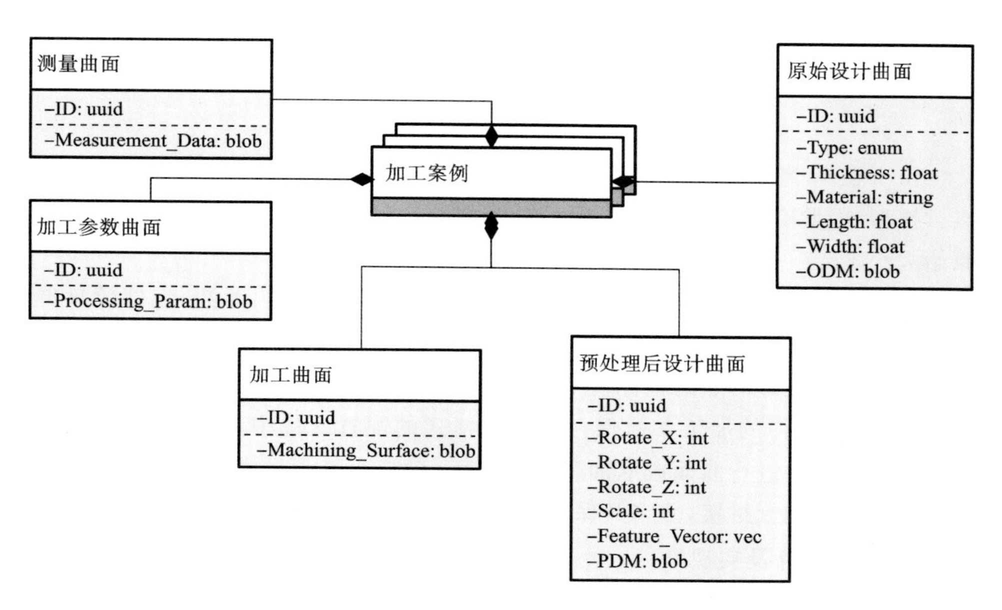

图 8-33　统一案例库的架构

弯板加工案例包括原始设计数据、处理后的设计数据、加工曲面数据、加工参数和测量数据。原始设计数据描述弯板的目标曲面形状和基本参数。处理后的设计数据描述三维坐标变换后的数据、轨迹向量以及旋转和缩放的参数。加工曲面数据包含回弹修正的曲面数据。加工参数包含三维数控弯板机使用的实际加工参数。测量数据包含弯板加工后的实际曲面数据。此外，还为每种类型的弯板训练 DeepFit 模型。DeepFit 模型以及 PointNet＋＋模型都存储在数据库中，以便定期更新。

（3）弯板加工参数生成。

计算出三维模型的回弹值后，就可以生成弯板加工参数，提供给三维数控弯板机进行加工。此外，可收集弯板加工数据，以针对新案例改进计算模型。图 8-34 展示了弯板加工参数生成的过程，包括三维曲面重建、加工参数生成以及加工参数转换。

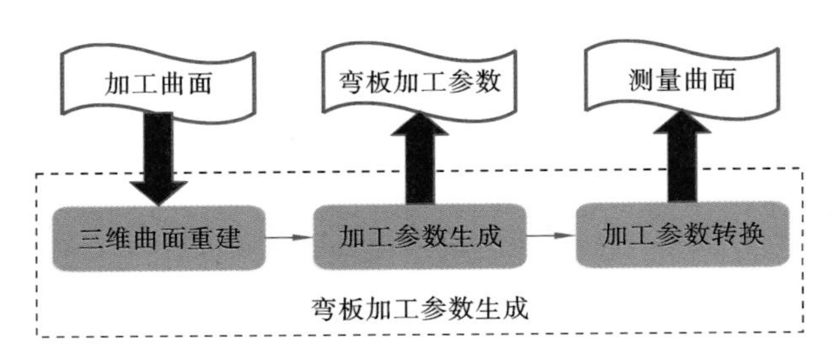

图 8-34　弯板加工参数生成过程

由于在基于规则的三维曲面数据预处理中，三维曲面数据已转换为均匀的点云模型，因此有必要根据存储在案例库中的比例进行缩放，将曲面恢复到其原始大小。

根据上模和下模的位置，需要生成四种类型的弯板加工参数，包括模具群压头所在的行和列、下模高度以及上模偏差。重建曲面后，我们通过采集生成的曲面在压头位置的点的坐标值，将曲面的坐标值转换为弯板机的加工参数。

最后，将获得的加工参数保存到相应格式的配置文件中，可以将其导入三维数控弯板机中进行曲面成形加工。加工后，系统通过测量模块将实际成形曲面的形状信息进行拼接，并将其保存到数据库中，作为测量数据以供将来计算。

2. 算法设计及实现

(1) 基于深度神经网络的基本回弹计算方法。

调整模具的形状是控制弯板加工参数最有效的方法，可以通过在相反方向上添加适当的反冲量来实现。为了解决这个问题，我们首先介绍一种基于深度神经网络的基本回弹计算方法；然后提出一种基于案例式推理(CBR)的高级回弹计算方法，进一步提高其准确性。

针对非线性映射问题，我们提出一种通过拟合各种曲面的点云模型与其回弹值之间的非线性映射关系来计算三维板材弯曲回弹的机器学习方法。

我们采用了 DeepFit[10] 的改进模型来实现非线性映射。DeepFit 使用 PointNet[11] 来提取特征，并使用多层感知器模型来预测拟合中点的权重。然后，它基于点权重的加权最小二乘法确定属性，例如表面法向量。点云中某一点的回弹与点周围表面的形状密切相关，这可以由相邻点的坐标确定。使用 DeepFit 时，更简单的方法是将一个点的回弹作为神经网络学习目标，使用 DeepFit 模型学习不同表面形状下相邻点的权重，然后得到相邻点 z 值的加权平均值作为点的回弹。基于 DeepFit 的权重提取，我们采用了一种更有效的方法，即通过改变学习目标来学习每个点的回弹。改进的 DeepFit 模型如图 8-35

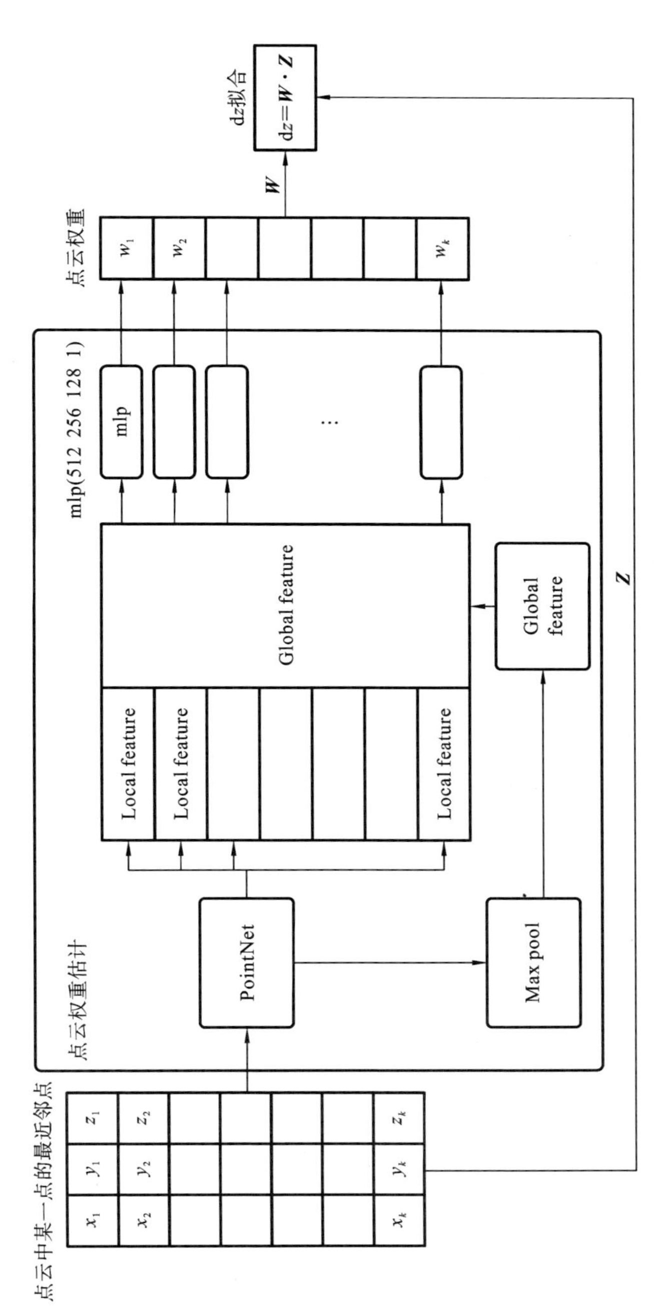

图 8-35 改进的DeepFit模型

所示。基于改进的DeepFit模型,我们可以输入点云模型,以获得每个点对应的回弹。

在改进的DeepFit模型中,点云模型的 k 个最近邻点(S_i)被输入PointNet网络,该网络输出全局点云特征 $\mathrm{tt}(S_i)$。同时,从中间层提取每个点 P_j($P_j \in S_i$)的局部特征,得到 $g(P_{ij})$。

这些特征被馈送到多层感知器中。应用sigmoid激活函数将输出值限制为(0,1]。该网络的输出是每个点的权重,然后用于构造对角线权重矩阵,权重矩阵各元素表达式为

$$w_i = \mathrm{sigmoid}(h(\mathrm{tt}(S_i)), g(P_{ij})) + s \tag{8-1}$$

在得到权重矩阵 $\boldsymbol{W}$ 后,回弹补偿($\mathrm{d}z$)由 $\mathrm{d}z = \boldsymbol{W} \cdot \boldsymbol{Z}$ 计算得出。然后,损失函数是 $\mathrm{d}z$ 和中心点($\mathrm{d}z^t$)的回弹之间的均方损失,即

$$\mathrm{loss}(\mathrm{d}z, \mathrm{d}z^t) = (\mathrm{d}z - \mathrm{d}z^t)^2 \tag{8-2}$$

(2) 基于案例式推理的高级回弹计算方法。

虽然深度神经网络可以描述非线性映射,但其准确性受训练数据的影响。为了提高机器学习结果的可靠性和可解释性,我们提出了一种基于CBR的改进方法,即通过引用类似案例来修改目标案例的拟合结果 $\boldsymbol{Z}$ 并评估置信度。

我们使用PointNet++[12]模型和基于包围盒(OBB)的特征提取模型来提取点云模型的特征(特征提取),使用基于相似度的模型匹配(模型匹配)计算实际回弹和相似案例的预测结果之间的偏差(回弹计算),并根据最终结果的偏差和置信度修改预测结果(回弹修正),得到最终的回弹值。

曲面形状上的大量特征使得传统的特征选择方法无法提取完整的形状信息。因此,在特征提取中,我们使用PointNet++模型和基于OBB的特征提取模型来提取点云模型的特征向量。值得注意的是,特征提取是在点云模型上执行的。

基于包围盒,我们以长、宽、高之比作为点云模型的特征属性,并令高度为1展开计算。

基于PointNet++模型,我们可以提取点云模型的局部和全局特征,其中包含曲面的形状信息。我们使用式(8-3)来预处理点云模型中点的坐标。

$$x^* = \frac{x - \mu}{\sigma} \tag{8-3}$$

式中:x 和 x^* 分别表示标准化前和标准化后的坐标值;μ 是原始坐标的平均值;σ 是原始坐标的标准差。

PointNet++模型根据坐标位置对点云模型进行采样和聚类,并执行分层

特征提取。在PointNet++模型中，每个要素图层将根据点坐标的聚类提取相应的属性。最后一层从要素图层中提取要素属性，并将其输入完整连接图层中进行分类。我们使用最后一个完全连接图层的倒数第二层来计算弯曲情况的相似度。在本案例的PointNet++模型中，倒数第二层的维度是256。

到目前为止，我们已经获得了两个特征向量来计算相似度。接下来，基于特征向量，可以进行基于相似度的模型匹配。对于长、宽、高之比的特征，我们可以基于任意特征值 u_1、u_2 的欧氏距离利用公式 $\mathrm{sim}(u_1,u_2)=1/(1+d(u_1,u_2))$ 直接得到模型之间的相似度。对于多维特征向量，使用式(8-4)中特征向量的余弦距离，通过加权平均值获得特征相似度。

$$\mathrm{sim}(u_1,u_2)=\frac{\sum_{k=1}^{m}\mathrm{sim}_{\mathrm{num}}(u_1.m_k,u_2.m_k)}{n}+\mathrm{sim}_{\cos}(u_1.w,u_2.w) \tag{8-4}$$

然后，我们计算两个特征相似度的平均值，得到最终的特征相似度 C。由于曲面类型在实践中是一个已知的量，因此在寻找相似案例时，我们只在同一类别的曲面中寻找以提高精度。具体来说，我们搜索 k 个最近邻点来检索 k 个最相似案例。在发现相似案例后，可以获得相应的实际回弹 S。

接下来，我们分别预测相似案例的回弹($S'=(S'_1,S'_2,\cdots,S'_k)$)和目标案例的回弹($Z^{\mathrm{tc}}$)。在实践中，利用已知的曲面类型，我们为每个类型训练改进的DeepFit模型以提高准确性。然后，我们将目标案例和相似案例的点云模型输入改进模型中，以获得回弹预测结果。

最后，可以在相似案例的基础上修正目标案例的预测回弹 Z^{tc}。回弹修正算法描述见表8-3。

表8-3 回弹修正算法

输入：目标案例的预测回弹 Z^{tc}，相似案例的预测回弹 S'，相似案例的实际回弹 S，目标案例与相似案例的相似度 C

输出：目标案例修正之后的回弹 Z^{t}

for i in S do

  $e_i \leftarrow (S_i - S'_i)^2$

end for

$E\leftarrow$ adjustment value of springback base on e_i and C

CD$\leftarrow$ the confidence base on C

if CD>0.8 then

```
        Z^t ← Z^tc + E
        else
        Z^t ← Z^tc
    end if
    return Z^t
```

在该算法中，首先，我们用相似案例的预测结果 S' 与相似情况下点云模型的实际回弹($S=(S_1,S_2,\cdots,S_k)$)来计算每个点(算法第 2 行)的回弹偏差。

在获得相似案例的回弹偏差后，利用相似案例与目标案例的相似度计算出回弹的调整值 E：

$$E=\frac{\sum_{i=1}^{k}\text{sim}(C_i,\text{TargetCase})\cdot e_i}{k} \tag{8-5}$$

同时，根据式(8-6)，利用相似度来计算置信度 CD，以评估深度学习模型在回弹预测中的可靠性。

$$\text{CD}=\frac{\sum_{i=1}^{k}\text{sim}(C_i,\text{TargetCase})}{k} \tag{8-6}$$

特别地，如果置信度 CD 值高于 0.8，则表明相似案例更准确，并且具有较高的参考价值。此时，将回弹调整值 E 添加到 Z^{tc} 中以获得最终的回弹 Z^t。如果置信度低于 0.8，则表示相似案例的预测结果不足，不能应用于目标案例的回弹预测。因此，当神经网络的精度较高时，Z^{tc} 可直接作为最终的回弹 Z^t。

8.3.5 软件实现

基于所提出的方法，我们首先根据从船厂获取的多种类型的船板数据，构建一个统一的案例库。根据每种船板类型的数量和分布，我们选择了 6 种主要类型的船板数据，并把其他类型归为一类，得到 7 个类别。图 8-36 显示了 6 种主要类型船板表面的原始设计数据。由于每个类别包含 200 份船板数据，因此我们总共获得了 1400 份船板数据。每份船板数据都包括相应的 CAD 模型、从 CAD 模型导出的点云数据和加工参数。原始设计数据和加工参数分别通过模型增强转换为处理后的设计数据和加工表面特征数据(如肋位线等)，然后存储到统一的案例库中，见图 8-37，用于训练 PointNet++模型和改进的 DeepFit 模型。

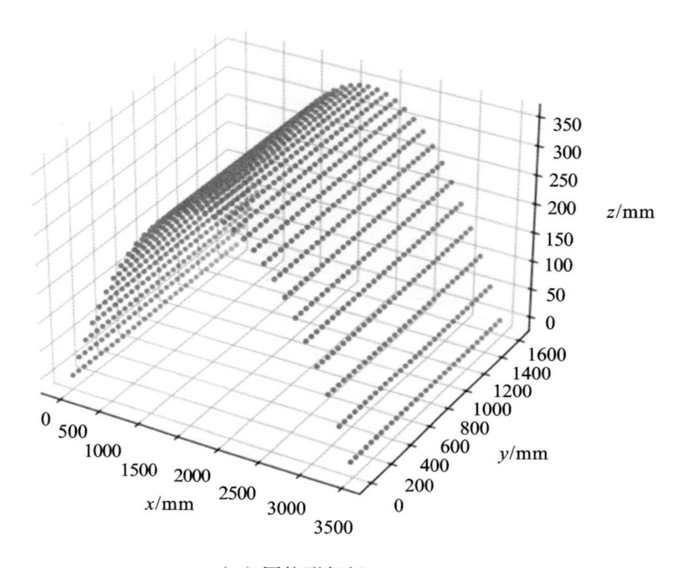

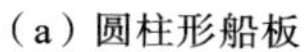
（a）圆柱形船板

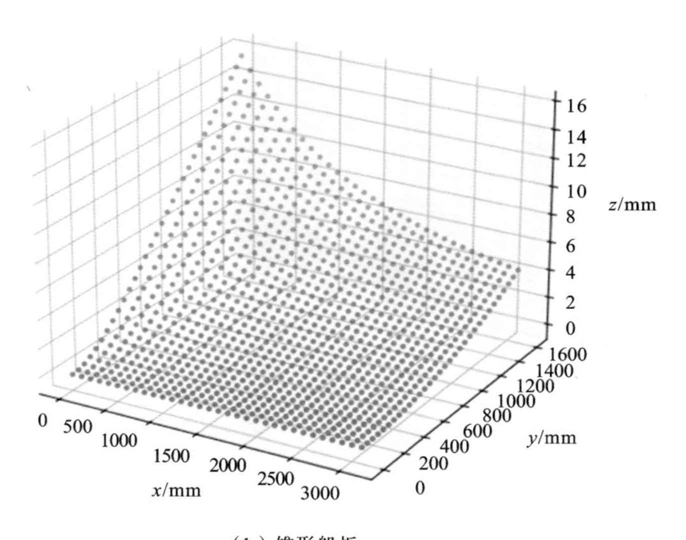

（b）锥形船板

图 8-36　6 种典型船板

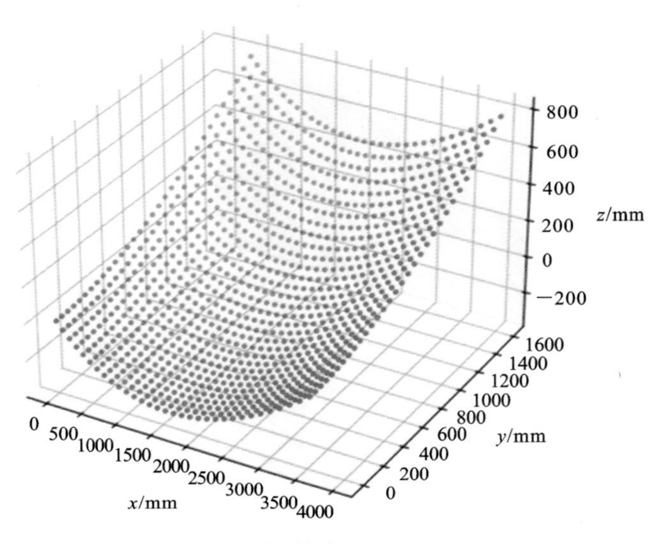

（c）帆形船板

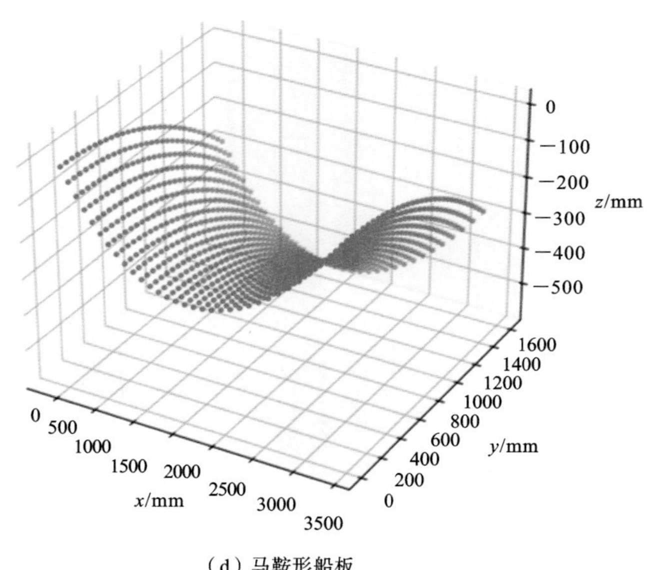

（d）马鞍形船板

续图 8-36

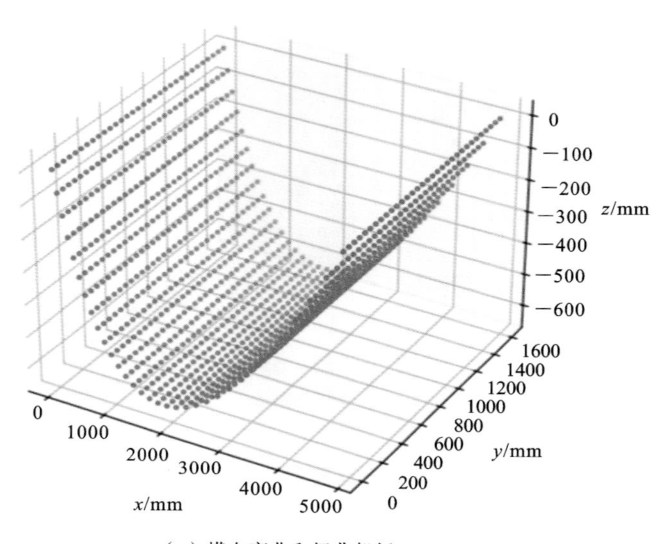

（e）横向弯曲和扭曲船板

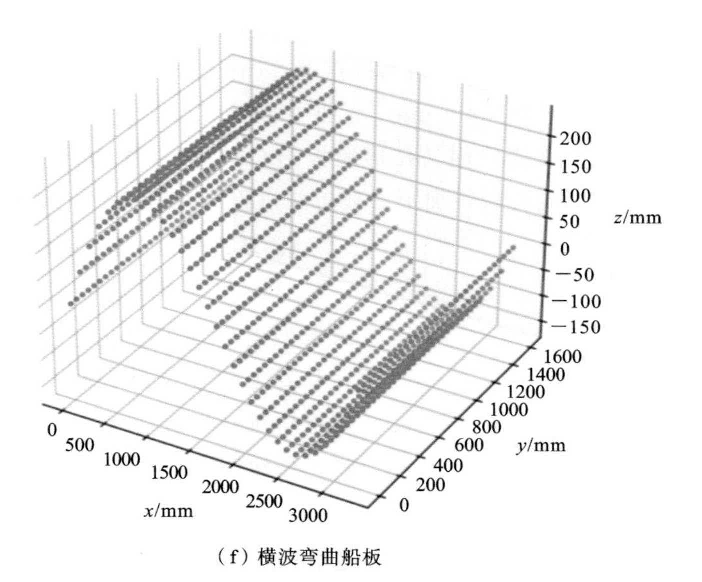

（f）横波弯曲船板

续图 8-36

案例库管理

船号：2890 分段号：4 零件名：8-k-253

原始设计曲面 查询

板材类型：sail

厚度：10 mm 材质：A

长度：5000 mm 宽度：1800 mm

ODM

预处理后设计曲面

沿x轴旋转：37 沿y轴旋转：18

沿z轴旋转：0 scale：2

PDM

加工曲面 data

加工参数曲面 data

检测曲面 data

Origin Design Model

图 8-37 案例库管理用户操作界面

我们以马鞍形船板加工为例，论证所提出的框架在三维弯板加工参数生成中的可行性和有效性。所选鞍座部件具有以下特征：其纵向投影长度为 3200 mm，横向投影长度为 1600 mm，板材厚度为 25 mm。选定的曲面零件具有以下特征：其曲率纵向半径为 8000 mm，弯曲方向为正；曲率的横向半径为 4000 mm，弯曲方向为负。我们使用马鞍形船板的 CAD 模型作为输入数据，并通过以下步骤执行多模型融合弯板加工参数生成过程。

1. 基于规则的三维曲面数据预处理

对于马鞍形船板 CAD 模型，由于点云模型上点分布的不均匀性以及表面位置和姿态的多样性，我们需要对点云模型应用统一的空间约束，即通过模型增强来构建船板信息模型。

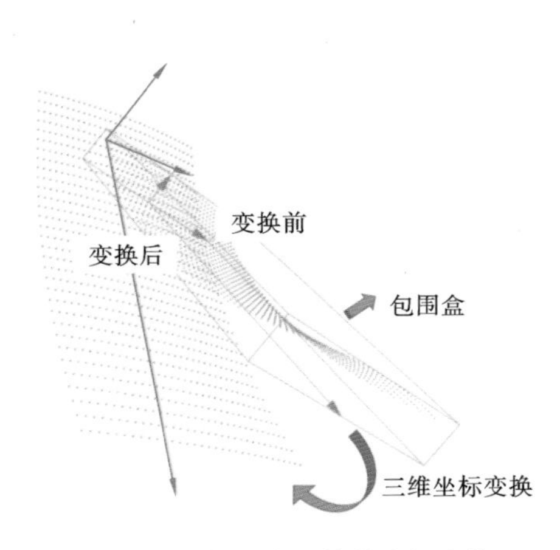

图 8-38 基于中心轴的坐标变换

将 CAD 模型导出为点云格式的原始设计数据。提取点云模型的 OBB 边界框后，根据预定义的规则提取边界框的中心轴，从而确定新的坐标系，如图 8-38 所示。在新的坐标系中，调用坐标变换函数和比例缩放函数，生成具有统一空间约束的点云模型的 OBB 边界框。矩形长边的长度范围为 1600～3200 mm。

然后，采用 NURBS 重构方法重构点云模型，在重构曲面上均匀取点，形成 100×100 晶格。最终我们得到了马鞍形船板的设计数据，如图 8-39 所示。

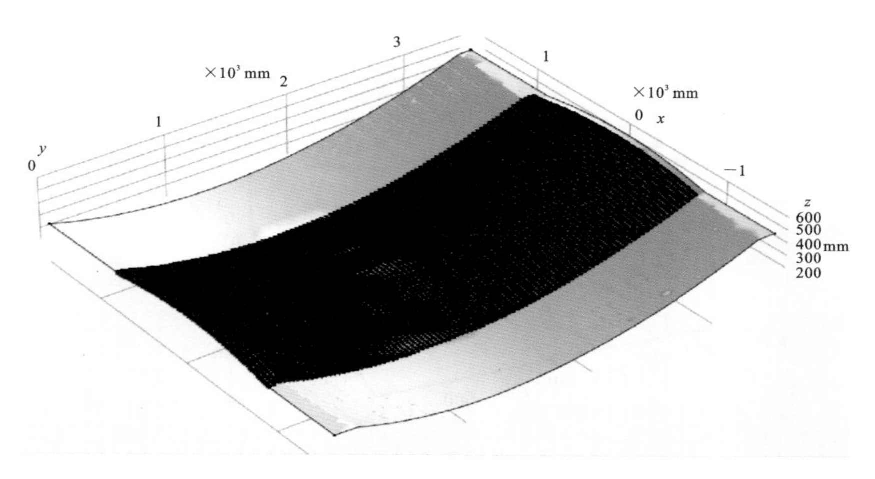

图 8-39　基于 NURBS 的曲面重建和常规点选择

2. 多模型融合加工曲面生成

将设计数据输入 PointNet＋＋模型中，以获得特征向量，计算长、宽、高之比，并在合成两个特征向量后获得特征值。为了模型匹配，我们从统一的案例库中找出相似案例，计算出相似案例与设计数据(目标案例)的相似度，得到 10 个鞍座船板数据的相似度数据。其中，相似案例与目标案例的最大相似度、最小相似度和平均相似度分别为 0.865、0.795 和 0.827。具有最高相似度的案例如图 8-40 所示。

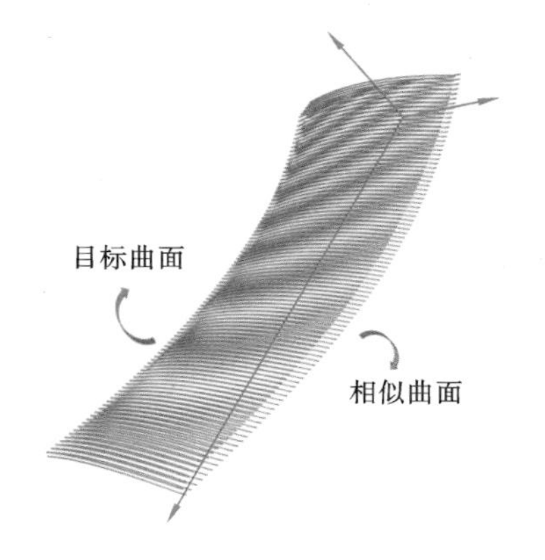

图 8-40　具有最高相似度的案例

为了评估相似案例的可靠性，我们首先根据相似度计算其置信度。相似案例的置信度为 0.827，表明相似案例更准确，对于目标案例而言具有较高的参考价值。因此，我们将目标案例的设计数据和相似案例的设计数据输入鞍座船板的 DeepFit 模型中，得到预测的 Z^{tc} 和 S^{t}。然后，比较实际回弹 S 和预测回弹 S^{t}，得到回弹调整值 E，如图 8-41 所示。最后，将 E 添加到 Z^{tc} 以获得最终的回弹，用于修改加工表面的设计数据，得到的加工曲面如图 8-42 所示。

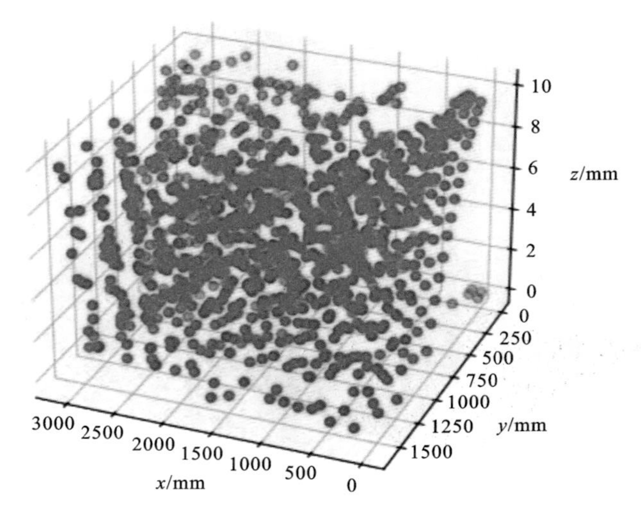

图 8-41 曲面各点的回弹调整值

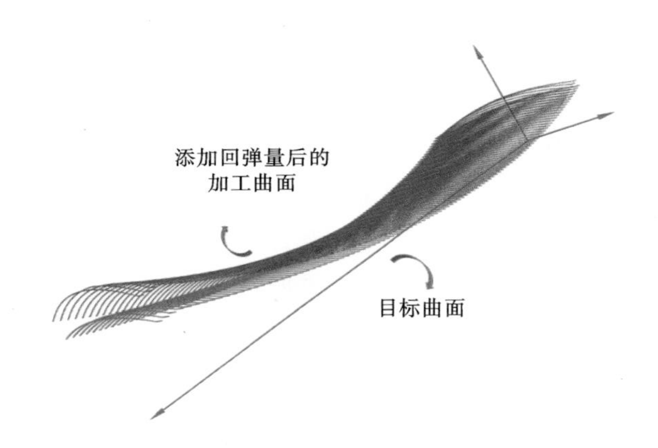

图 8-42 加工曲面

3. 弯板加工参数生成

不同类型三维数控弯板机的模具群尺寸、分布以及所需的加工参数格式各不相同，因此，需要根据加工曲面为特定弯板机生成正确的加工参数配置文件。

首先，重建加工曲面。根据 20×20 模组位置，从点云模型中收集曲面点的坐标。具体而言，将下模具群压头的高度作为下模具群工艺参数，如图 8-43 所示。然后,按照弯板机加工指令,将相应的上模具群工艺参数和其他命令信息也添加到配置文件中,如图 8-44 所示。

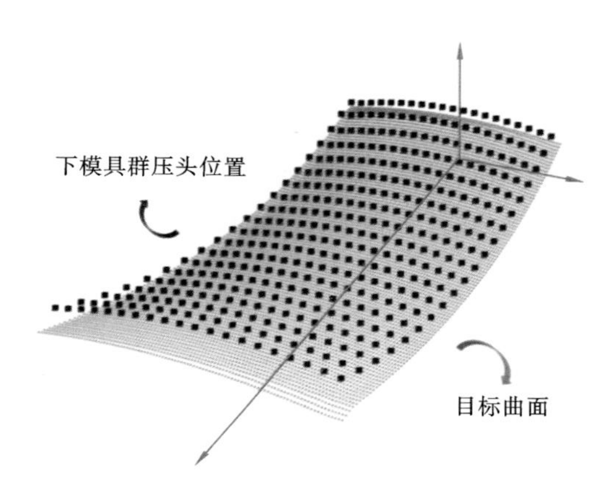

图 8-43　提取加工曲面的规则点作为下模具群压头位置(即下模具群工艺参数)

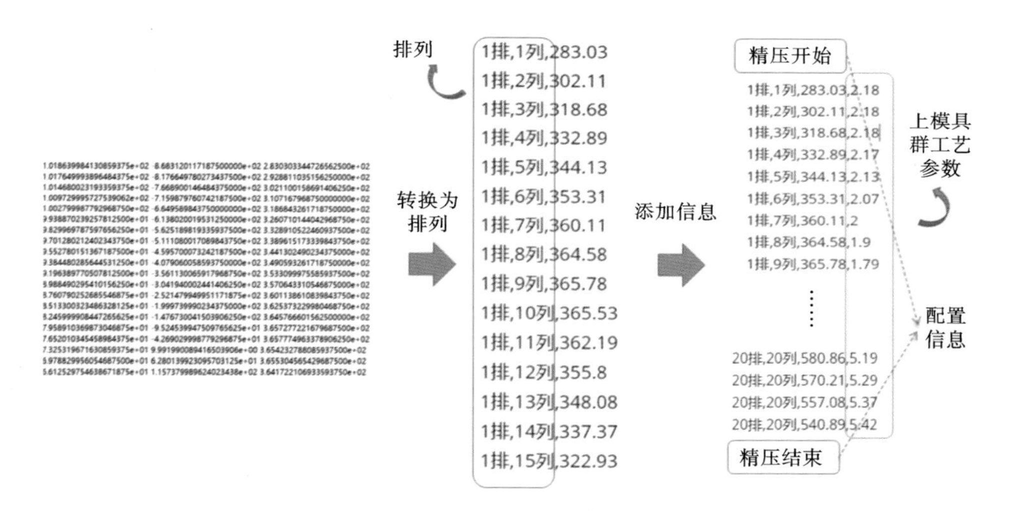

图 8-44　适配弯板机的模具群工艺参数

经过上述步骤后,我们得到了加工参数配置文件,该文件格式与三维数控弯板机所需的格式一致。加工参数配置文件包含修改后的回弹值,可以正确指导技术人员使用三维数控弯板机进行弯板加工。此外,所提出的方法不会影响现有 CAD 系统和三维数控弯板机在生产中的使用,它可以很好地集成到现有的生产环境中,因此生产系统更新的成本非常低。

8.3.6 应用结果

我们将基于 CBR 的回弹计算方法与对应的基本方法(即基于机器学习的基本回弹计算方法(不使用 CBR))进行比较,开展相关实验。

用于测试的数据集是 6 个类别的船板数据,每个类别有 20 个副本。8.3.4 节中构建的统一案例库不包含测试数据,而包含其相似案例。为了评估这两种方法的准确性,采用以下公式计算每个船板的误差率:

$$e=\frac{\sum_{i=1}^{k}\frac{|S_i-S'_i|}{S_i}}{k} \tag{8-7}$$

式中:S'_i 是预测回弹结果;S_i 是实际回弹。

然后,我们按类别计算误差率的平均值。该实验使用基于 CBR 的高级回弹计算方法(即使用 CBR)和基于机器学习的基本回弹计算方法(即不使用 CBR)计算每个类别的平均误差率。

实验结果如表 8-4 和图 8-45 所示。

表 8-4 不同三维模型类型中使用和不使用 CBR 方法的平均误差率 (单位:%)

计算方法	船板三维模型类型					
	圆柱形	锥形	帆形	马鞍形	横向弯曲和扭曲	横波弯曲
不使用 CBR	5.08663	20.80630	23.95533	17.31406	9.97732	18.94012
使用 CBR	2.99785	16.85535	22.15855	13.37813	8.12698	5.72222

由表 8-4 可知,使用 CBR 方法的所有船板三维模型类型的平均误差率均低于没有使用 CBR 方法的。实验结果表明,使用 CBR 方法可以提高精度,优化效果与改进后的 DeepFit 模型性能无关。因此,我们可以得出结论:使用 CBR 方法是有效的,因此其在回弹计算中是必要的。

在三维板材弯曲过程中,回弹的不确定性会影响效率和精度,造成人力和物力的浪费。在本研究中,我们提出了一种基于点云的智能回弹计算方法。该方法结合了 CBR 方法和机器学习方法,用于点云模型匹配和回弹预测。为了实现这种方法,我们还设计了一个 MMFBPG 框架,用于三维数控弯板机弯板加工参数的自动生成。

同时,我们通过实验将所提出的基于 CBR 的高级回弹计算方法与基于机器学习的基本回弹计算方法进行比较。实验结果表明,使用 CBR 方法可以实

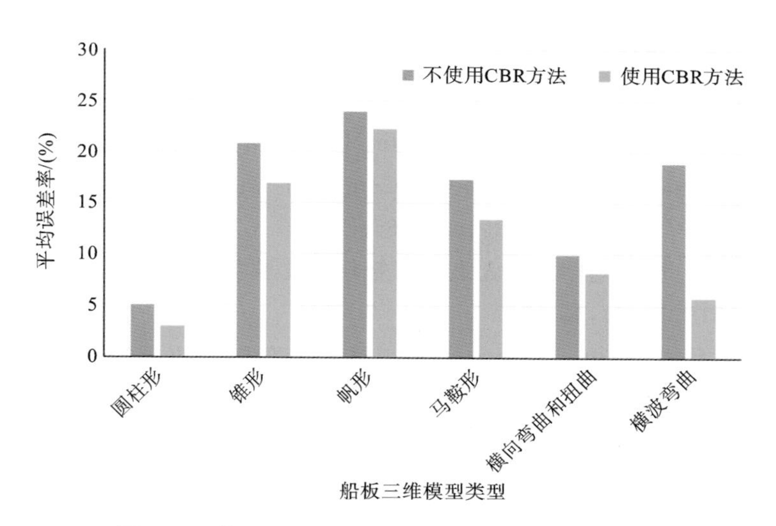

图 8-45 使用和不使用 CBR 方法的平均误差率比较

现比单一基于机器学习方法更高的计算精度。总之,本研究为三维表面的非线性映射提供了新思路。

本章小结

- 阐述了应用端专业工业软件的构造方法,即首先从业务场景出发,分析业务需求,然后从信息架构、技术架构、算法设计等方面开展专业应用的构造和实现,重点关注算法设计及实现。
- 介绍基于知识图谱的航空产品构型变更管理软件和基于三维点云的船舶弯板智能加工系统的构造方法,为专业应用级工业软件研发提供了参考。

本章参考文献

[1] 云梦妍,贾斐. 工业软件发展趋势与机遇研究[J]. 互联网天地,2021(8):27-31.

[2] 王子宗,王基铭,高立兵. 石化工业软件分类及自主工业软件成熟度分析[J]. 化工进展,2021,40(4):1827-1836.

[3] 刘沐. 面向飞机设计构型变更的知识图谱构建及应用[D]. 上海:上海交通大学,2022.

[4] 张庆芳. 板料多点成形回弹补偿方法及其数值模拟与实验研究[D]. 长春：吉林大学，2014.

[5] DONG Y J, HU H Y, ZHU M, et al. Intelligent manufacturing collaboration platform for 3D curved plates based on graph matching[C]. The 26th International Conference on Computer Supported Cooperative Work in Design(CSCWD), 2023:1650-1655.

[6] 张晓东，刘世亮，刘宇，等. 无人水面艇收放技术发展趋势探讨[J]. 中国舰船研究，2018，13(6)：50-57.

[7] 袁萍，王呈方，胡勇，等. 大型船舶三维数控弯板机的研制[J]. 中国造船，2014，55(2)：122-131.

[8] ZHU M,DONG Y J, SHEN B Q, et al. Three dimensional metal-surface processing parameter generation through machine learning-based nonlinear mapping[J]. Tsinghua Science and Technology, 28(4):754-768.

[9] PIEGL L, TILLER W. The NURBS book[M]. Berlin, Heidelberg: Springer, 1997.

[10] BEN-SHABAT Y, GOULD S. DeepFit:3D surface fitting via neural network weighted least squares[C]//VEDALDI A,BISCHOF H,BROX T, et al. Computer vision—ECCV 2020:part Ⅰ. Berlin,Heidelberg:Springer, 2020:20-34.

[11] QI CHARLES R, SU H, KAICHUN M, et al. PointNet:deep learning on point sets for 3d classification and segmentation[C]. 2017 IEEE Conference on Computer Vision and Pattern Recognition (CVPR), 2017.

[12] QI CHARLES R, YI L, SU H, et al. PointNet++:deep hierarchical feature learning on point sets in a metric space[C]. 2017 IEEE Conference on Computer Vision and Pattern Recognition (CVPR), 2017.

第9章 工业软件构造发展趋势

本章讨论了工业软件构造中的开源软件及生态构建，并阐述了基于开源生态社区助力工业软件构建的路径，进一步探索了工业软件技术的发展趋势和方向。

9.1 开源生态助力工业软件发展

9.1.1 开源软件

开源软件又称开放源代码软件，是一种源代码可以获取的计算机软件。这种软件的版权持有人在软件协议的规定之下保留一部分权利并允许用户学习、修改以及以任何目的向任何人分发该软件。

工业领域的开源软件仍可按核心使用用户分为研发设计类、生产制造类、运维监控类、信息管理类4个大类。各类软件的核心用户参见第1章。开源软件按已存的产品可进一步细分成多个子类。

表9-1展示了工业领域开源软件的4个大类及其各子类、实例产品、开源协议和功能。

表 9-1 工业领域开源软件及其分类

大类	子类	实例产品	开源协议	功能简介
研发设计类	几何运算与前处理	SALOME	LGPL	通过对各领域物理过程的仿真来实现多物理场和参数研究等大型数值模拟
	网格创建	cfMesh	GPL	强大的网格功能，覆盖了生成流体网格的所有需求
	流体动力学计算	OpenFOAM	GPLv3	计算流体动力的软件包，支持多面体网格和大规模并行计算

续表

大类	子类	实例产品	开源协议	功能简介
研发设计类	有限元分析	CalculiX	GPL	使用有限元法的分析软件，可以构建、计算和后处理有限元模型
	数学及数据分析	Scilab	GPLv2	以矩阵作为主要的数据类型，面向信号处理、统计分析、图像增强、流体动力学模拟、数值优化和建模等应用场景
	后处理	ParaView	3-Clause BSD	一个多平台的数据分析和可视化软件
生产制造类	可编程逻辑控制器(PLC)	OpenPLC	GPLv3	一款根据 IEC 61131-3 标准创建的开源 PLC，为工业和家庭自动化、物联网和 SCADA 提供低成本的工业解决方案
	集散控制系统(DCS)	Tango Controls	LGPLv3、GPLv3	一个用于构建高性能分布式控制系统的软件工具包，包含用于 SCADA 和 DCS 的开源解决方案
	生产执行系统(MES)	章鱼师兄 MES 制造执行系统	AGPL-3.0	一款基于 ANSI/ISA-95 标准，面向精益生产，结合 Spring Boot 框架与符合 MESA 战略计划开发而成的生产制造执行系统
	协议转换器	Apache PLC4X	Apache License 2.0	一个工业物联网通用协议适配器，通过一组统一的 API 实现与大多数 PLC 的通信的驱动程序
运维监控类	嵌入式操作系统	RTEMS	Modified GPL	一款实时多处理器系统，早期名为实时导弹系统，后来改名为实时军用系统，在航空航天、军工、民用领域有着极为广泛的应用
信息管理类	仓库管理	OpenWMS	Apache License 2.0	一个用于构建现代仓库管理系统的软件项目，由仓库管理部分、传输管理和其他系统的连接器组成，带有自动和手动仓库物料流控制系统

目前研发设计类开源软件较为丰富，其次是生产制造类和运维监控类软件，而信息管理类的专业型开源软件则相对较少。

值得注意的是，这些软件所采用的开源协议各不相同，有些软件甚至采用多个开源协议，如 Tango Controls。开源协议规定了开源软件使用者的权责，是软件版权产生纠纷时重要的法律证据之一。尽管开源协议大都给予了软件使用者很大程度的自由度，但不同协议在软件复制、传播、收费和修改等方面的规定存在一定的尺度差异[1]。例如，GPL 协议要求基于该协议开发的软件产品必须集成 GPL 协议并且遵循开源免费的要求，因此 GPL 协议不适用于商业软件；而 BSD 协议则给予了使用者很大的自由度，而在使用原始软件名、作者名或机构名进行软件推广时进行版权保护。因此，在开发和使用开源软件时，选择最合适的开源协议也是重要一环。

9.1.2 工业软件的生态

生态的建立是工业软件发展的重要环节。软件生态以软件为载体描述软件主体之间的关系。软件主体包括软件的开发方、软件的使用方、软件社区等。按软件的使用方、开发方、平台方，并依据生态的特点，工业软件的生态可以分为以下四大类：围绕开源社区的开发生态、围绕核心组件的装配生态、围绕工业平台的集成生态，以及围绕产业链的供需生态。这四类生态分别描述支持关系、装配关系、集成关系和供需关系。工业软件生态系统分类如图 9-1 所示。

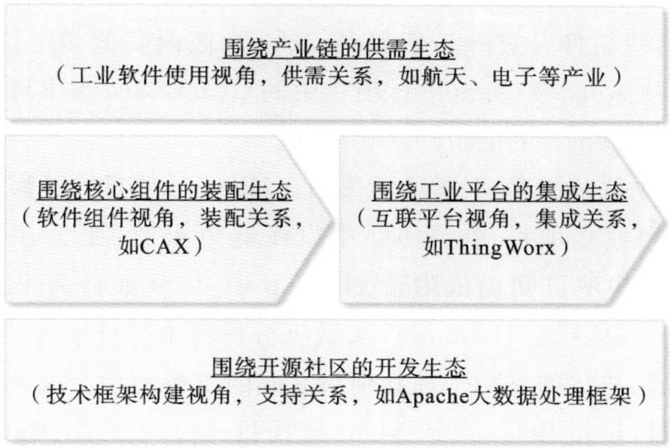

图 9-1 工业软件生态系统分类

1. 围绕开源社区的开发生态

围绕开源社区的开发生态主要从技术框架构建视角描述社区内的项目支持关系。开源软件基于免费的特点加速了产品的传播，形成了开发者社区，通过生态的建立，成为颠覆传统工业软件的重要武器。以全网最大开源社区 Apache为例，图 9-2 展示了 Hadoop 生态圈。由 Hadoop 生态圈可知，开源社区

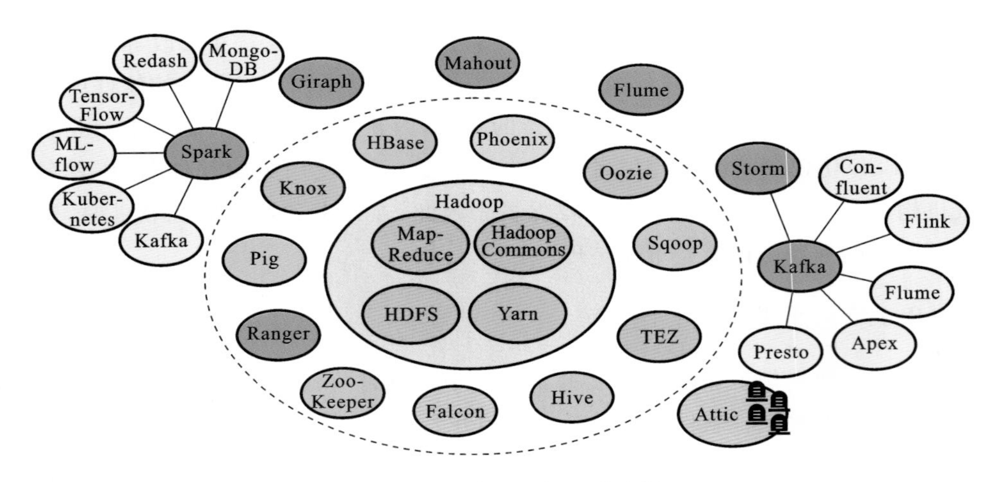

图 9-2　Apache Hadoop 生态圈

生态内的相互支持关系又可细分为四类关系：依赖、孵化、聚合与合并。

（1）依赖关系描述的是密不可分的关系，在图 9-2 中以橘黄色显示。图 9-2 中，实线圈内的是 Hadoop 的四个重要组件：Hadoop Commons、HDFS、Yarn 和 MapReduce。这些组件又进一步依赖 Apache 社区内其他多个更基础的项目。例如，HDFS 依赖 Apache Commons 项目中的 CLI、Codec 等组件。实线圈外的是基于 Hadoop 发展的项目，如 Knox 等。

（2）孵化关系描述的是父-子项目关系。Hadoop 项目已经孵化了多个子项目，一些已经成为独立项目，在图 9-2 中以浅蓝色示意，如 ZooKeeper 项目和 Sqoop 项目；另一些项目则仍依附于 Hadoop 项目，例如目前 Pig 项目仍处于 Hadoop 项目之下，是基于 Hadoop 的大数据分析脚本运行平台。

（3）聚合关系描述的是两个独立项目之间的支持关系。这些项目原本并非依赖或孵化于 Hadoop 项目，包括 Mahout 项目、Spark 项目、Kafka 项目等，在图 9-2 中以青蓝色示意。其中，虚线圈内的项目主要是针对 Hadoop 的技术软件。虚线圈外的项目，如 Spark 和 Kafka 已形成了各自的生态圈。例如，Spark 与 TensorFlow、PyTorch、MLflow 等结合形成数据科学框架，与 Superset、Power BI、Looker 等结合形成商务智能框架，与 Kafka、MongoDB、Kubernetes 等结合形成基础设施框架。

（4）另外一些项目由于不活跃等而不再维持，而是合并至其他项目下成为子项目，即形成合并关系。例如，Apache Falcon 项目已于 2019 年并入 Apache

Attic项目(在图9-2中以粉色显示),Apache Attic项目为已终止的项目提供解决方案。这样,即使项目退役,用户仍可以访问项目内容,包括源代码和文档支持等必要信息。

这四类支持关系是形成开源社区生态的关键,起到促进器的作用。另外,平台对开源生态的形成与维持起着重要作用。一个好的开源平台能汇聚各类开源软件并自成体系,如Apache软件基金会。

2. 围绕核心组件的装配生态

围绕核心组件的装配生态从软件组件视角描述供应商之间的逐层装配关系。

工业软件是一个以组件为主的软积木装配行业,构成了一个极其独特的隐形组件形态。随着时间的推演和软件的分化,整个工业软件的产业界已经发展出成熟的组件生态。这种将功能组件进行剥离并且商业化的思路,大大推动了工业软件社会化分工的发展。

以计算机辅助类(CAX)软件为例,图9-3展示了CAX软件的供应商。

CAX软件最为核心的组件是几何建模引擎,包括曲面建模、小面片建模与实体建模引擎。目前的CAD、CAE、CAM软件基本都包含有此类组件。20世纪I. C. Braid博士创建的Parasolid的几何内核[2]可以看成CAX类软件"宇宙原力"的建模引擎。全球近200多家软件公司以及绝大部分CAD软件公司使用Parasolid几何内核,并在此基础上开发自己的产品。其中,几何引擎最主要的产品有Parasolid、ACIS和Open CASCADE。其中,开源几何引擎Open CASCADE基本模块免费开源,其他模块则需要收费。

此外,CAX软件还需要几何约束器与辅助模块。不同类型的CAX软件需要各自的几何约束器。例如,CAE软件需要网格剖分组件;CAM软件需要加工路径规划组件;机器人离线编程(OLP)需要机器人路径规划的组件;等等。另外,CAX软件有时候还需要其他模块进行辅助,如用数据转换组件打开其他软件设计的模型、用渲染组件对模型进行渲染等。这些模块往往作为组件、产品或软件模块的方式存在。

在应用层,与行业相关度较高的工业软件百花齐放。与此相反,通用型CAD/CAE的发展窗口正在逐渐变小。通用软件正在以平台化的方式快速发展。某国外CAD软件公司生态合作伙伴有520多个第三方应用层模块,几乎覆盖基于CAD和MCAD(机械计算机辅助设计)领域的所有第三方应用模块。

基于工业软件的组装特性,大量精于开发各种组件的小团队产生了。这些

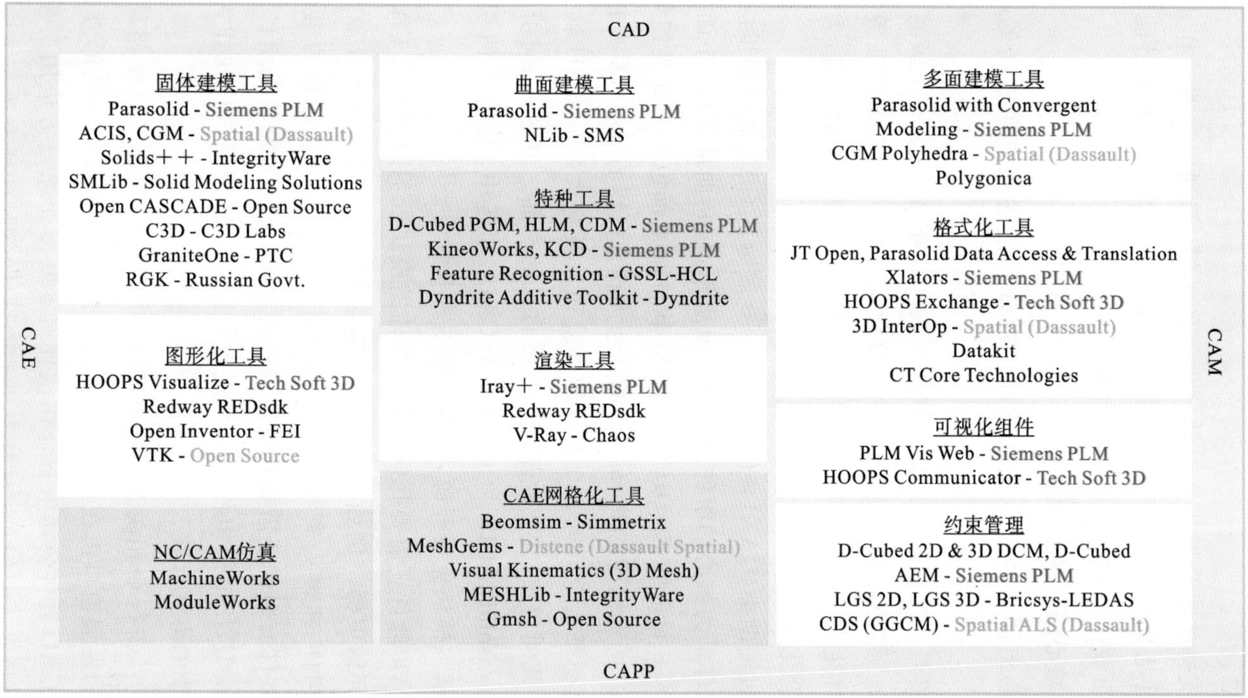

CAD

CAE

CAM

CAPP

固体建模工具

Parasolid - Siemens PLM
ACIS, CGM - Spatial (Dassault)
Solids++ - IntegrityWare
SMLib - Solid Modeling Solutions
Open CASCADE - Open Source
C3D - C3D Labs
GraniteOne - PTC
RGK - Russian Govt.

图形化工具

HOOPS Visualize - Tech Soft 3D
Redway REDsdk
Open Inventor - FEI
VTK - Open Source

NC/CAM仿真

MachineWorks
ModuleWorks

曲面建模工具

Parasolid - Siemens PLM
NLib - SMS

特种工具

D-Cubed PGM, HLM, CDM - Siemens PLM
KineoWorks, KCD - Siemens PLM
Feature Recognition - GSSL-HCL
Dyndrite Additive Toolkit - Dyndrite

渲染工具

Iray+ - Siemens PLM
Redway REDsdk
V-Ray - Chaos

CAE网格化工具

Beomsim - Simmetrix
MeshGems - Distene (Dassault Spatial)
Visual Kinematics (3D Mesh)
MESHLib - IntegrityWare
Gmsh - Open Source

多面建模工具

Parasolid with Convergent
Modeling - Siemens PLM
CGM Polyhedra - Spatial (Dassault)
Polygonica

格式化工具

JT Open, Parasolid Data Access & Translation
Xlators - Siemens PLM
HOOPS Exchange - Tech Soft 3D
3D InterOp - Spatial (Dassault)
Datakit
CT Core Technologies

可视化组件

PLM Vis Web - Siemens PLM
HOOPS Communicator - Tech Soft 3D

约束管理

D-Cubed 2D & 3D DCM, D-Cubed
AEM - Siemens PLM
LGS 2D, LGS 3D - Bricsys-LEDAS
CDS (GGCM) - Spatial ALS (Dassault)

图 9-3 CAX软件供应商

小团队围绕巨头发展，让工业软件成为一个繁忙的并购行业。

3. 围绕工业平台的集成生态

围绕工业平台的集成生态从互联平台视角描述平台内的技术集成关系。随着工业互联网的发展，互联工业软件改变了传统工业软件以组件为核心的装配式生态构建方式，形成了以工业互联网平台为核心的集成式生态构建方式。

以PTC的ThingWorx平台为例[3]，图9-4展示了ThingWorx生态系统。ThingWorx包括虚拟仿真技术和增强现实(augmented reality，AR)技术、广泛的网联通信能力、机器学习能力和与设备云集成的能力，以及一个快速的开发平台。这些功能结合起来共同构成一个全面的物联网技术堆栈，实现其物联网合作伙伴生态系统，即PTC IoT Partners。

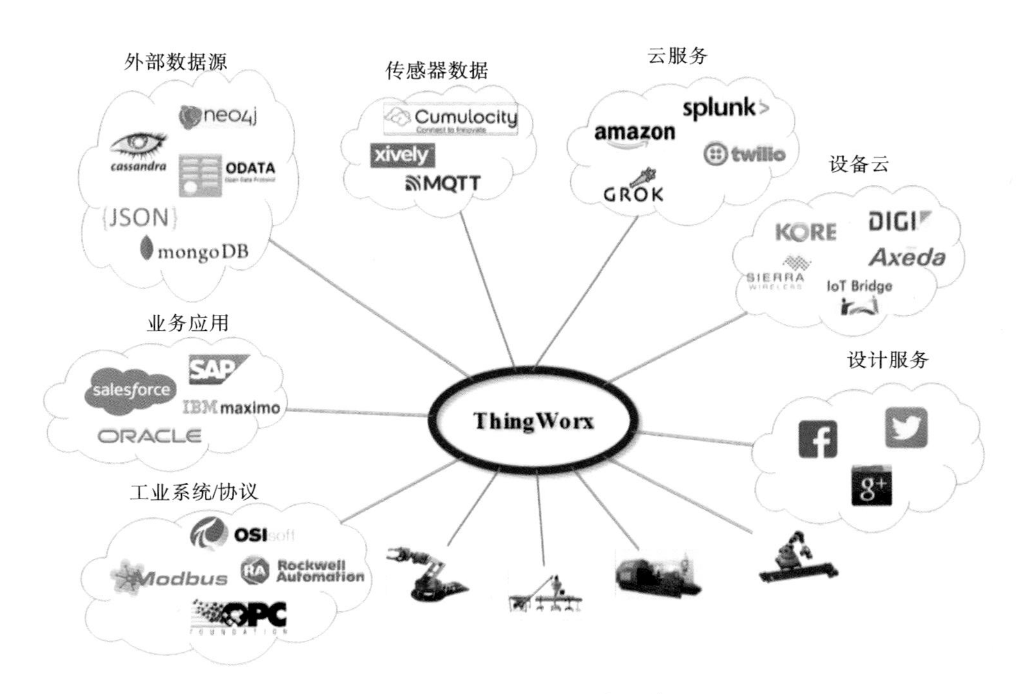

图9-4　ThingWorx生态系统

在基础设施层面，PTC的Kepware服务器拥有150多种设备驱动程序，确保异构设备和资产之间形成标准化的工业连接，实现物联网的扩展性。将ThingWorx与数据分析预测平台ColdLight进行融合，快速建立起数据之间的关联，进行实时预测，形成ThingWorx的核心能力。同时，系统通过与增强现实技术平台 Vuforia 融合，深入制造领域，逐步建成拥有完整产品级的工业互联网技术组合的平台。

在网联通信层面，ThingWorx 能够支持包括 LonWorks、KNX、XML、SNMP、Modbus 和 BACnet 等在内的 140 多种通信协议。同时，该平台也提供全面的分布式实时边缘计算功能，收集并汇总来自传感器的数据，执行高度自动化的机器学习和预测分析运算。

ThingWorx 上的组件可分为功能组件和业务组件两大类。在功能组件层面，ThingWorx 的 IaaS 功能与微软的 Azure 深度集成，建立统一的边缘智能战略框架，实现了两个平台间的数据和技术共享。同时，PTC 通过罗克韦尔自动化技术更好地将 IT（information technology，信息技术）与 OT（operational technology，运营技术）深度融合，将 ThingWorx 的使能范围尽量延展到工业应用的最前端。在业务组件层面，PTC 基于数字孪生思想以 ThingWorx 平台为载体提供了丰富实用的工业自动化软件产品组合，包括 PLM（产品生命周期管理）、CAD、SLM（服务级别管理）及 ALM（应用程序生命周期管理）等。

在应用层面，PTC 开放 APP 层以打造开放的开发环境。同时，ThingWorx 采用订阅许可和即用即付的新模式，实现更短的更新周期、更高的灵活性和更低的前期成本，并迎合企业用户需求个性化的发展趋势。

4. 围绕产业链的供需生态

围绕产业链的供需生态从工业软件使用视角描述产业链上的供需关系。相较于以社区、组件和平台为依托的生态，围绕产业链的供需生态则呈现出更复杂的网状关系。随着工业软件成熟度的提升，整个工业软件产业界逐渐以产业链分层的方式进行分化，已经发展出以技术和专利为依托，产业内跨平台、跨技术、跨社区的相互关联的生态。

图 9-5 展示了四家工业软件开发与使用单位的供需生态，覆盖航天、航空、船舶和电子这四类行业间的软件供需关系和生态网络。

由上述供需关系可以得出两点启示：① 工业软件供应商与上下游单位紧密合作，并与同类单位形成激烈竞争；② 产业链的供需生态仍符合自底向上的支撑结构，包括从底层工具和组件、下层基础类软件至上层应用类软件和顶层的产品设计与制造。

底层基础类软件具有较高的通用性，包括 CAX 类软件、EDA 类软件、仿真工具、嵌入式操作系统等。这些类型的软件往往被一些公司占据大部分市场，具有优势地位，例如达索的 CAD 系统、Ansys 的 CAE 系统以及 Wind River 的

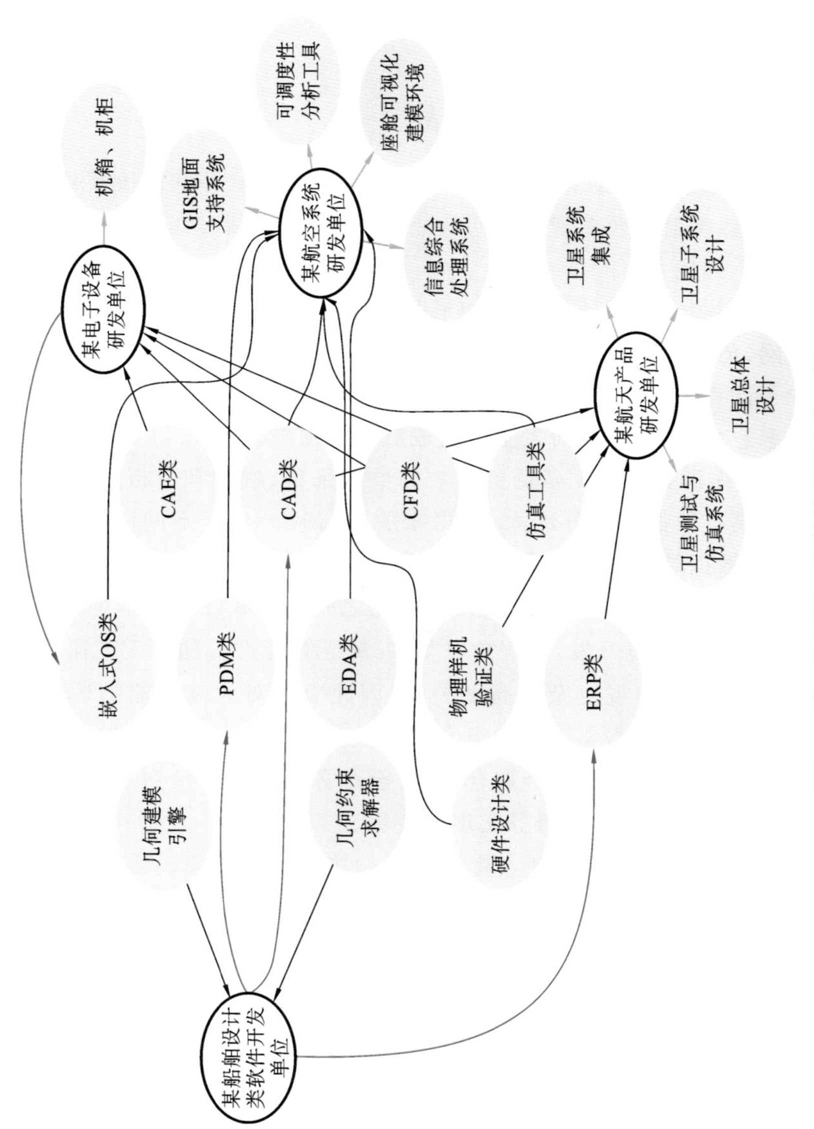

图 9-5 长三角地区工业软件供需生态示例

VxWorks 操作系统。而国内的工业软件则主要面向具体场景和应用,往往具有定制性强、通用性低的特点。

9.2　工业软件发展趋势和展望

9.2.1　工业软件面临的新挑战

基于工业信息系统演化的趋势,考虑到未来工业软件的高度集成性、计算分布性、海量数据流以及多智能协同功能,在工业互联网时代,工业软件将主要面临以下四个挑战[4]:

(1) 传统集中式的服务架构难以满足宽带泛在需求。面对终端日益增长的工业物联网,传统"云-端"架构难以保证工业生产控制的实时性和可靠性,网络通信量和云计算平台的负载巨大,一旦现有传输计算能力无法满足应用要求,或是遭受恶意攻击,就会对研发生产造成巨大的损失。

(2) 海量多源异构数据亟待更有效的数据采集、融合和分析方式。工业互联网的数据具有数据量十分庞大,数据来源丰富且产生于不同部门和系统,数据类型多样,数据结构复杂且存储形式、标准、尺度各不相同四个特点,随着数据量的增加,系统将面临有数据没智能、数据之间的关联性挖掘不足的问题。

(3) 业务服务重复开发,流程愈发复杂,缺乏智能性。随着工艺流程设计层级的增加,业务流程愈发复杂且高度关联,因此应用对业务功能的逻辑准确度要求提高,业务模块间需要更高的组合灵活性。这使得传统流程控制与管理难度变大,功能之间无法进行智能融合,业务至服务模型的转变过程适应性不足,业务需求的更新无法映射到服务实现的变更。

(4) 平台壁垒、数据交互断点将严重影响协同制造效率。协同制造打破时间、空间的约束,互联网络使整个供应链上的企业和合作伙伴共享客户、设计、生产经营信息。目前利用应用层协同信息系统进行企业之间、设备之间的信息交互较为滞后且笨重,而协同制造需要依赖更加灵活的交互方式,使整个供应链上的企业和合作伙伴共享制造过程中的所有信息。

9.2.2　工业软件的未来技术趋势

为了应对新的挑战,工业软件的发展将在架构、数据、功能和交互层面体现四大趋势:基于数字孪生融合云边服务的计算架构、数据知识双驱的推理服务、融合知识图谱的服务按需生成以及基于虚实交互的概念互操作[4]。

1. 基于数字孪生融合云边服务的计算架构

现有的计算架构主要采用基于边缘计算的物联信息感知服务。边缘计算主要针对分散环境制造模式，采用分布式结构，在边缘侧弹性扩展存储、计算和网络能力，以达到实时智能操控的业务目标。边缘计算节点包括智能资产、智能系统、智能网关，通过软件服务完成应用场景的操作系统、功能模块、集成开发环境的场景功能匹配，以构造一个企业集成运营平台，进而通过平台和工具链集成边缘计算模型库和垂直行业模型库，提供模型与应用的开发、集成、仿真、验证和发布的全生命周期服务。但随着集成度的提高，系统将面临构造落地不易、强模块弱系统的问题。未来，数字孪生技术的发展将覆盖物理融合、模型融合、数据融合、服务融合四个维度，是实现数字车间信息物理融合的基础理论与关键技术。

如图 9-6 所示，未来制造服务的计算架构将是云-边-端相结合的工业互联网环境以及多数字孪生系统交互的服务架构[5]。

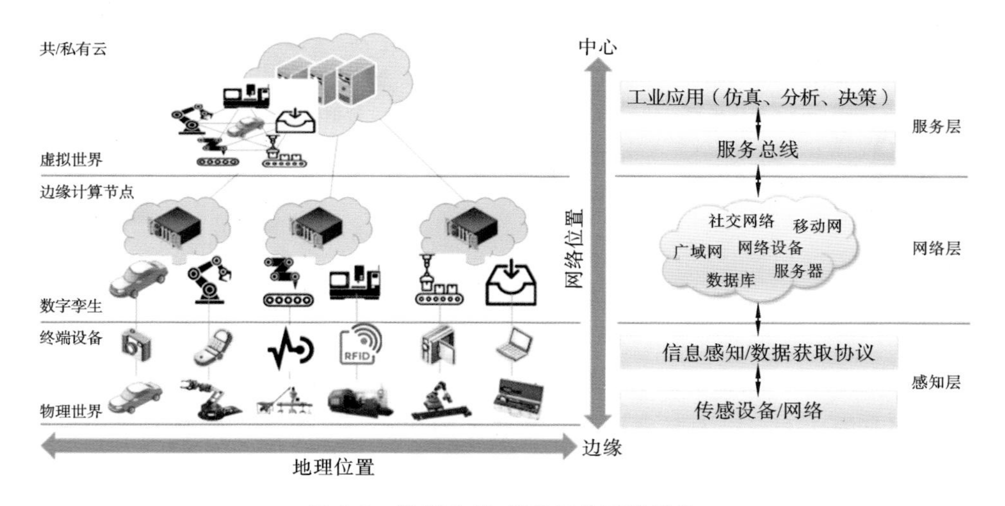

图 9-6 基于云-边-端协同的系统架构

2. 数据知识双驱的推理服务

当前，数据驱动的推理服务通过数据挖掘、信息处理、知识计量等理论与方法揭示实体之间的关系，能够有效地组织和表达数据中蕴含的知识，为更高级别的计算和分析提供支持。知识驱动的推理服务利用一个含有大量领域专家知识与经验的智能系统，运用人类专家的知识和解决问题的方法来处理该领域问题，不依赖于大量数据且解释性强。但在当前工业环境多变、工业系统复杂、工业数据种类多样的现实情况下，采用单一方式构造的数字化模型已无法适应大部分工业场景的应用需求。未来，完整的建模过程将是人工经验、工业数据、机理规律三者有机融合的过程。

如图 9-7 所示，数据知识双驱动的推理服务实施框架包括复杂系统的工业机理模型构建[6]、多源异构工业数据的关联数据模型构建以及具有时空复杂性的工业生产的数字化模型融合[7]，并采用服务的方式将融合模型拆解成独立的功能模块，实现对原有生产体系的解构、重构和智能联动。

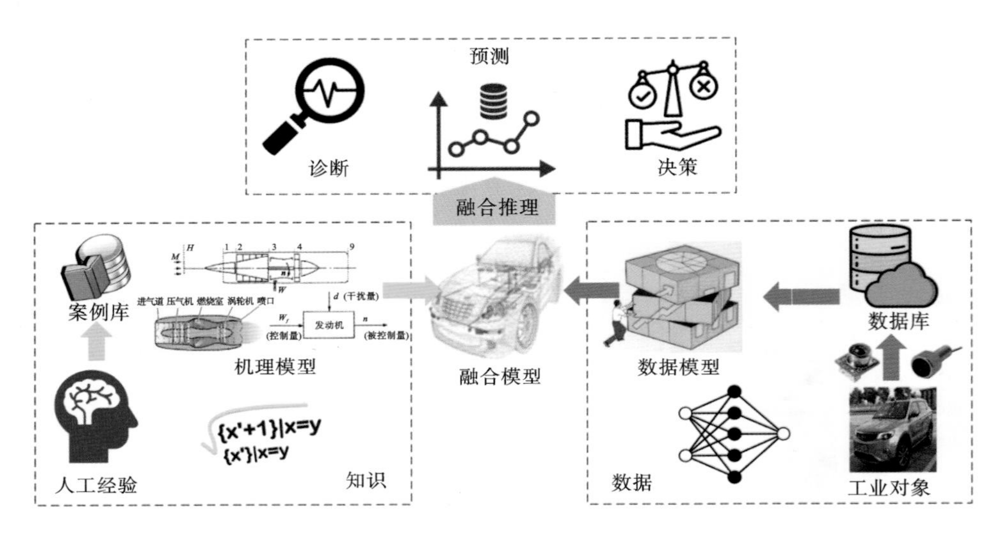

图 9-7　数据知识双驱动的推理服务实施框架

3. 融合知识图谱的服务按需生成

现有的功能支持主要采用基于微服务的功能封装服务。微服务架构提供了松耦合的、有界上下文的服务构造，可以满足制造系统的独立部署和动态更新要求。通过对制造业务功能的微服务封装，每个服务都有自己的处理和轻量通信机制，可以部署在单个或多个服务器上，为制造系统的自治性和独立运行提供容器等载体，也为分布式环境下的远程调用和动态协同提供实现方式。然而，在工业互联网场景下，生产制造设备众多，产品增值活动所需要素复杂，服务之间存在强时空语义依赖关系，软件扩展及迁移困难。未来，融合知识图谱技术的发展将支持软件构件在要素数据化基础上实现重构优化。

如图 9-8 所示，未来的服务生成方式将构建融合时空语义的知识图谱，对从需求文档中提取的离散的业务概念进行补全和关联，形成业务场景模型，进而

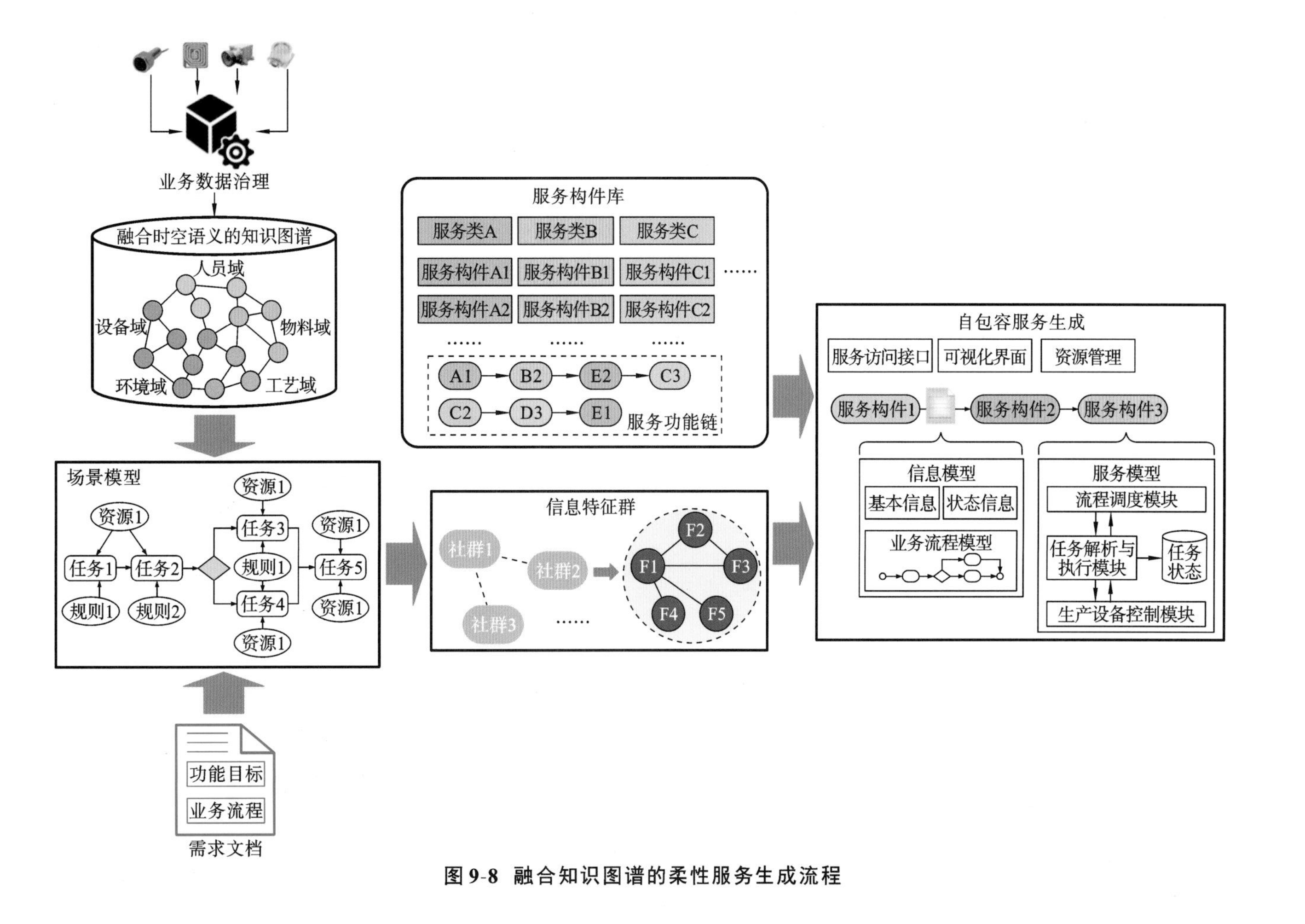

图 9-8 融合知识图谱的柔性服务生成流程

面向生产要素的柔性组织需求，基于社群发现得到的社群特征集合动态关联工业服务构件[8]，并通过工业要素与计算资源按需动态关联，实现分布式服务生成与交互机制。

4. 基于虚实交互的概念互操作

现有的交互方式主要采用基于语义互操作的制造协同服务。语义互操作涉及本体理论、语义服务、上下文感知等技术的结合，以支持制造系统在信息、功能、系统、网络等维度的集成和协同。未来，制造协同将以数据、流程、模型等要素为驱动，在本体等领域概念和知识的基础上，开展制造资源的数字化连接与虚拟化建模，识别数据处理流程并形成协同过程中信息处理的上下文，实现语用互操作；进而识别系统的行为模型，判断由系统状态转移带来的上下文变化及其对系统交互带来的影响，实现动态互操作，为决策优化提供基础；最终，多个系统之间构建完整的概念化模型，补全行为模型间的内在关联性，实现概念互操作。

图 9-9 所示为基于概念互操作的系统交互方式，它是未来工业服务计算中的动态协同机制。

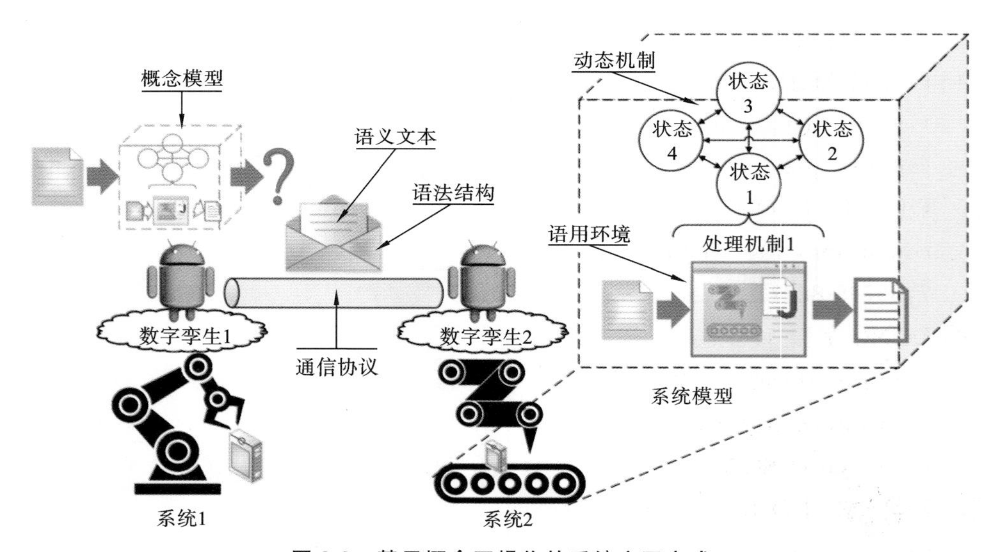

图 9-9　基于概念互操作的系统交互方式

它不仅涉及格式、语义方面的理解共享，也考虑了具体实现环境[9]和系统变化[10]所带来的影响，可以更好地实现互联网环境下的服务交互和智能联动，将成为未来动态协同服务的主要立足点。

本章小结

- 阐述了工业软件构造中的开源社区相关情况。
- 讨论了工业软件构造技术发展及未来趋势。

本章参考文献

[1] GIURI P,ROCCHETTI G, TORRISI S. Open source software:from open science to new marketing models. An enquiry into the economics and management of open source software[J/OL].[2024-02-01]. https://www.econstor.eu/bitstream/10419/89477/1/391198904.pdf.

[2] BRAID I C. Designing with volumes[D]. Cambridge:University of Cambridge, 1973.

[3] 许亚倩. 工业互联网平台 ThingWorx 缘何备受青睐[N/OL]. 中国计算机报, 2019-01-10 [2024-02-01]. https://m.fx361.com/news/2019/0110/6275115.html.

[4] CAI H M,JIANG L H,CHAO K M. Current and future of software services in smart manufacturing[J]. Service Oriented Computing and Applications, 2020,14(2):75-77.

[5] QI Q L,TAO F. A smart manufacturing service system based on edge computing, fog computing, and cloud computing[J]. IEEE Access 2019, 7:86769-86777.

[6] DONG Y J, HU H Y, ZHU M, et al. Intelligent manufacturing collaboration platform for 3D curved plates based on graph matching[C]//2023 26th International Conference on Computer Supported Cooperative Work in Design (CSCWD). New York:IEEE, 2023.

[7] ZHU M, DONG Y J, SHEN B Q, et al. Three dimensional metal-surface processing parameter generation through machine learning-based nonlinear mapping[J]. Tsinghua Science and Technology, 2023, 28(4):754-768.

[8] WOON YOO J J,RAHMATI A. Community detection for web service composition[C]//Proceedings of IIE Annual Conference. Georgia:Institute of Industrial Engineers-Publisher, 2013:21-30.

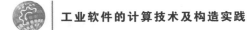

[9] NEIVA F W,DAVID J M N,BRAGA R,et al. Towards pragmatic interoperability to support collaboration:a systematic review and mapping of the literature[J]. Information and Software Technology, 2016, 72: 137-150.

[10] TOLK A, DIALLO S Y, TURNITSA C D. Applying the levels of conceptual interoperability model in support of integratability, interoperability, and composability for system-of-systems engineering [J]. Journal of Systems, Cybernetics, and Informatics, 2007, 5(5):65-74.